普通高等院校"十四五"计算机基础系列教材

Python 程序设计

苏　虹　王鹏远　李　萍　等◎编著

中国铁道出版社有限公司
CHINA RAILWAY PUBLISHING HOUSE CO., LTD.

内 容 简 介

随着 Python 程序设计语言在科研、电子、政务、数据分析、Web、金融、图像处理、AI 技术等各方面的广泛应用，开设与 Python 程序设计语言课程相关的高等学校越来越多。本书详细地介绍了 Python 语言程序设计的基本原理和方法。全书共分 15 章，包括 Python 概述、Python 数据类型与表达式、程序流程控制、列表与元组、字典与集合、函数与模块、字符串与正则表达式、错误和异常处理、文件及目录操作、Python 的数据库编程、面向对象程序设计、tkinter 图形界面设计、网络爬虫入门、Python 科学计算与数据分析、数据可视化 matplotlib 等。

本书适合作为普通高等学校各专业学生的程序设计课程教材，也可作为编程爱好者的自学参考读物。

图书在版编目（CIP）数据

Python 程序设计/苏虹等编著. —北京：中国铁道出版社
有限公司，2023.2（2023.12 重印）
普通高等院校"十四五"计算机基础系列教材
ISBN 978-7-113-29893-7

Ⅰ.①P… Ⅱ.①苏… Ⅲ.①软件工具-程序设计-高等
学校-教材 Ⅳ.①TP311.561

中国版本图书馆 CIP 数据核字(2022)第 245840 号

书　　　名：Python 程序设计
作　　　者：苏　虹　王鹏远　李　萍　等

策　　划：韩从付　　　　　　　　编辑部电话：(010) 51873202
责任编辑：刘丽丽
封面设计：郑春鹏
责任校对：苗　丹
责任印制：樊启鹏

出版发行：中国铁道出版社有限公司（100054，北京市西城区右安门西街 8 号）
网　　址：http://www.tdpress.com/51eds/
印　　刷：三河市国英印务有限公司
版　　次：2023 年 2 月第 1 版　2023 年 12 月第 2 次印刷
开　　本：787 mm×1 092 mm　1/16　印张：20.25　字数：531 千
书　　号：ISBN 978-7-113-29893-7
定　　价：53.00 元

前　言

　　Python 语言是当下非常热门的一种编程语言。2021 年 10 月，语言流行指数的编译器 TIOBE 编程语言排行榜将 Python 语言评选为最受欢迎的编程语言，20 年来首次将其置于 Java、C 和 JavaScript 之上。随着 Python 扩展库的不断发展壮大，Python 在科研、电子、政务、数据分析、Web、金融、图像处理、AI 技术等各方面都有强大的类库、框架和解决方案。我们国家这两年对人工智能、大数据的重视，更大大地促进了 Python 语言在国内的发展。

　　对于非计算机专业的学生来说，用 Python 作为程序设计语言启蒙是非常好的选择。Python 语言的优势在于比 C++/Java 等传统静态语言更具有实用性，不局限在繁杂的语法里，可以专注于程序设计思想及计算思维的训练。

　　本书的编者全部是一直工作于高等学校教学一线、承担程序设计课程教学多年的教师，有着丰富的教学和编程经验。程序设计课程有着理论与实践紧密结合的特点。程序不是看会的，而是动手编会的。学习程序设计的过程是一个学习者与教师、学习者与教材交互的过程，这需要有一本好的教材，再遵照一定的学习规律来很好地完成。本书的编写参考多个高等院校程序设计课程教学大纲，与教育部高等学校大学计算机课程教学指导委员会对程序设计课程的要求保持高度一致，章节结构安排合理，内容层次分明，从认识、了解、掌握、应用等几个层次，由浅入深、循序渐进地组织内容，有助于学生快速掌握知识要点。书中的实例都是精心挑选和设计的，具有新颖性、代表性、典型性，并且在 Python 3.9 以上版本中全部调试通过。Python 3.9 以上版本是全国计算机等级考试二级 Python 推荐使用的版本。

　　本书着重介绍核心语法，以培养编程能力为首要目标，力求较全面地介绍 Python 程序设计语言的知识点，使本书成为学习者的第一本程序设计参考书。本书共分 15 章，每个章节既有逻辑清晰的语法讲解，又有丰富的编程实例，有助于培养、训练编程初学者的计算思维模式。

　　本书主要内容如下：

　　第 1 章 Python 概述，简要介绍了 Python 的发展、特点、版本，以及本书使用的 Python 开发环境、简单 Python 程序的基本结构和语法规则，并且说明了编码的概念，这些都是后面章节学习的前提。

　　第 2 章 Python 数据类型与表达式，介绍了 Python 程序设计语言的基本知识，着重介绍了 Python 使用的各种数据类型、运算符、表达式及常用的系统函数和数据的输入/输出。本章知识点多且琐碎、枯燥，但它是学习编程的基础。

　　第 3 章 程序流程控制，介绍了选择结构、循环结构和复合语句，这些是结构化程序设计的基本结构。

　　第 4 章 列表与元组，介绍了 Python 语言中列表和元组的创建、元素引用、相关内置函数的操作、列表推导式和生成品推导式的使用等，并结合具体使用实例帮助读者理解。

　　第 5 章 字典与集合，介绍了字典与集合的概念，以及字典与集合的创建、元素引用、

相关运算符与内置函数的操作、常用的方法等，并配有相关实例操作。

第 6 章 函数与模块，介绍了函数的定义与调用、函数的参数传递、函数的返回值，以及变量作用域、递归函数、内嵌函数、模块等基本概念，使读者能够综合使用函数来解决实际问题，从而提高应用的模块性和代码重用性。

第 7 章 字符串与正则表达式，介绍了字符串的创建、索引、编码、运算符和内置函数对字符串的操作、字符串对象的常用方法等，还介绍了正则表达式的基本概念、元字符、常用的正则表达式、正则表达式模块等，并以应用实例帮助读者进一步理解和使用正则表达式。

第 8 章 错误和异常处理，介绍了常见的程序错误及解决方法、异常处理的 try...except 语句，以及断言处理的 assert 语句和 AssertionError 类。

第 9 章 文件及目录操作，介绍了文件的概念以及文件的使用、读/写操作、jieba 库的使用、CSV 文件的读/写操作，使读者了解 Python 中关于文件的操作。

第 10 章 Python 的数据库编程，介绍数据库的基本知识、结构化查询语言（SQL）、Python 自带的关系型数据库 SQLite 的基本操作。

第 11 章 面向对象程序设计，介绍了面向对象程序设计的基本概念，介绍了类与对象的定义、创建和使用，还介绍了属性和方法、继承和多态，并给出相应的面向对象的编程实例供读者理解学习。

第 12 章 tkinter 图形界面设计，介绍了 Python 中用于创建图形化用户界面的 tkinter 库，介绍了如何创建 Windows 窗口、常用 tkinter 组件的使用以及 Python 事件处理，并用实例帮助读者学习使用。

第 13 章 网络爬虫入门，介绍了相关 HTTP 知识、urllib 基本应用与爬虫案例、requests 基本操作与爬虫案例、Beautiful Soup 基本操作与爬虫案例，给出多个案例帮助读者深入学习。

第 14 章 Python 科学计算与数据分析，介绍了 NumPy 科学计算库及其扩展库 pandas 的基本使用。

第 15 章 数据可视化 matplotlib，介绍了数据可视化的基本概念，以及 matplotlib 绘图库的基本使用。

以上各部分都可以独立教学，自成体系，读者可根据学习时间、专业情况、设计要求适当选取章节进行阅读学习。

本书由郑州轻工业大学的苏虹、王鹏远、李萍、孙占锋、韩怿冰和高璐编著。各章编著分工如下：第 1、12 章由王鹏远编著，第 2、4、11 章由苏虹编著，第 3、5、8 章由李萍编著，第 7、13 章由韩怿冰编著，第 9、14、15 章由孙占锋编著，第 6、10 章由高璐编著。王鹏远负责本书的架构计划，苏虹和孙占锋负责本书的统稿工作。本书的编写得到众多同行的鼎力支持，在此一并表示感谢。本书的编写和出版过程得到了郑州轻工业大学和中国铁道出版社有限公司的大力支持和帮助，在此由衷地向他们表示感谢。

由于学识所限，加之时间仓促，书中难免存在疏漏之处，恳请各位读者批评指正。

编　者

2022 年 11 月

目 录

第1章 Python 概述 1

1.1 Python 简介 1
1.1.1 Python 的由来与发展 1
1.1.2 Python 的特点 2
1.1.3 Python 的应用领域 3
1.1.4 Python 的版本 3
1.2 Python 开发环境 4
1.2.1 Python 语言解释器的
下载与安装 4
1.2.2 Python 的开发环境介绍 ... 7
1.2.3 标准库 9
1.2.4 模块和第三方库 14
1.3 Python 基础 14
1.3.1 一个简单的 Python
程序 14
1.3.2 Python 程序语法元素
分析 14
1.4 字符编码 18
1.4.1 ASCII 编码 19
1.4.2 Unicode 编码 19
1.4.3 UTF-8 编码 20
1.4.4 GB 2312 编码 20
1.4.5 BIG5 编码 20
1.4.6 GBK 编码 20
1.4.7 编码转换 20
1.4.8 Python 中的字符编码 ... 21
习 题 21

第2章 Python 数据类型与表达式 23

2.1 数据类型 23
2.1.1 数值类型 23

2.1.2 字符串类型 24
2.1.3 布尔类型 28
2.1.4 复合数据类型 29
2.2 运算符与表达式 30
2.2.1 算术运算符 30
2.2.2 比较运算符 31
2.2.3 赋值运算符 32
2.2.4 位运算符 32
2.2.5 逻辑运算符 33
2.2.6 成员运算符 34
2.2.7 身份运算符 34
2.2.8 运算优先级 35
2.2.9 表达式 36
2.3 数据的输入/输出 37
2.3.1 数据的输入 37
2.3.2 数据的格式化输出 38
习 题 40

第3章 程序流程控制 41

3.1 程序控制流程概述 41
3.1.1 条件 42
3.1.2 缩进与复合语句 42
3.2 选择结构 43
3.2.1 单分支选择结构 43
3.2.2 双分支选择结构 43
3.2.3 多分支选择结构 44
3.2.4 选择结构的嵌套 46
3.2.5 选择结构程序举例 47
3.3 循环结构 48
3.3.1 迭代与可迭代对象 49
3.3.2 for 循环 49
3.3.3 while 循环 51

3.3.4 循环控制语句 53
3.3.5 循环中的 else 子句 54
3.3.6 循环的嵌套 54
3.3.7 循环结构程序举例 56
习　　题 57

第 4 章　列表与元组 58

4.1 列　　表 58
4.1.1 列表的创建方式 58
4.1.2 列表元素的访问 59
4.1.3 对列表元素的增加、删除、
修改 61
4.1.4 运算符对列表的操作 63
4.1.5 内置函数对列表的
操作 64
4.1.6 列表对象的常用方法 65
4.1.7 列表推导式 65
4.2 元　　组 66
4.2.1 元组的创建方式 66
4.2.2 元组元素的访问 67
4.2.3 元组的常用操作 68
4.2.4 生成器推导式 70
4.2.5 元组的特性 70
4.3 应用举例 71
习　　题 73

第 5 章　字典与集合 75

5.1 字　　典 75
5.1.1 字典概述 75
5.1.2 字典的创建 75
5.1.3 字典的基本操作 76
5.1.4 字典的常用方法 78
5.1.5 运算符对字典的操作 81
5.1.6 内置函数对字典的
操作 82
5.1.7 字典推导式 82
5.1.8 字典的遍历 83

5.2 集　　合 84
5.2.1 可变集合的创建
与删除 84
5.2.2 集合的运算 85
5.2.3 内置函数对集合的
操作 86
5.2.4 可变集合的常用方法 87
5.2.5 集合的遍历和推导式 88
5.3 应用举例 89
习　　题 91

第 6 章　函数与模块 93

6.1 函数的定义与调用 93
6.1.1 函数的定义 93
6.1.2 函数的调用 95
6.1.3 lambda 表达式 96
6.2 函数的参数 97
6.2.1 Python 函数参数的
传递 98
6.2.2 实参指向可变对象 99
6.2.3 参数的类型 100
6.3 函数的返回值 103
6.3.1 指定返回值与隐含
返回值 103
6.3.2 return 语句位置与多条
return 语句 103
6.3.3 返回值类型 105
6.4 变量的作用域 106
6.4.1 Python 的局部变量 106
6.4.2 Python 的全局变量 107
6.4.3 获取指定作用域范围
中的变量 107
6.5 递归函数 109
6.6 高阶函数 111
6.6.1 高阶函数的概念 111
6.6.2 常用的高阶函数 111
6.7 Python 模块及导入方法 115

6.8　代码复用与模块化设计 116
6.9　函数式编程 116
习　　题 117

第7章　字符串与正则表达式 121

7.1　字　符　串 121
　　7.1.1　特殊字符和字符串 ... 121
　　7.1.2　内置函数对字符串的
　　　　　操作 122
　　7.1.3　字符串的遍历与切片 ... 123
　　7.1.4　字符串对象的常用
　　　　　方法 124
　　7.1.5　字符串常量 128
　　7.1.6　字符串应用举例 128
7.2　正则表达式 130
　　7.2.1　正则表达式语言概述 ... 130
　　7.2.2　正则表达式元字符 ... 131
　　7.2.3　预定义字符集 133
　　7.2.4　常用的正则表达式 ... 133
　　7.2.5　正则表达式模块 re ... 134
7.3　应用举例 140
习　　题 141

第8章　错误和异常处理 143

8.1　程序的错误 143
　　8.1.1　语法错误 143
　　8.1.2　运行错误 143
　　8.1.3　逻辑错误 144
8.2　异常处理 144
　　8.2.1　异常概念 144
　　8.2.2　try...except 语句 146
　　8.2.3　try...except 语句的嵌套 ... 149
　　8.2.4　使用 as 获取异常信息
　　　　　提示 149
　　8.2.5　使用 raise 语句抛出
　　　　　异常 151

8.3　断言处理 152
　　8.3.1　断言处理概述 152
　　8.3.2　assert 语句
　　　　　和 AssertionError 类 ... 152
习　　题 153

第9章　文件及目录操作 154

9.1　文件概述 154
9.2　文件的打开与关闭 154
　　9.2.1　打开文件 154
　　9.2.2　关闭文件 156
　　9.2.3　上下文关联语句 156
9.3　文本文件的读/写 157
　　9.3.1　读取文本文件 157
　　9.3.2　文本文件的写入 158
　　9.3.3　文件内移动 159
　　9.3.4　文本文件与 jieba 库 ... 161
9.4　二进制文件的读/写 163
　　9.4.1　使用 pickle 模块读/写
　　　　　二进制文件 163
　　9.4.2　使用 struct 模块读/写
　　　　　二进制文件 164
9.5　CSV 文件的读/写 165
　　9.5.1　CSV 文件简介 165
　　9.5.2　读取 CSV 文件 166
　　9.5.3　写入 CSV 文件 167
9.6　JSON 文件的读/写 167
　　9.6.1　JSON 文件简介 167
　　9.6.2　JSON 数据的编码
　　　　　与解码 168
9.7　os 模　块 170
　　9.7.1　常用的 os 模块命令 ... 170
　　9.7.2　文件重命名与删除 ... 170
　　9.7.3　文件夹操作 170
9.8　应用举例 172
习　　题 173

第 10 章　Python 的数据库编程......174

10.1　数据库技术概述............ 174
　　10.1.1　数据库基本概念........ 174
　　10.1.2　关系数据库 175
　　10.1.3　Python 的 SQLite3
　　　　　　模块 176
10.2　结构化查询语言 SQL....... 176
　　10.2.1　数据表的创建、删除
　　　　　　和修改 177
　　10.2.2　数据更新 178
　　10.2.3　数据查询 180
10.3　SQLite 数据库.................. 180
　　10.3.1　SQLite 数据库简介 ... 180
　　10.3.2　SQLite 数据库的
　　　　　　安装 181
　　10.3.3　SQLite 数据库的常用
　　　　　　命令 183
　　10.3.4　SQLite3 的存储类 183
　　10.3.5　SQLite3 的常用函数 ... 184
　　10.3.6　SQLite3 的运算符 184
　　10.3.7　SQLite3 模块中的
　　　　　　对象 187
　　10.3.8　SQLite3 创建数据库 ... 187
10.4　使用 SQLite3 模块访问
　　　SQLite 数据库 188
　　10.4.1　访问 SQLite 数据库的
　　　　　　步骤 188
　　10.4.2　使用 SQLite3 模块创建
　　　　　　数据库和表 189
　　10.4.3　数据库的插入、查询、
　　　　　　更新和删除操作 190
习　　题............................ 193

第 11 章　面向对象程序设计..........194

11.1　面向对象程序设计基础..... 194
　　11.1.1　面向过程程序设计与
　　　　　　面向对象程序设计.... 194

11.1.2　面向对象的基本
　　　　概念 195
11.2　类与对象....................... 197
　　11.2.1　类的定义 197
　　11.2.2　对象的创建与使用 197
11.3　属　　性....................... 198
　　11.3.1　类属性、对象属性
　　　　　　和实例属性 198
　　11.3.2　私有属性和公有
　　　　　　属性 200
11.4　方　　法....................... 201
　　11.4.1　实例方法 201
　　11.4.2　构造方法与析构
　　　　　　方法 202
　　11.4.3　类方法 203
　　11.4.4　静态方法 204
　　11.4.5　私有方法与公有
　　　　　　方法 205
11.5　继承和多态.................... 206
　　11.5.1　继　　承 206
　　11.5.2　多　　态 208
11.6　应用举例....................... 209
习　　题............................ 211

第 12 章　tkinter 图形界面设计.......214

12.1　窗体控件布局.................. 214
　　12.1.1　创建根窗体 215
　　12.1.2　几何布局管理器........ 215
12.2　常用的 tkinter 控件 219
　　12.2.1　常见控件概述 219
　　12.2.2　控件的共同属性........ 220
　　12.2.3　标签（Label）.......... 221
　　12.2.4　按钮（Button）........ 222
　　12.2.5　单行文本框（Entry）和
　　　　　　多行文本框（Text）.... 223
　　12.2.6　列表框（Listbox）.... 225
　　12.2.7　单选按钮（Radiobutton）和
　　　　　　复选框（Checkbutton）... 225

12.2.8　组合框（Combobox）.. 228

12.2.9　滑块（Scale）........... 229

12.2.10　滚动条（Scrollbar）... 231

12.2.11　框架（Frame）........ 232

12.2.12　子窗体（Toplevel）... 234

12.3　对　话　框.................... 235

12.3.1　消息对话框
（Messagebox）....... 235

12.3.2　输入对话框
（Simpledialog）....... 237

12.3.3　文件对话框
（Filedialog）.......... 238

12.3.4　颜色选择对话框
（Colorchooser）....... 239

12.4　菜　　　单.................... 240

12.5　Python 事件处理............ 244

12.5.1　事件类型........... 244

12.5.2　事件绑定........... 245

12.5.3　事件处理函数....... 246

习　　题......................... 246

第 13 章　网络爬虫入门............248

13.1　相关 HTTP 协议知识....... 248

13.1.1　HTTP 基础.......... 248

13.1.2　HTML 基础......... 249

13.1.3　JavaScript 基础....... 251

13.2　urllib 基本应用与爬虫
案例........................ 252

13.2.1　urllib 基本应用..... 252

13.2.2　urllib 爬虫案例....... 254

13.3　requests 基本操作与爬虫
案例........................ 255

13.3.1　requests 基本操作.... 256

13.3.2　requests 爬虫案例..... 257

13.4　Beautiful Soup 基本操作
与爬虫案例.................. 258

13.4.1　Beautiful Soup 基本
应用................. 259

13.4.2　Beautiful Soup 爬虫
案例................. 260

13.4.3　数据爬取.................. 261

习　　题......................... 263

第 14 章　Python 科学计算与数据
分析.........................264

14.1　NumPy...................... 264

14.1.1　NumPy 数组属性...... 264

14.1.2　数组的创建.......... 265

14.1.3　切片和索引.......... 271

14.1.4　数组常用操作....... 273

14.1.5　数组的分隔.......... 276

14.1.6　通用函数.......... 278

14.1.7　广播机制.......... 283

14.2　pandas...................... 284

14.2.1　数据结构.......... 284

14.2.2　数据读/写.......... 289

14.2.3　数据处理.......... 293

14.2.4　数据分析.......... 298

14.2.5　数据可视化.......... 299

习　　题......................... 300

第 15 章　数据可视化 matplotlib 301

15.1　绘图入门.................... 301

15.2　绘制多子图.................. 306

15.3　绘制散点图.................. 309

15.4　绘制饼状图.................. 309

15.5　绘制柱状图.................. 311

15.6　绘制三维图形.............. 311

习　　题......................... 312

参考文献.............................313

Python 概述 ≪≪

Python 是由荷兰的 Guido van Rossum 于 20 世纪 90 年代初设计的,以易学易用等优点被广泛应用于科学计算与统计、人工智能、网络接口、Web 和 Internet 开发等领域,现已成为最受欢迎的程序设计语言之一。本章将从 Python 的产生与发展开始,介绍 Python 的应用领域、运行环境、标准库和字符编码以及 Python 程序的构成要素等相关内容。

【本章知识点】

- Python 的产生、发展及应用领域
- Python 的开发环境
- Python 的标准库
- Python 程序设计基础
- Python 的字符编码

1.1 Python 简介

1.1.1 Python 的由来与发展

Python 的创始人是荷兰的吉多·范罗苏姆(Guido van Rossum,见图 1-1)。1989 年,Guido 开始编写 Python 语言的编译/解释器。Python 来自 Guido 所挚爱的电视剧 *Monty Python's Flying Circus*(蒙提·派森的飞行马戏,室内情景幽默剧,以当时的英国生活为素材)。他希望这个新的称为 Python 的语言能实现他的编写程序设计语言功能全面、易学易用、可拓展的理念。

1991 年,第一个 Python 编译/解释器诞生。它是用 C 语言实现的,并能够调用 C 库(.so 文件)。从诞生起,Python 已经具有类(class)、函数(function)、异

图 1-1 Python 创始人吉多·范罗苏姆

常处理(exception)、列表(list)和字典(dictionary)在内的核心数据类型和以模块(module)为基础的拓展系统。

最初的 Python 完全由 Guido 本人开发。后来,Python 得到了 Guido 同事的欢迎。他们迅速地反馈使用意见,并参与到 Python 的改进工作中。Guido 和一些同事组成了开发 Python 的核心团队。他们将自己大部分的业余时间用于 hack Python(也包括工作时间,因为他们将 Python 用于工作)。随后,Python 的应用拓展到了荷兰的数学和计算机研究所(Centrum Wiskunde & Informatica,CWI)之外。Python 将许多机器层面上的细节隐藏,交给编译器

处理，并凸显出逻辑层面的编程思考。Python 程序员可以花更多的时间用于思考程序的逻辑，而不是具体的实现细节。这一特征吸引了广大程序员，因此 Python 开始流行。

自从 2004 年以后，Python 的使用率呈线性增长。Python 2.0 于 2000 年 10 月 16 日发布，稳定版本是 Python 2.7。Python 3.0 于 2008 年 12 月 3 日发布，不完全兼容 Python 2.X。2011年 1 月，它被 TIOBE 编程语言排行榜评为 2010 年度语言。2021 年 10 月，语言流行指数的编译器 TIOBE 将 Python 评选为最受欢迎的编程语言，首次将其置于 Java、C 和 JavaScript 之上。

1.1.2 Python 的特点

Python 语言是一种被广泛使用的高级通用脚本程序设计语言，具有区别于其他高级程序设计语言的九个特点。

（1）易学、易读、易维护

Python 有相对较少的关键字，结构简单，语法定义明确，简单易学；Python 代码定义清晰，易于阅读；Python 的成功在于它的源代码容易维护。

（2）拥有强大的标准库

Python 拥有一个强大的标准库。Python 语言的核心只包含数字、字符串、列表、字典、文件等常见数据类型和函数，而 Python 标准库提供了系统管理、网络通信、文本处理、数据库接口、图形系统、XML 处理等额外的功能。

（3）Python 社区提供了大量的第三方模块

第三方模块使用方式与标准库类似。它们的功能涉及科学计算、人工智能、机器学习、Web 开发、数据库接口、图形系统等多个领域。

（4）Python 是完全面向对象的语言

在 Python 中，函数、模块、数字、字符串都是对象，一切皆对象，完全支持继承、重载、多重继承，支持重载运算符，也支持泛型设计。

（5）开源

Python 是 FLOSS（自由/开放源码软件）之一。简言之，用户可以自由地发布该软件的副本，阅读其源代码，对之进行改动。在自由/开放源码软件所使用的各种许可证中，最为重要的是通用性公开许可证（General Public License，GPL）。GPL 同其他自由软件许可证一样，许可社会公众享有：运行、复制软件的自由，发行传播软件的自由，获得软件源码的自由，改进软件并将自己做出的改进版本向社会发行传播的自由。

（6）解释型语言

Python 编写的程序不需要编译成二进制机器指令，可以直接从源代码运行程序。在计算机内部运行 Python 程序时，Python 解释器把源代码翻译成字节指令的中间形式，然后再根据每条字节码指令执行对应的机器二进制代码。由于无须关心 Python 程序如何编译和连接程序，使得使用 Python 开发变得更加简单。

（7）可扩展性和可嵌入性

如果需要使一段关键代码运行得更快或者希望某些算法不公开，就可以使用 C 或者 C++语言编写，然后在 Python 程序中调用，还可以将 Python 程序嵌入 C 或者 C++程序中，从而提供脚本功能。

（8）可移植性

由于 Python 的开源本质，Python 已经被移植在许多平台上。如果能够避免使用依赖于系统的特性，所有的 Python 程序无须修改就可以在众多平台上运行。

（9）规范的代码

Python 采用强制缩进的方式使代码具有极强的可读性，不符合缩进规则的语法将无法执行。如同 C 语言比较，Python 程序行尾不需要使用分号，条件判断和循环体内的语句块也不再需要使用花括号，诸如此类的代码规范，在一定程度上提高了开发者的工作效率。

1.1.3　Python 的应用领域

Python 的应用领域非常广泛，主要有：

① 网络接口：能方便进行系统维护和管理，是 Linux 的标志性语言之一，也是很多系统管理员理想的编程工具。

② 图形处理：有 PIL、tkinter 等图形库支持，能方便进行图形处理。

③ 数学处理：NumPy 扩展提供大量与许多标准数学库的接口。

④ 文本处理：Python 提供的 re 模块能支持正则表达式，还提供 SGML、XML 分析模块，许多程序员利用 Python 进行 XML 程序的开发。

⑤ 数据库编程：程序员可通过遵循 Python DB-API（应用程序编程接口）规范的模块与 Microsoft SQL Server、Oracle、Sybase、DB2、MySQL、SQLite 等数据库通信。Python 自带一个 Gadfly 模块，提供了一个完整的 SQL 环境。

⑥ 网络编程：提供丰富的模块支持 sockets 编程，能方便快速地开发分布式应用程序。很多大规模软件开发计划（如 Zope、Mnet 及 BitTorrent、Google）都在广泛地使用它。

⑦ Web 编程：Python 是 Web 开发的程序设计语言之一，支持最新的 XML 技术。

⑧ 多媒体应用：Python 的 PyOpenGL 模块封装了"OpenGL 应用程序编程接口"，能进行二维和三维图像处理。PyGame 模块可用于编写游戏软件。

⑨ PYMO 引擎：PYMO 全称为 Python Memories Off，是一款运行于 Symbian S60V3、Symbian 3、S60V5、Android 操作系统上的 AVG 游戏引擎。因其基于 Python 2.0 平台开发，并且适用于创建秋之回忆（Memories Off）风格的 AVG 游戏，故命名为 PYMO。

1.1.4　Python 的版本

Python 从诞生至今，历经多个版本。在 Python 的官网（网址 https://www.python.org/downloads/）可以查看相关情况。截至目前，依然保留的版本主要是 Python 2.X 和 Python 3.X。Python 的主要版本、发布时间及所有者和 GPL 兼容性见表 1-1。

表 1-1　Python 的主要历史版本

版 本 号	发 布 时 间	所 有 者	GPL 是否兼容
0.9.0 至 1.2	1991—1995	CWI	是
1.3 至 1.5.2	1995—1999	CNRI	是
1.6	2000	CNRI	否
2.0	2000	BeOpen.com	否
1.6.1	2001	CNRI	否
2.1	2001	PSF	否
2.0.1	2001	PSF	是

续上表

版 本 号	发 布 时 间	所 有 者	GPL 是否兼容
2.1.1	2001	PSF	是
2.1.2	2002	PSF	是
2.1.3	2002	PSF	是
2.2 至 2.6.0	2002—2009	PSF	是
3.0	2009	PSF	是
2.6.1 至 2.7.18	2009—2020	PSF	是
3.1 至 3.11.0	2020—2022	PSF	是

Python 现在用得最多的是两个版本：Python 2.X 系列和 Python 3.X 系列。Python 1.X 系列在 20 世纪 90 年代非常成功，现在已不再维护。

向下兼容在计算机中是指在一个程序或者类库更新到较新的版本后，用旧的版本程序创建的文档或系统仍能被正常操作或使用，或在旧版本的类库的基础上开发的程序仍能正常编译运行的情况。例如，较高档的计算机或较高版本的软件平台可以运行较为低档计算机或早期的软件平台所开发的程序，如基于 Pentium 微处理器的 PC 兼容机可以运行早期在 486 上运行的全部软件。向下兼容可以使用户在进行软件或硬件升级时，厂商不必为新设备或新平台重新编制应用程序，以前的程序在新的环境中仍然有效。但 Python 同很多语言不同，它不支持向下兼容，即 Python 2.X 的程序不能在 Python 3.X 上运行，虽然短期内带来升级函数库的巨大代价，但从长期来看，由于不需要兼容旧版本，新版本有助于简化解释器功能，释放 Python 发展的历史包袱。

从语言上来说，Python 3.X 比 Python 2.X 要好，当开发一个新项目时，选择 Python 3.X 是一个明智的选择。建议大家把已完成的项目维护好，如果这个项目将用很长时间，要尽早移植到 Python 3.X 上。

1.2　Python 开发环境

Python 可在 Windows、Linux、Mac 等平台下运行。本书仅以 Windows 10 平台为例，介绍 Python 的安装与配置。

1.2.1　Python 语言解释器的下载与安装

在 Windows 平台下安装 Python 开发环境的操作步骤如下：

① 访问 https://www.python.org/downloads/，选择 Windows 平台下的安装包，如图 1-2 所示。

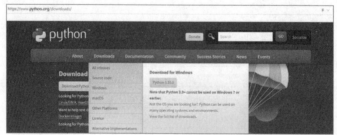

图 1-2　在 Python 官网中选择 Windows 平台安装包

② 单击图 1-2 中所示的 "Python 3.10.0" 按钮, 下载文件 "python-3.10.0- amd64.exe", 双击该文件进入 Python 的安装界面, 选择 Python 的安装方式, 如图 1-3 所示。

图 1-3 中显示有两种安装方式。第一种, 采用默认安装方式。第二种, 自定义安装方式, 用户可以自行选择软件的安装路径。这两种安装方式均可。为方便后续编程环境的配置, 这里请单击选中下方的 "Add Python 3.10 to PATH" 复选框。

图 1-3 选择 Python 安装方式

③ 选择第二种安装方式。安装过程如图 1-4（a）~（d）所示。这里, 我们选择将其安装在 D 盘的 Program Files（x86）文件夹中。

（a）安装前, 单击选中 "Add Python 3.10 to PATH" 复选框

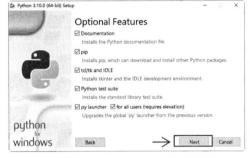

（b）选择 "Customize installation" 后的界面

（c）选择安装路径

（d）Python 安装进度展示

图 1-4 Python 的安装过程

④ Python 安装完成后, 出现图 1-5 所示的安装成功界面。

值得注意的是, 如果在安装准备阶段, 没有单击选中图 1-3 所示界面中的 "Add Python 3.10 to PATH" 复选框, 还需要手动配置编程环境变量, 具体操作步骤如下:

① 右击 "此电脑" 图标, 在弹出的快捷菜单中选择 "属性" 选项, 打开图 1-6 所示的界面,

图 1-5 Python 安装成功的界面

选择右侧的"高级系统设置"选项，打开图 1-7 所示的"系统属性"对话框的"高级"选项卡。

图 1-6 "此电脑"属性界面

② 在"系统属性"对话框"高级"选项卡的右下角单击"环境变量"按钮，进入"环境变量"对话框，如图 1-8 所示。先在用户变量列表中找到"Path"一项，为了不破坏其他变量，请不要对其他内容做任何操作，单击对话框中间的"新建"按钮即可。

图 1-7 "系统属性"对话框的"高级"选项卡　　　　图 1-8 "环境变量"对话框

③ 在打开的"新建用户变量"对话框的"变量名"文本框中输入"Python"，"变量值"文本框单击"浏览目录"按钮定位到 Python 安装的文件夹即可，如图 1-9 所示。最后单击"确定"按钮。

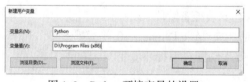

图 1-9 Python 环境变量的设置

④ 按下【Win+R】组合键打开"运行"对话框，在"打开"文本框中输入"python"单击"确定"按钮，打开图 1-10 所示的窗口，确认环境变量已配置成功。

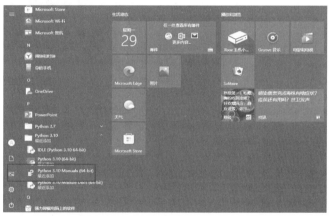

图 1-10　Python 环境变量已配置成功

1.2.2　Python 的开发环境介绍

Python 有很多开发环境，对于简单的 Python 程序使用 IDLE 或者 Python Shell 来编写非常合适。而对于大型的项目来说，使用一款集成开发环境甚至一款好的专用的代码编辑器将会简化程序编写和管理工作。

1. IDLE

IDLE 是 Python 自带的一个编辑器。当 Python 安装成功后，就可以看到 IDLE 了。IDLE便于初学者创建、运行、测试 Python 程序。本教材中使用 IDLE 作为开发环境，对 IDLE 的使用进行详细介绍。步骤如下：

① 启动 IDLE。如图 1-11 所示，在 Windows 10 的"开始"菜单中找到 IDLE，单击后即可启动 IDLE，启动界面如图 1-12 所示。

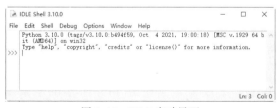

图 1-11　Windows 10"开始"菜单下的 IDLE

② 启动 IDLE 就是一个 Python Shell，通过它可以在 IDLE 内部执行 Python 命令，利用 IDLE的 Shell 与 Python 进行互动。新建一个文件，从"File"菜单中选择"New File"菜单项，这样就可以在出现的窗口中输入程序代码了，如图 1-13 所示。

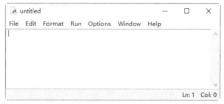

| 图 1-12　IDLE 启动界面 | 图 1-13　创建 Python 程序的窗口 |

③ 创建好程序之后，从"File"菜单中选择"Save"菜单项保存程序。保存后的运行环境如图 1-14 所示。从菜单中选择"Run"中的"Run Module"菜单项运行程序。运行结果如图 1-15所示。

图 1-14　保存后的 Python 程序　　　　　图 1-15　Python 程序的运行结果

2．PyCharm

PyCharm 是由 JetBrains 打造的一款专门面向于 Python 的全功能集成开发环境，拥有付费版（专业版）和免费开源版（社区版），不论是在 Windows、Mac OS X 操作系统，还是在 Linux 操作系统中都支持 PyCharm 的快速安装和使用。

PyCharm 官方下载网址：http://www.jetbrains.com/pycharm/download/PyCharm。

PyCharm 直接支持 Python 开发环境，打开一个新的文件然后就可以开始编写代码，也可以在 PyCharm 中直接运行和调试 Python 程序，并且它支持源码管理和项目。

PyCharm 的运行界面如图 1-16 所示。

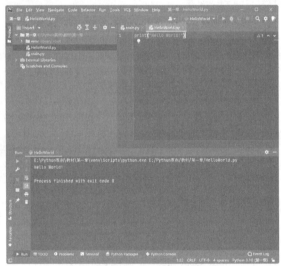

图 1-16　PyCharm 运行界面

3．Anaconda

Anaconda 是由 Anaconda 公司为了方便使用 Python 进行数据科学研究而建立的一组软件包，涵盖了数据科学领域常见的 Python 库，并且自带了专门用来解决软件环境依赖问题的 conda 包管理系统。conda 可以理解为一个工具，也是一个可执行命令，其核心功能是包管理与环境管理。包管理与 pip 的使用类似，环境管理则允许用户方便地安装不同版本的 Python，并可以快速切换。

可以将 Anaconda 看作软件包管理工具，拥有安装、卸载、更新、查看、搜索等很多实用的功能。简单的鼠标操作就可以实现包管理，而不用关心各种依赖和文件路径的情况，十分方便快捷。Anaconda 的下载网址：https://www.continuum.io/downloads，Linux、Mac、Windows 均支持。

Anaconda 的运行界面如图 1-17 所示。

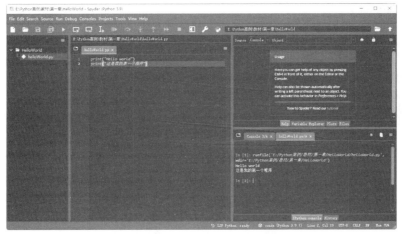

图 1-17　Anaconda 运行界面

1.2.3　标准库

Python 标准库非常庞大，所提供的组件涉及范围十分广泛。这个库包含了多个以 C 语言编写的内置模块，Python 程序员必须依靠它们来实现系统级功能，例如文件 I/O，此外还有大量以 Python 编写的模块，提供了日常编程中许多问题的标准解决方案。有些模块经过专门设计，通过将特定平台功能抽象化为平台中的 API 来鼓励和加强 Python 程序的可移植性。

Windows 版本的 Python 安装程序通常包含整个标准库（如 turtle、os、sys、random、time、math 等），往往还包含许多额外组件。对于类 UNIX 操作系统，Python 通常会分成一系列的软件包，因此可能需要使用操作系统所提供的包管理工具来获取部分或全部可选组件。

在这个标准库以外还存在成千上万且不断增加的其他组件（从单独的程序、模块、软件包直到完整的应用开发框架），访问 Python 包索引即可获取这些第三方包。

在编写程序时，确定所需要使用函数库后可使用保留字 import 导入。使用 import 导入函数库有两种方式。

第一种方式：

```
import <库名>
```

此时，程序可调用库名中的所有库函数，使用库函数的语法如下：

```
<库名>.<函数名>(<函数参数>)
```

第二种方式：

```
from <库名> import <函数名,函数名,函数名,...,函数名>
from <库名> import *
```

其中 * 是通配符，表示所有的函数。

1. turtle 库

turtle（海龟）库是 Python 语言绘制图像的函数库，其绘制原理是有一只海龟在窗体正中心，在画布上游走，走过的轨迹形成了绘制的图形。海龟由程序控制，可以自由改变颜色、方向、宽度等。

（1）turtle 绘图窗体

turtle 绘图窗体语句如下：

```
turtle.setup(width,height,startx,starty)
```

函数功能：设置窗体大小。

参数含义：width、height 是指窗体宽和高。输入宽和高为整数时，表示像素；为小数时，表示占据计算机屏幕的比例。(startx,starty)这一坐标表示矩形窗口左上角顶点的位置，如果为空，则窗口位于屏幕中心。4 个参数中后两个参数非必选参数。

turtle 的空间坐标系如图 1-18 所示。

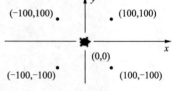

图 1-18 turtle 的空间坐标系

（2）画笔控制

在画布上，默认有一个坐标原点为画布中心的坐标轴，坐标原点上有一只面朝 x 轴正方向小海龟。这里我们描述小海龟时使用了两个词语：坐标原点（位置），面朝 x 轴正方向（方向）。turtle 绘图中，就是使用位置和方向描述小海龟（画笔）的状态。

① turtle.penup( )和 turtle.pendown( )

`turtle.penup( )`

简写形式：turtle.pu( )或者 turtle.up( )

功能：表示抬起画笔，海龟在飞行，无参数。

`turtle.pendown( )`

简写形式：turtle.pd( )或者 turtle.down( )

功能：表示画笔落下，海龟在爬行，无参数。

② turtle.pensize(width)

别名：turtle.width(width)

功能：表示画笔的宽度。

参数：width 设置画笔线条的宽度，当无参数或者为 None 时返回当前画笔宽度。

③turtle.right(degree)和 turtle.left(degree)

功能：顺时针或逆时针移动 degree 度。

参数：degree 为角度值。

turtle 的角度坐标系如图 1-19 所示。

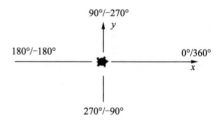

图 1-19 turtle 的角度坐标系

④ turtle.seth(angle)

其他形式：turtle.setheading(angle)

功能：改变海龟行进方向但不前进。

参数：angle 为绝对方向角度值。

⑤ turtle.pencolor(color)

功能：为画笔设置颜色。

参数：color 为颜色字符串或者 RGB 值。

该函数的使用形式为：

`turtle.pencolor(colorstring)`或`turtle.pencolor((r,g,b))`

当参数 color 为 colorstring 时，表示使用颜色的字符串；当为(r,g,b)时，表示使用颜色对应的 RGB 值。关于常用颜色对应的字符串和 RGB 值可参考表 1-2。

表 1-2 常用颜色对应的字符串和 RGB 值表

中 文 名	字 符 串	RGB 整数值	中 文 名	字 符 串	RGB 整数值
白色	white	255,255,255	粉红色	pink	255,192,203
黄色	yellow	255,255,0	棕色	brown	165,42,42
青色	cyan	0.255.255	紫色	purple	160,32,240
蓝色	blue	0,0,255	深绿色	darkgreen	0,100,0
黑色	black	0,0,0	番茄色	tomato	255,99,71
金色	gold	255,215,0	洋红	magenta	255,0,255

⑥ turtle.hideturtle( )和 turtle.showturtle( )

这两个函数均为无参函数，turtle.hideturtle( )的功能是隐藏画笔的 turtle 形状，turtle.showturtle( )的功能是显示画笔的 turtle 形状。

（3）绘制形状

① turtle.forward(d)

简写形式：turtle.fd(d)

功能：行进距离，为正数时表示同向运动，当为负数时表示反方向运动。

参数：d 为行进距离的像素值。

② turtle.circle(r,extent=NONE)

功能：根据半径 r 绘制 extent 角度的弧形。

参数：r 默认在圆心左侧 r 距离的位置；extent 表示绘制角度，默认 360° 是整圆。

③ turtle.begin_fill( )和 turtle.end_fill( )

这两个函数均为无参函数，turtle.begin_fill( )的功能是准备开始填充图形；turtle.end_fill( )的功能是填充完成。

【例 1-1】使用 turtle 库的 turtle.forward( )及方向控制函数绘制一个正方形。

分析：要使用 turtle 库中的函数，必须使用 import 命令导入 turtle 库，再使用 setup( )函数设置画布的大小和位置。

turtle 中心点在坐标原点(0,0)处，使用函数 forward( )先向前（x 轴正向）100 个像素，此时完成底边绘制。

如果要绘制右侧的边，此时需要移动绘制方向，该方向为 y 轴正向，以当前绘图方向为参照，需向左旋转 90°，因此使用 left( )函数，其参数为 90，即 left(90)，再使用 forward(100) 绘制右侧的边。按此方法，依次绘制顶边和左侧的边，即可完成正方形的绘制。

程序代码如下：

```
import turtle
turtle.setup(400,400)
turtle.forward(100)
turtle.left(90)
turtle.forward(100)
turtle.left(90)
turtle.forward(100)
turtle.left(90)
turtle.forward(100)
turtle.left(90)
turtle.hideturtle()
```

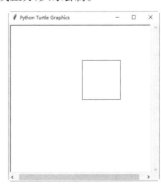

图 1-20 例 1-1 运行结果

程序运行结果如图 1-20 所示。

2. random 库

random 库是用于产生并运用随机数的 Python 标准库。从概率论角度来说，随机数是随机产生的数据（比如抛硬币），但计算机不可能产生随机值，真正的随机数也是在特定条件下产生的确定值。计算机不能产生真正的随机数，那么伪随机数就被称为随机数。计算机中通过采用梅森旋转算法生成（伪）随机序列元素。因此 Python 中使用 random 函数库生成的是伪随机数。使用 random 库时需导入 random。

random 库包含两类函数，常用的共八个。一类是基本随机函数：seed( )和 random( )，共两个；另一类是扩展随机函数：randint( )、randrange( )、getrandbits( )、uniform( )、choice( )和 shuffle( )，共六个。函数的功能及使用见表 1-3。

表 1-3　random 库函数表

函　　数	功能及参数	举　　例
random.seed([x])	改变随机数生成器的种子。x：种子，默认为当前系统时间	random.seed(10) #产生种子 10 对应的序列
random.random( )	返回[0,1)内一个随机浮点数，无参数	random.random( ) #随机数产生与种子有关，如果种子是 1，第一个数必定是这个
random.randint(m,n)	返回[m,n]中的一个随机整数，m、n 必须是整数	random.randint(10,100) #生成一个在区间[10,100]的一个整数
random.randrange(m,n[,k])	返回[m,n]中以 k 为步长的一个随机整数，m、n、k 必须是整数，k 默认为 1	random.randrange(10,100,10) #生成一个在区间[10,100]步长为 10 的一个整数
random.getrandbits(k)	返回一个可以用 k 位二进制的整数，k 为整数	random.getrandbits(16) #生成一个 16 比特长的随机整数
random.uniform(m,n)	返回[m,n]中的一个随机浮点数，m、n 可以是整型或是浮点型	random.uniform(10,100) #生成一个在区间[10,100]的一个小数
random.choice(seq)（该函数与序列相关）	返回一个列表、元组或字符串的随机项，参数为字符串、列表或元组	random.choice([1, 2, 3, 4, 5, 6, 7, 8, 9]) #随机返回序列中的某一值
random.shuffle(list)（该函数与序列相关）	将序列的所有元素随机排序，参数为列表	s=[1, 2, 3, 4, 5, 6, 7, 8, 9] random.shuffle(s) #将序列 s 中元素随机排列，返回打乱后的序列

随机数函数请注意以下三点：

① 利用随机数种子能够产生"确定"伪随机数。先使用 seed( )函数生成种子，再使用 random( )函数产生随机数。

② 能够产生随机整数。

③ 能对序列类型进行随机操作。

3. time 库

在 Python 中包含了若干个能够处理时间的库，而 time 库是最基本的一个，是 Python 中处理时间的标准库。time 库能够表达计算机时间，提供获取系统时间并格式化输出的方法，提供系统级精确计时功能（可以用于程序性能分析）。

time 库包含三类函数，共七个函数。第一类是时间获取函数，共三个：time( )、ctime( )、

gmtime( )；第二类是时间格式化函数，共两个：strftime( )和 strptime( )；第三类是程序计时函数，共两个：sleep( )和 perf_counter( )。time 库函数的功能及使用见表 1-4。表 1-5 所示是时间的格式化。

表 1-4　time 库函数功能及使用

函　　数	功能及参数	举　　例
time.time( )	获取当前时间戳，即当前系统内表示时间的一个浮点数	time.time( ) #返回当前系统时间，以浮点数表示
time.ctime( )	获取当前时间，并返回一个可识别方式的字符串	time.ctime( ) #以可识别方式返回系统当前时间，如：Thu Dec 2 13:36:45 2021
time.gmtime( )	获取当前时间，并返回计算机可处理的时间格式	time.gmtime( ) #可显示时间为 time.struct_time(tm_year=2021,tm_mon=12, tm_mday=2, tm_hour=5, tm_min=39, tm_sec=28, tm_wday=3,tm_yday=336, tm_isdst=0)
time.strftime(tpl,ts)	tpl 是格式化模板字符串（见表1-5），用来定义输出效果。ts 是系统内部时间类型变量	t=time.gmtime( ) time.strftime("%Y-%m-%d %H:%M:%S",t) #可显示时间为 2021-12-02 05:44:42
time.strptime(str,tpl)	str是字符串形式的时间值。tpl 是格式化模板字符串，用来定义输入效果	timeStr='2021-11-26 20:15:35' time.strptime(timeStr,"%Y-%m-%d %H:%M:%S") #以设定的格式输出时间

time.perf_counter( )	返回一个CPU级别的精确时间计数值，单位为秒。由于这个计数值起点不确定，连续调用求差值才有意义	startTime=time.perf_counter( )
		#测试程序段
		endTime=time.perf_counter( )
		print(endTime−startTime)
		#该程序段可用于测试程序段的运行时间

time. sleep(s)	s 为休眠时间，单位秒，可以是浮点数	time.sleep(3.3) #程序会等待 3.3 秒继续运行

表 1-5　时间的格式化

格式化字符串	日期/时间说明	取　值　范　围
%Y	年份	0000—9999
%m	月份（数字）	01~12
%B	月份（英文全称）	January~December
%b	月份（英文缩写）	Jan~Dec
%d	日期	01~31
%A	星期（英文全称）	Monday~Sunday
%a	星期（英文缩写）	Mon~Sun
%H	小时（24 小时制）	00~23
%I	小时（12 小时制）	01~12
%p	上/下午	AM, PM
%M	分钟	00~59
%S	秒	00~59

1.2.4 模块和第三方库

计算机在开发过程中，代码越写越多，也就越难以维护，所以为了编写可维护的代码，会把函数进行分组，放在不同的文件里。在 Python 里，一个.py 文件就是一个模块。使用模块具有以下四个优点：

① 提高代码的可维护性。

② 提高代码的复用，当模块完成时就可以在其他代码中调用。

③ 引用其他模块，包含 Python 内置模块和其他第三方模块。

④ 避免函数名和变量名等名称冲突。

Python 除了内置的模块外，还有超过 15 万个第三方模块，所有的第三方模块都会在 Python 社区（网址为 https://pypi.org/），只要找到对应的模块名字，即可用 pip 安装。

Python 提供了一个内置的帮助系统，可以从中获得关于模块、类、函数和关键字的帮助信息。在 REPL 中使用 Python 的 help( )函数来访问这个帮助程序。当调用这个函数并将一个对象传递给它时，它会返回该对象的帮助页面或文档。当在不带参数的情况下运行该函数时，帮助程序会被打开，可以在其中以交互的方式来获得关于对象的帮助信息。最后，为了获得关于自定义类和函数的帮助信息，可以定义 docstring（字符串文档）。

1.3 Python 基础

1.3.1 一个简单的 Python 程序

【例 1-2】从键盘输入圆的半径，求圆的面积。

程序代码如下：

```
"""
功能: 根据圆的半径求圆的面积
编写者: WPY
编写时间: 2021/10/21
"""
def CircleArea(r):
    s=3.14*r*r
    return s

r=eval(input("请输入圆的半径: "))

while(r<=0):
    print("圆的半径应大于0!")
    r=eval(input("请重新输入圆的半径: "))

result=CircleArea(r)

print("圆的半径是{:.2f},面积是{:.2f}.".format(r,result))
```

运行结果如图 1-21 所示。

```
请输入圆的半径: -5
圆的半径应大于0!
请重新输入圆的半径: 5
圆的半径是5.00,面积是:78.50.
```

图 1-21　例 1-2 运行结果

1.3.2 Python 程序语法元素分析

1. 缩进

相比于其他语言用大括号和 end 来标识代码块，Python 语言比较"独特"，其通过代码的缩进来标识所属代码块。通常 4 个空格为 1 个缩进，可用【Tab】键实现。缩进是 Python 代码的重要组成部分，若代码缩进格式不正确，如同一段代码块语句缩进不一致、首句未顶格等，都会运行出错，因此需要注意以下两点：

① 一个完整的语句首句要顶格，如下面的语句和第一行的语句保持一致。

```
r=eval(input("请输入圆的半径: "))
```

② 同一代码块的语句应缩进一致，如下面的语句：

```
def CircleArea(r):
    s=3.14*r*r
    return s
```

该语句块定义了函数 CircleArea( )，用于求圆的面积，其中 def CircleArea(r):为函数首部，而

```
s=3.14*r*r
return s
```

为函数的语句体部分，需参照函数首部采用统一格式缩进。

2. 注释

编程语言的注释，即对代码的解释和说明。为代码加上注释，可提高代码的可读性，当阅读一段他人写的代码时，通过注释迅速掌握代码的大致意思，读起代码将更加得心应手。

Python 语言注释分为单行注释和多行注释。注释符后的内容计算机会自动跳过不执行。

（1）单行注释

在需注释语句前加"#"，可在代码后使用，也可另起一行使用。例如：

```
r=eval(input("请输入圆的半径: "))        #从键盘获取圆的半径并转换为数值型
```

对应注释说明了该语句的功能。

又如：

```
#输入圆的半径求面积   2021.10.26
```

对应注释说明了程序的功能及编写时间。

（2）多行注释

在语句开头和结尾处加 3 个单引号或 3 个双引号（前后须一致）。

方式一，使用单引号的多行注释，例如：

```
'''
功能: 根据圆的半径求圆的面积
编写者: WPY
编写时间: 2021/10/21
'''
```

方式二，使用双引号的多行注释，例如：

```
"""
功能: 根据圆的半径求圆的面积
编写者: WPY
编写时间: 2021/10/21
"""
```

使用注释，除了起到望文生义，迅速了解代码的作用外，还可以将某段未完成或需要修改的代码隐蔽起来，暂时不让计算机执行。

3. 多行语句

Python 中默认以行结束作为代码结束的标记，而有时候为了阅读方便，需要将一个完整代码跨行表示，这时候可以使用续行符反斜杠"\"来将一行语句分为多行显示，例如：

```
score=Chinese_score + \
maths_score + \
history_score
```

注意：若语句中使用大括号{}、中括号[]或圆括号()将数据括起来，则不需要使用续行符，例如：

```
name=['Ada','Ailsa','Amy',
'Barbara','Betty','Blanche'
'Carina','Carrie','Carry'
'Daisy','Darcy','Diana']
```

4. 变量

Python 语言中的"原料"即对象，在 Python 里万物皆对象，而对象通过引用变量唯一存在。变量可以理解为对事物的一个代号或者贴的一个标签，是一个可重复使用的量；变量不仅仅是数值型，还可以是字符型、逻辑型等其他数据类型。

在 Python 中引用变量需要先定义，否则会报错，但与其他编程语言如 C 语言不同，Python 定义变量不需要事先定义变量类型，变量类型随变量所赋值的类型决定。

在 Python 中变量可以重复赋值使用，变量间也可相互赋值，同时可以对变量进行运算操作。

① 对变量进行重复赋值，例如：

```
num=2
…
num=3
…
num=0.618
```

② 对变量做运算操作，例如：

```
num=3.14*r*r
```

③ 可使用 type( )函数查看变量的数据类型，例如：

```
type(num)
```

5. 变量的命名规则与系统保留字

在 Python 中，对变量的命名可以使用数字、字母（大小写均可）、下划线（_）和汉字等字符及其组合形式。但是变量的首字符不能是数字，且变量中间不能有空格，不能包含 Python 保留字、关键字、函数名。

注意：慎用大写字母 L 和小写字母 l 以及字母 O，避免与数字 1 和 0 混淆。

Python 区分字母的大写和小写，如'A'和'a'即为不同的变量。

建议用驼峰命名法，即当变量名或函数名是由一个或多个单词连结在一起，而构成的唯一识别字时，第一个单词以小写字母开始；从第二个单词开始以后的每个单词的首字母都采用大写字母，例如：myFirstName、myLastName，这样的变量名看上去就像骆驼峰一样此起彼伏，故得名。

保留字（Reserved Word）是指在高级语言中已经定义过的字，程序员不能再将这些字作为变量名或函数名使用。保留字包括关键字和未使用的保留字。关键字则指在语言中有特定含义，成为语法中一部分的那些字。在部分程序设计语言中，一些保留字可能并没有应用于当前的语法中，这就成了保留字与关键字的区别。一般出现这种情况可能是由于考虑扩展性。

如要查看 Python 中的保留字，可使用这样的程序：

```
import keyword
print(keyword.kwlist)
```

在 Python 3.X 中的保留字见表 1-6，共 35 个。

表 1-6　Python 3.X 中的保留字表

False	None	True	and	as
assert	async	await	break	class
continue	def	del	elif	else
except	finally	for	from	global
if	import	in	is	lambda
nonlocal	not	or	pass	raise
return	try	while	with	yield

6．变量的赋值

在 Python 中，使用"="对变量进行赋值，如"x=3"。这里要注意，数据和变量是分开存储的，即在内存中先建立数据"3"，然后建立一个标记"x"，再将 x 指向内存中的值。若重新对变量 x 赋值为"2"，实质上是修改了数据的引用，变量 x 重新指向内存中的数据"2"。

对同一对象可以引用多个变量，例如一个人可以有多重身份，MrLiu 是一位父亲，同时也是一位教师，不同的变量，实质指向的对象是同一事物，可表示为：father = teacher = 'MrLiu'。

对多个变量同时赋值，等号两边的括号加或者不加均可。如：

```
a,b,c=1,2,3
(a,b,c)=(1,2,3)
```

7．输出语句

Python 中输出值的方式主要有两种：表达式和 print( )函数。两者的区别在于，表达式输出的结果为一个 Python 对象，而在实际运用中，为方便阅读，通常需要按照一定格式输出结果，print( )函数就很好地解决此问题。

print( )语法：

```
print(*objects, sep=' ', end='\n', file=sys.stdout, flush=False)
```

print( )参数：

objects：复数，表示可以一次输出多个对象。输出多个对象时，需要用,分隔。

sep：用来间隔多个对象，默认值是一个空格。

end：用来设定以什么结尾。默认值是换行符"\n"，可换成其他字符串。

file：要写入的文件对象。

flush：输出是否被缓存通常决定于 file，但如果 flush 关键字参数为 True，会被强制刷新。

【例 1-3】打印"广州"、"上海"和"深圳"，设置中间分隔符为"-"。

源程序为：

```
print("广州","上海","深圳",sep="-")
```

运行结果为如图 1-22 所示。

> 广州-上海-深圳

图 1-22　例 1-3 运行结果

【例 1-4】打印"广州"、"上海"和"深圳"，先以默认结尾符"\n"输出，再将"广州"和"上海"以结尾符设置为"-"，"深圳"以默认结尾符"\n"输出。

程序代码如下：

```
print("广州")
print("上海")
print("深圳")
print("广州",end="-")
print("上海",end="-")
```

```
print("深圳")
```

程序运行结果如图 1-23 所示。

```
广州
上海
深圳
广州-上海-深圳
```

图 1-23　例 1-4 运行结果

8. 输入语句

在 Python 中获取键盘输入数据的函数是 input( )函数。input( )函数会自动将输入的数据转为字符串类型，并自动忽略换行符，同时可给出提示字符串。如果需要得到其他类型的数据，可对其进行强制性类型转换。

input( )语法：

```
input([prompt])
```

input( )参数：

prompt 是指给输入者的提示信息，可选参数，如：

```
r=input("请输入圆的半径: ")
```

此时的 r 仅接收从键盘输入的字符串，并不能参与计算。

9. eval( )函数

eval( )语法：

```
eval(expression, globals=None, locals=None)
```

eval( )参数：

expression：这个参数是一个字符串，Python 会使用 globals 字典和 locals 字典作为全局和局部的命名空间，将 expression 当作一个 Python 表达式进行解析和计算。

globals：变量作用域，全局命名空间，如果被提供，则必须是一个字典对象。

locals：变量作用域，局部命名空间，如果被提供，可以是任何映射对象。

eval( )返回值：返回表达式计算结果。

如：

```
r=eval(input("请输入圆的半径: "))
```

【例 1-5】分析以下语句段的执行结果。

```
num=2021
print(eval("num+2"))
```

分析：该语句段中的第二个语句后两个参数省略了，所以 eval 中的 num 是前面的 2021。对于 eval，它会将第一个 expression 字符串参数的引号去掉，然后对引号中的式子进行解析和计算。因此输出结果为：2023。

算法中的"操作说明"可以说是算法的"灵魂"，构成算法"操作步骤"的是语句，包含 Python 的基本语句和控制流程语句。对于基本语句（如赋值语句、输入/输出语句等）已经有了简单的了解，而控制流程语句和函数等相对较复杂，在后续章节再进行详细深入学习。

1.4　字符编码

计算机中存储的信息都是用二进制数表示的。在屏幕上显示的英文、汉字等字符是二进制数转换之后的结果。按照某种规则将字符存储在计算机中，如"a"用什么表示，称为"编码"；反之，将存储在计算机中的二进制数解析显示出来，称为"解码"，如同密码学中的加密和解密。在解码过程中，如果使用了错误的解码规则，则导致"a"解析成"b"或者乱码。

关于编码的两个概念：字符集和字符编码。

字符集（Charset）：是一个系统支持的所有抽象字符的集合。字符是各种文字和符号的

总称，包括各国家文字、标点符号、图形符号、数字等。

字符编码（Character Encoding）：是一套法则，使用该法则能够对自然语言的字符的一个集合（如字母表或音节表），与其他东西的一个集合（如号码或电脉冲）进行配对。即在符号集合与数字系统之间建立对应关系，它是信息处理的一项基本技术。通常人们用符号集合（一般情况下就是文字）来表达信息。而以计算机为基础的信息处理系统则是利用元件（硬件）不同状态的组合来存储和处理信息的。元件不同状态的组合能代表数字系统的数字，因此字符编码就是将符号转换为计算机可以接受的数字系统的数，称为数字代码。

常见的编码有：ASCII 编码、Unicode 编码、UTF-8 编码、GB 2312 编码、BIG5 编码、GBK编码等。

1.4.1 ASCII 编码

在计算机中，所有的数据（字母、数字以及常用符号）在存储和运算时都要使用二进制数表示，用哪些二进制数字表示哪个符号，每个人都可以约定自己的规则，如果大家要想互相通信而不造成混乱，就必须使用相同的规则，于是美国国家标准学会（American National Standard Institute，ANSI）制定了 ASCII（American Standard Code for Information Interchange，美国信息交换标准代码）编码，统一规定了字母、数字以及常用符号用哪些二进制数来表示。ASCII 码是基于拉丁字母的一套计算机编码系统，主要用于显示现代英语和其他西欧语言。它是最通用的信息交换标准，并等同于国际标准 ISO/IEC 646。ASCII 第一次以规范标准的类型发表是在 1967 年，最后一次更新则是在 1986 年，到目前为止共定义了 128 个字符。

标准 ASCII 码也叫基础 ASCII 码，使用 7 位二进制数（剩下的 1 位二进制为 0）来表示所有的大写和小写字母、数字 0 到 9、标点符号以及在美式英语中使用的特殊控制字符。许多基于 x86 的系统都支持使用扩展 ASCII。扩展 ASCII 码允许将每个字符的第 8 位用于确定附加的 128 个特殊符号字符、外来语字母和图形符号。

1.4.2 Unicode 编码

当计算机传到世界各个国家时，为了适合当地语言和字符，会设计和实现某种编码方案。这样各设计一套，在本地使用没有问题，一旦出现在网络中，由于不兼容，互相访问就出现了乱码现象。

为了解决这个问题，产生了 Unicode 编码。Unicode 编码系统为表达任意语言的任意字符而设计。它使用 4 字节的数字来表达每个字母、符号，或者表意文字（Ideograph）。每个数字代表唯一的至少在某种语言中使用的符号。被几种语言共用的字符通常使用相同的数字来编码，除非存在一个在理的语源学（Etymological）理由使不这样做。不考虑这种情况的话，每个字符对应一个数字，每个数字对应一个字符，即不存在二义性。不再需要记录"模式"了。U+0041 总是代表'A'，即使这种语言没有'A'这个字符。

在计算机科学领域中，Unicode 是业界的一种标准，它可以使计算机得以体现世界上数十种文字的系统。Unicode 是基于通用字符集（Universal Character Set）的标准来发展，并且同时也以书本的形式对外发表。Unicode 还不断在扩增，每个新版本插入更多新的字符。直至目前为止的第六版，Unicode 就已经包含了超过十万个字符（在 2005 年，Unicode 的第十万个字符被采纳且认可成为标准之一），一组可用以作为视觉参考的代码图表，一套编码方法与一组标准字符编码，一套包含了上标字、下标字等字符特性的枚举等。Unicode 组织（The Unicode Consortium）是由一个非营利性的机构所运作，并主导 Unicode 的后续发展，其目标在于：将既有的字符编码方案以 Unicode 编码方

案来加以取代，特别是既有的方案在多语环境下，都有有限空间及不兼容的问题。

1.4.3 UTF-8 编码

UTF-8（8-bit Unicode Transformation Format）是一种针对 Unicode 的可变长度字符编码（定长码），也是一种前缀码。它可以用来表示 Unicode 标准中的任何字符，且其编码中的第一个字节仍与 ASCII 兼容，这使得原来处理 ASCII 字符的软件无须或只需做少部分修改，即可继续使用。因此，它逐渐成为电子邮件、网页及其他存储或传送文字的应用中，优先采用的编码。互联网工程工作小组（Internet Engineering Task Force，IETF）要求所有互联网协议都必须支持 UTF-8 编码。

UTF-8 是 ASCII 的一个超集。因为一个纯 ASCII 字符串也是一个合法的 UTF-8 字符串，所以现存的 ASCII 文本不需要转换。为传统的扩展 ASCII 字符集设计的软件通常可以不经修改或很少修改就能与 UTF-8 一起使用。UTF-8 是可扩展标记语言文档的标准编码。所有其他编码都必须通过显式或文本声明来指定。任何面向字节的字符串搜索算法都可以用于 UTF-8 的数据（只要输入仅由完整的 UTF-8 字符组成）。但是，对于包含字符记数的正则表达式或其他结构必须小心。UTF-8 字符串可以由一个简单的算法可靠地识别出来。就是，一个字符串在任何其他编码中表现为合法的 UTF-8 的可能性很低，并随字符串长度增长而减小。举例说，字符值 C0、C1、F5 至 FF 从来没有出现。为了更好的可靠性，可以使用正则表达式来统计非法过长和替代值。

1.4.4 GB 2312 编码

《信息交换用汉字编码字符集　基本集》是由中国国家标准总局于 1980 年发布，1981 年 5 月 1 日开始实施的一套国家标准，标准号是 GB/T 2312—1980。GB 2312 编码适用于汉字处理、汉字通信等系统之间的信息交换。1995 年颁布了《汉字编码扩展规范》（GBK）。GBK 与 GB 2312—1980 国家标准所对应的内码标准兼容，同时在字汇一级支持 ISO/IEC 10646—1 和 GB 13000—1 的全部中、日、韩（CJK）汉字，共计 20 902 字。

1.4.5 BIG5 编码

BIG5，又称为大五码或五大码，是使用繁体中文社区中最常用的电脑汉字字符集标准，共收录 13 060 个汉字。中文码分为内码及交换码两类，BIG5 属中文内码。

BIG5 只是业界标准。倚天中文系统、Windows 繁体中文版等主要系统的字符集都是以 BIG5 为基准，但厂商又各自增加不同的造字与造字区，派生成多种不同版本。

1.4.6 GBK 编码

GBK 全称《汉字内码扩展规范》（GB 是"国标"的汉语拼音第一个字母，K 是"扩展"的汉语拼音第一个字母，其英文名称：Chinese Internal Code Specification）。GBK 编码，是在 GB/T 2312—1980 标准基础上的内码扩展规范，使用了双字节编码方案，其编码范围从 8140 至 FEFE（剔除 xx7F），共 23 940 个码位，共收录了 21 003 个汉字，完全兼容 GB/T 2312—1980 标准，支持国际标准 ISO/IEC 10646-1 和国家标准 GB 13000.1 中的全部中日韩汉字，并包含了 BIG5 编码中的所有汉字。GBK 编码方案于 1995 年 10 月制定，1995 年 12 月正式发布，中文版的 Windows 95、Windows 98、Windows NT 以及 Windows 2000、Windows XP、Windows 7 以上版本都支持 GBK 编码方案。

1.4.7 编码转换

如果想要中国的软件可以正常地在美国人的计算机上运行，有下面两种方法：

方法一：让美国人的计算机都装上 GBK 编码；

方法二：让中国的软件编码以 UTF-8 方式编码。

第一种方法不可现实，第二种方法比较简单，但是也只能针对新开发的软件。如果之前开发的软件就是以 GBK 的编码写的，上百万行代码已经写出去了，重新编码成 UTF-8 格式也会费很大力气。

因此针对已经用 GBK 开发的软件项目如何进行编码转换，利用 Unicode 的一个包含了跟全球所有国家编码映射关系的功能，就可以实现编码转换。无论以什么编码存储的数据，只要中国的软件把数据从硬盘上读到内存，转成 Unicode 来显示即可，由于所有的系统、编程语言都默认支持 Unicode，所有的 GBK 编码软件放在美国计算机上，加载到内存里面，变成了 Unicode，中文就可正常展示。

类似用如下转码过程：源编码→Unicode 编码→目的编码。

1.4.8　Python 中的字符编码

Python 2.X 默认的字符编码是 ASCII，默认的文件编码也是 ASCII。而 Python 3.X 默认的字符编码是 Unicode，默认的文件编码是 UTF-8。无论以什么编码在内存中显示字符，存储在硬盘上均为二进制编码。如果编码不对，程序就会出错。

以何种编码保存在硬盘中，再从硬盘读取数据时就必须使用该种编码，否则就会出现乱码问题。常见的编码错误的原因有以下四种：

① Python 解释器的默认编码。

② Terminal 使用的编码。

③ Python 源文件文件编码。

④ 操作系统的语言设置。

出现乱码时，按照编码之前的关系，逐一排错就能解决问题。Python 支持中文的编码有 UTF-8、GBK、BIG5 和 GB 2312 等。

习　题

一、单项选择题

1. 下面不属于 Python 特性的是（　　　）。
   A. 简单易学　　　B. 开源、免费　　　C. 属于低级语言　　D. 高可移植性
2. Python 脚本文件的扩展名为（　　　）。
   A. .python　　　B. .py　　　C. .pt　　　D. .pg
3. （　　　）不是用于处理中文的字符编码。
   A. GB 2312　　　B. GBK　　　C. BIG5　　　D. ASCII
4. 使用（　　　）函数接收用户输入的数据。
   A. accept( )　　　B. input( )　　　C. readline( )　　　D. scanf( )
5. 关于赋值语句的作用，正确的描述是（　　　）。
   A. 变量和对象必须类型相同　　　B. 每个赋值语句只能给一个变量赋值
   C. 将变量改写为新的值　　　D. 将变量绑定到对象
6. 关于 Python 中的注释，以下描述错误的是（　　　）。

A. Python 中的注释分为单行注释和多行注释

B. Python 中的多行注释可以使用 3 个单引号或者 3 个双引号，但前后使用必须一致

C. 为代码加上注释，可提高代码的可读性

D. 在 Python 中，在某个代码段起止位置分别加上加上'''，该代码段依然可以执行

7. 表达式 eval("500/10") 的结果为（　　）。

A. "500/10"　　　　B. 500/10　　　　C. 50　　　　D. 50.0

8. 以下语句不会用于模块导入的是（　　）。

A. import <库名>

B. from <库名> import <函数名,函数名,函数名,…,函数名>

C. from <库名> import *　（其中*是通配符，表示所有的函数）

D. import <库名> with *　（其中*是通配符，表示所有的函数）

9. 有以下程序片段：

```
n1=input("请输入第一个数:")
n2=input("请输入第二个数:")
print(n1+n2)
```

当用户分别输入 15 和 25 时，该程序的执行结果是（　　）。

A. 40　　　　　　　　　　　　　　　　B. 1525

C. 40.0　　　　　　　　　　　　　　　D. 程序中存在错误，无法执行

10. 关于变量的命名描述，以下错误的是（　　）。

A. 变量名可以包含数字、下划线、英文字母的组合

B. 变量名不能以数字开头

C. 变量名不能使用中文命名

D. 系统保留字不能用做变量名

二、填空题

1. Python 中使用_____进行单行注释。

2. _____库是 Python 语言的绘制图像的函数库。

3. Python 3.X 中默认的字符编码是_____，默认的文件编码是_____。

4. 相比于其他语言用大括号或者 end 来标识代码块，Python 语言比较"独特"，其通过代码的_____来标识所属代码块。

5. 保留字包括_____和未使用的保留字。

三、程序设计题

1. 从键盘输入正方形的边长，输出该正方形的周长和面积。

2. 使用 turtle 库函数，绘制 1 个半径为 100 像素的圆，要求画笔颜色为蓝色，用绿色对圆进行填充。

3. 使用 turtle 库函数，绘制 5 个不同半径的同切圆。

4. 随机生成 1 个三位数和 1 个两位数，从键盘输入这两个整数的和与差。

5. 使用 time 库函数，编写程序求以下程序段的执行时间。

```
s=0
for i in range (1,10000+1):
    s=s+i
print(s)
```

## 第 2 章

Python 数据类型与表达式 ⟪

数据类型与表达式是编程的基础。学习程序设计语言，都要先了解数据类型与表达式。本章首先介绍了 Python 的基本数据类型，包括数值类型、字符串、布尔类型；还介绍了复合数据类型，包括列表、元组、字典、集合等；然后介绍了 Python 常用运算符，包括算术运算符、比较运算符、赋值运算符、位运算符、逻辑运算符、成员运算符、身份运算符以及在表达式中运算符的优先级。本章最后根据初学者的需要介绍了输入/输出函数。

【本章知识点】

- 数据类型
- 运算符与表达式
- 数据的输入/输出

2.1 数 据 类 型

无论是人还是计算机，对数据进行运算时都要分清数据的基本类型及含义，不同的程序设计语言支持不同的数据分类。Python 语言中数据类型包括有基本数据类型和复合数据类型，其中基本数据类型包括数值类型、字符串类型、布尔类型等，复合数据类型包括列表、元组、字典和集合等。Python 还支持变量与常量的分类。

在 Python 中，我们可以使用 type( )函数来查看对象的数据类型。实例如下：

```
>>> type(100)
<class 'int'>
>>> type(2.6)
<class 'float'>
>>> type('china')
<class 'str'>
```

代码说明：100 是数学中的整数，type(100)运行结果是"class 'int'"，表示 100 的数据类型是整型。而 2.6 是数学中的小数，在 Python 中对应的数据类型是 float，浮点型。'China' 的数据类型是 str，即字符串类型。

2.1.1 数值类型

用来表示数值的数据类型称为数值类型。数值类型又分为整数、浮点数和复数。

1. 整数（int）

整数类型与数学中的整数对应，可正可负，在程序中的表示方法和数学上的写法完全相同。整数类型理论上没有取值范围限制，而实际上是受限于计算机内存容量，具有相应的精确度。

在 Python 中，有各种类型的表示方式。整数类型的表示方法如下：

① 十进制整数：与数学上的写法完全相同，如 1、100、−235。

② 二进制整数：以 0b 开头，后跟二进制数的数据，如 0b101。

③ 八进制数：以 0o 开头，后跟八进制数的数据，如 0o257。

④ 十六进制数：以 0x 开头，后跟十六进制的数据，如 0x743f。

2．浮点数（float）

浮点数类型与数学中的小数对应，可正可负。浮点数由整数部分、小数点和小数部分组成。浮点数的表示方法如下：

① 十进制小数表示法，如 1234.5、0.0。

② 科学计数表示法，如 1.2345e3。

实例如下：

```
>>> 1.2345e3
1234.5
>>> 1.2345e-3
0.0012345
```

我们还可以使用下述语句获得当前系统下浮点数所能表示的最大数和最小数。

```
>>> import sys
>>> sys.float_info.max
1.7976931348623157e+308
>>> sys.float_info.min
2.2250738585072014e-308
```

3．复数（complex）

复数类型表示数学中的复数，由实数部分和虚数部分组成，采用 a+bj 或 complex(a,b) 形式表示，实数部分和虚数部分的数值都是浮点类型。对于一个复数，可以用 real 和 imag 分别获得它的实数部分和虚数部分。实例如下：

```
>>> x=3.1+4.6j
>>> x.real
3.1
>>> x.imag
4.6
>>> type(x)
<class 'complex'>
```

程序说明：为变量 x 赋值为 3.1+4.6j，用 x.real 和 x.imag 分别获取 x 的实数部分是 3.1 和虚数部分是 4.6，最后用 type(x) 函数查看 x 的数据类型，结果是复数类型。

2.1.2 字符串类型

字符串（str）类型是由引号括起来的字符序列，是不可变数据类型。

1．字符串的创建

（1）创建单行字符串

用单引号（'）或者是用双引号（"）将字符序列括起来。实例如下：

```
>>> str1='ab'
>>> str2="abc"
```

（2）创建多行字符串

用三个单引号或三个双引号将两行或两行以上的字符序列括起来。实例如下：

```
>>> '''Hi,
I'm home!'''
```

```
>>> """Hellow,
Python!"""
```

2．字符串的索引

作为字符序列，字符串可以对其中单个字符或字符片段进行索引。字符串包括两种序号体系，正向递增序号和反向递减序号，如图 2-1 所示。如果字符串长度为 L，正向递增需要以最左侧字符序号为 0，向右依次递增，最右侧字符序号 L-1；反向递减序号以最右侧字符序号为-1，向左依次递减，最左侧，字符序号为-L。这两种索引字符的方法可以同时使用。

```
反向递减序号
-5 -4 -3 -2 -1
H e l l o
0 1 2 3 4
正向递增序号
```

图 2-1 字符串索引序号

（1）对单个字符串的索引

实例如下：

```
>>> str1="Python 3.10.5"
>>> str1[-1]
'5'
>>> str1[1]
'y'
```

（2）字符串的切片，即对字符片段进行索引

Python 字符串也提供区间访问方式，采用[N:M]格式，表示字符串从 N 到 M（不包含 M）的子字符串，其中，N 和 M 为字符串的索引序号，可以混合使用正向递增序号和反向递减序号。这个操作被形象地称为切片。实例如下：

```
>>> str1="Python 3.10.5"
>>> str1[0:-1]    #字符串切片，从字符串第一个字符到最后一个字符（不包括最后一个字符）
'Python 3.10.'
```

3．常用字符串处理方法

（1）字符串操作符

字符串操作符可以对字符串进行相应操作，常用操作符及说明见表 2-1。

表 2-1 字符串操作符及说明

操 作 符	示 例	说 明
+	str1+str2	字符串连接，将 str1 和 str2 两个字符串连接在一起
*	str1*n	字符串复制，将字符串 str1 复制 n 次
in	s in str1	字符串查找，查找 s 是否在字符串 str1 中，返回值为 False 或 True

实例如下：

```
>>> "wor"+"ld"
'world'
>>> "world"*2
'worldworld'
>>> "w" in "world" #查找"w"是否在字符串"world"中，如果在，返回值为"True",否则为"False"
True
```

（2）常用字符串处理函数

字符串处理函数可对字符串进行相应处理。常用的字符串处理函数及说明见表 2-2。

表 2-2 字符串处理函数

函 数	示 例	说 明
len()	len(str1)	返回字符串 str1 的长度即字符数（每个中文、西文字符长度都为 1）

续上表

函　　数	示　　例	说　　明
str( )	str(x)	返回任意类型 x 对应的字符串形式
chr( )	chr(x)	返回 Unicode 编码 x 对应的字符
ord( )	ord(x)	返回单字符 x 表示的 Unicode 编码

实例如下：

```
>>> len("world")
5
>>> str(97)
'97'
>>> chr(97)
'a'
>>> ord('a')
97
```

程序解释：

① 用 len( )函数返回字符串"world"的长度，即字符串中包含字符的个数，运行结果为 5。

② 用 str( )函数返回数值 97 对应的字符串形式，即将数值转换为字符串，运行结果为'97'。

③ 用 chr( )函数返回 Unicode 编码 97 对应的字符，运行结果为'a'。

④ 用 ord( )函数返回单个字符'a'的 Unicode 编码，运行结果为 97。

（3）字符串格式化

Python 提供有多种对字符串进行格式化的方式，我们这里介绍使用 format( )方式和 f-strings 方式。

① 采用 format( )方式进行字符串格式化的基本用法。

格式：

```
<模板字符串>.format(参数列表)
```

说明：

● 模板字符串，可包含多个"{ }"，用来为变量预留位置。如果占位"{ }"内没有指定序号，那么默认按照占位"{ }"出现的顺序分别用参数列表中相应的参数进行替换。

实例如下：

```
>>> "{}天下之忧而忧，{}天下之乐而乐".format("先","后")
'先天下之忧而忧，后天下之乐而乐'
```

实际上例中占位{}和 format()方法中的参数，都是根据出现的先后存在默认序号，序号从 0 开始，如图 2-2 所示。

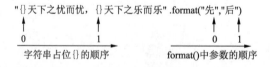

图 2-2　format( )方法中{}的顺序与参数顺序的对应关系

● 如果占位"{ }"中明确指定了序号，那么按照序号对相应的参数进行替换。实例如下：

```
#参数"先"的序号为 0，参数"后"的序号为 1
>>> "{0}天下之忧而忧，{1}天下之乐而乐".format("先","后")
'先天下之忧而忧，后天下之乐而乐'
#参数"后"的序号为 0，参数"先"的序号为 1
>>> "{1}天下之忧而忧，{0}天下之乐而乐".format("后","先")
```

'先天下之忧而忧，后天下之乐而乐'

② format( )方法的格式控制。

format( )方法的格式控制是在模板字符串的"｛｝"中，即模板｛｝中既包含参数序号，还包括有格式控制信息。格式如下：

{<参数序号>:<格式控制标记>}

格式控制标记在模板{ }中是按一定顺序设置的，其排序及包含的字段内容说明见表2-3。

表2-3　格式控制标记中的字段说明

:	宽度	对齐	填充	,	精度	类型
引导符号	{}的设定输出宽度	< 居左对齐 > 居右对齐 ^ 居中对齐	用于填充单个字符	数字的千位符，用于整数和浮点数	浮点数小数部分的精度或字符串的最大输出长度	整数类型 b,c,d,o,x,X，浮点数类型 e,E,f,%

格式控制标记包括"冒号""宽度""对齐""填充""逗号""精度""类型"六个字段。"宽度"用来设定输出字符所占的宽度。如果该"｛｝"对应的format( )参数实际长度大于宽度设定值，则使用参数实际长度；参数的实际长度小于宽度设定值，则空余位数将被默认以空格字符补充。"对齐"是指参数在宽度内输出时的对齐方式，分别使用<、>、^三个符号表示左对齐、右对齐和居中对齐。"填充"用来设置在指定宽度内除了参数外的空位用什么填充，默认采用空格。实例如下：

```
>>> str1="China"
>>> "{0:3}".format(str1)        #参数序号为0，设置默认左对齐，宽度为3
'China'
>>> "{0:10}".format(str1)       #默认左对齐，默认不足处填充空格
'China     '
>>> "{0:>10}".format(str1)      #右对齐
'     China'
>>> "{0:^10}".format(str1)      #居中对齐
'  China   '
>>> "{0:=^10}".format(str1)     #居中对齐并使用"="填充
'==China==='
```

格式控制标记中的"逗号"","用于显示数字类型的千位分隔符，实例如下：

```
>>> "{0:=^20,}".format(123456)  #设置占20位居中，以逗号分隔千位，并以"="进行填充
'======123,456======='
```

格式控制标记中的"精度"由小数点"."开头，后面数字可以表示两个含义：对于浮点数，精度表示小数部分输出的有效位数；对于字符串，精度表示输出的最大长度。实例如下：

```
>>> "{0:.3f}".format(123.45678)  #精确到小数点后3位
'123.457'
>>> "{0:.3}".format("China")     #保留3个字符
'Chi'
```

【类型】整数和浮点数类型的格式规则。

对于整数类型，格式包括以下六种：

b：格式化为整数的二进制方式。

c：格式化为整数对应的 unicode 字符。

d：格式化为整数的十进制方式。

o：格式化为整数的八进制方式。

x：格式化为整数的小写十六进制方式。

X：格式化为整数的大写十六进制方式。

实例如下:

```
>>> "{0:e},{0:c},{0:d},{0:o},{0:x},{0:X}".format(97)
'9.700000e+01,a,97,141,61,61'
```

对于浮点数类型,格式包括以下四种:

e:格式化为浮点数对应的小写字母 e 的指数形式。

E:格式化为浮点数对应的大写字母 E 的指数形式。

f:格式化为浮点数的标准浮点形式。

%:格式化为浮点数的百分形式。

浮点数格式化为时,尽量使用精度表示小数部分的宽度,有助于更好地控制输出格式。实例如下:

```
>>> "{0:e},{0:E},{0:f},{0:%}".format(6.18)
'6.180000e+00,6.180000E+00,6.180000,618.000000%'
>>> "{0:.2e},{0:.2E},{0:.2f},{0:.2%}".format(6.18)
'6.18e+00,6.18E+00,6.18,618.00%'
```

③ 采用 f-strings 方式进行字符串格式化的基本用法。

f-strings 是从 Python 3.6 版本开始加入 Python 标准库的内容,提供了更为简洁的格式化字符串的方式。

f-strings 以 f 或 F 开头,字符串中仍使用"{ }"标明被格式化的变量,运行时相当于一个运算求值的表达式。实例如下:

```
>>> name='李丽'
>>> university='郑州轻工业大学'
>>> f'欢迎{name}来到{university}!'
'欢迎李丽来到郑州轻工业大学!'
```

2.1.3 布尔类型

布尔型数值(bool)与布尔代数的表示完全一致,只有 True 和 False 两种值,来表示真(对)或假(错),在计算机中可用 1 和 0 表示。Python 中可以直接使用 True 和 False 布尔值,也可以通过布尔运算(and、or 和 not 运算)计算而得。例如,100 > 10 比较算式,这个是正确的,在程序世界里称之为真(对),Python 使用 True 来代表;而 10 > 100 比较算式,这个是错误的,在程序世界里称之为假(错),Python 使用 False 来代表。

True 和 False 是 Python 中的关键字,当作为 Python 代码输入时,一定要注意字母的大小写,否则解释器会报错。

下边这些运算都是可以的:

```
>>> True+1
2
>>> False+1
1
```

注意:这里只是为了说明 True 和 False 对应的整型值,在实际应用中是不妥的,不要这么用。

在 Python 中,所有的对象都可以进行真假值的测试,包括字符串、元组、列表、字典、对象等。用 bool() 函数可以检测对象的布尔值。

例如:

```
>>> bool(None)
False
>>> bool([])
False
```

在 Python 中符合以下条件的数据都会被转换为 False：

① None。

② 0。

③ 任何空序列、空字典，如" "、（ ）、[]、{ }。

除以上对象外，其他对象都会被转换为 True。

2.1.4 复合数据类型

Python 的复合数据类型主要有序列类型、映射数据类型和集合类型。

序列类型是一个元素向量，元素之间存在先后关系。通过序号进行访问，序列类型主要有列表、元组、字符串等。

映射数据类型是一种键值对，一个键只能对应一个值，但多个键可以对应相同的值，而且通过键可以访问值。字典是 Python 中唯一的映射数据类型，字典中的元素没有特定的顺序，每个值都对应唯一的键。字典类型的数据与序列类型的数据的区别是存储和访问的方式不同。另外，序列类型仅使用整数作为序号，而映射类型可以使用整数、字符串或者其他类型数据作为键，而且键和值具有一定的关联性，即键可以映射到数值。

集合类型是通过数学中的集合概念而引入的。集合是一种无序不重复集。集合的元素类型只能是固定数据类型，如整型、字符型、元组等，而列表、字典等是可变数据类型，不能作为集合中的数据元素。集合可以进行交、并、差、补等集合运算。

1. 列表（list）

在实际开发中，经常需要将一组数据存储起来，以便后边的代码使用，在 Python 语言中是用列表来完成的。用方括号括住一组数据表示一个列表。数据可以是整型数据、字符串型的数据、布尔型数值，个数没有限制，并且同一个列表中元素的类型也可以不同。

列表的语法格式如下：

```
[value1,value2,…,valuen]
```

列表中使用方括号括起来的数据为列表元素，各个元素之间用逗号隔开。

列表是 Python 语言之中一种最常用的数据类型，例如：

```
>>> list1=[123,1023,'abc'[1,2,3]]
>>> list2=[]
```

可以定义一个空列表，表明它是列表类型变量，但其内容为空。

列表初始化之后，可以对其元素进行修改。

2. 元组（tuple）

Python 的元组是另一种有序列表，是由一系列按特定顺序排序的元素组成，元素个数没有限制，可以存储整数、实数、字符串、列表、元组等任何类型的数据，并且在同一个元组中，元素的类型可以不同。元组的语法格式如下：

```
(value1,value2,…,valuen)
```

元组与列表类似，但是在 Python 中元组是不可变数据类型，元组一旦初始化之后，元组的元素就不能修改。因为元组元素不可变，所以其数据更为安全。基于这一点考虑，Python 程序中能用元组代替列表的就尽量使用元组。例如：

```
>>> tuple1=('p','y',123)
```

3. 字典（dict）

Python 字典是一种无序的、可变的序列，它的元素是由键值对组成的，字典中的值通过键来引用。字典的语法格式如下：

```
{k1:v1,k2:v2,…,kn:vn}
```

其中 ki 为键，vi 为值。例如：

```
>>> {'one':1,'two':2,'tree':3}
```

每个键与值用冒号隔开，前面为键，后面为值。各个键值对之间用逗号分隔，字典整体放在花括号中。键必须为不可变数据类型、独一无二，如字符串、数或元组。但其值不必一定是不可变数据。

值可以取任何数据类型，但必须不可变，如字符串、数或元组。

4．集合（set）

Python 中的集合，和数学中的集合概念一样，用来保存不重复的元素，即集合是一个无序不重复元素的序列，其基本功能是完成成员之间关系测试和删除重复元素。

集合的语法格式如下：

```
{value1,value2,…,valuen}
```

其中，valuen 表示集合中的元素，个数没有限制。

从内容上看，同一集合中，只能存储不可变的数据类型，包括整型、浮点型、字符串、元组，无法存储列表、字典、集合这些可变的数据类型，否则 Python 解释器会出 TypeError 错误。

并且需要注意的是，数据必须保证是唯一的，因为集合对于每种数据元素，只会保留一份。由于 Python 中的 set 集合是无序的，所以每次输出时元素的排序顺序可能都不相同。实例如下：

```
>>> set1={1,2,3,1,'a',2}
>>> set1
{1, 2, 3, 'a'}
```

2.2　运算符与表达式

Python 表达式是值、变量、函数和运算符等的组合。运算符是组成表达式的基本成分。Python 语言运算符种类丰富、功能强大，主要有算术运算符、比较运算符、赋值运算符、位移运算符、逻辑运算符、成员运算符、身份运算符等。多种运算符在一起存在优先级的问题。

2.2.1　算术运算符

算术运算符根据运算规则对运算数进行相应运算。算术运算符与运算规则说明见表 2-4。

表 2-4　算术运算符与运算规则

算术运算符	表　达　式	说　　明
+	a+b	加法运算
-	a-b	减法运算
*	a*b	乘法运算
/	a/b	除法运算
%	a%b	求模运算，即 a 除以 b 取余数
**	a**b	a 的 b 次方
//	a//b	两数相除结果向下取整

例如：

```
>>> a=5
```

```
>>> b=3
>>> print(a+b)
8
>>> print(a-b)
2
>>> print(a*b)
15
>>> print(a/b)
1.6666666666666667
>>> print(a%b)
2
>>> print(a**b)
125
>>> print(a//b)
1
```

2.2.2　比较运算符

比较运算采用比较运算符对运算数进行相应运算，运算的结果只能是 True 或 False。比较运算符与运算规则说明见表 2-5。

表 2-5　比较运算符与运算规则

运　算　符	表　达　式	说　　明
==	a==b	等于，比较对象是否相等
!=	a!=b	不等于，比较两个对象是否不相等
>	a>b	大于，比较 a 是否大于 b
<	a<b	小于，比较 a 是否小于 b
>=	a>=b	大于等于，比较 a 是否大于或者等于 b
<=	a<=b	小于等于，比较 a 是否小于或者等于 b

实例如下：
```
>>> a=5
>>> b=3
>>> a==b
False
>>> a!=b
True
>>> a>b
True
>>> a<b
False
>>> a>=b
True
>>> str1='k'
>>> str2='m'
>>> str1>str2
False
>>> str3='abf'
>>> str4='abep'
>>> str3>str4
True
```
注意： 除了数值型数据，字符串之间也可以进行比较运算，只不过比较的是字符串中字符的 Unicode 编码值的大小。字符串按着从头到尾的顺序进行相应的字符比较，大小与字符串长度无关。

2.2.3 赋值运算符

Python 中除了基本赋值运算符 "=" 之外，算术运算符与赋值运算符还一起组成多个复合赋值运算符。赋值运算符与运算规则说明见表 2-6。

表 2-6　赋值运算符与运算规则

运　算　符	表　达　式	说　明
=	c=a+b	简单赋值运算符，将 a+b 的运算结果赋值为 c
+=	c+=a	加法赋值运算符，c+=a 等效于 c=c+a
-=	c-=a	减法赋值运算符，c-=a 等效于 c=c-a
*=	c*=a	乘法赋值运算符，c*=a 等效于 c=c*a
/=	c/=a	除法赋值运算符，c/=a 等效于 c=c/a
%=	c%=a	取模赋值运算符，c%=a 等效于 c=c%a
//=	c//=a	取整除赋值运算符，c//=a 等效于 c=c//a
**=	c**=a	幂赋值运算符，c**=a 等效于 c=c**a

表 2-6 中第一个运算符是基本赋值运算符，它将运算符右边的值赋值给左边的变量。表中其余运算符都是复合赋值运算符，功能是把运算符右边的值与左边的变量进行相应的运算后，再将结果赋值给左边的变量。

实例如下：

```
>>> a=5
>>> b=3
>>> c=a+b
>>> print(c)
8
>>> c+=a
>>> print(c)
13
>>> c*=a
>>> print(c)
65
>>> c%=a
>>> print(c)
0
```

2.2.4 位运算符

程序中的所有数据在计算机内存中都以二进制形式存储，按位运算符是以二进制位为单位来进行计算的。位运算符与运算规则说明见表 2-7。

表 2-7　位运算符与运算规则

运　算　符	表　达　式	说　明
&	a&b	按位与运算符：参与运算的两个值，如果两个相应位都为 1，则该位的结果为 1，否则为 0
|	a|b	按位或运算符：只要对应的二个二进位有一个为 1 时，结果位就为 1

续上表

运 算 符	表 达 式	说　明
^	a^b	按位异或运算符：当两对应的二进位相异时，结果为 1
~	~a	按位取反运算符：对数据的每个二进制位取反，即把 1 变为 0，把 0 变为 1
<<	a<<2	左移动运算符：运算数的各二进位全部左移若干位，由 "<<" 右边的数指定移动的位数，高位丢弃，低位补 0
>>	a>>2	右移动运算符：把 ">>" 左边的运算数的各二进位全部右移若干位，">>" 右边的数指定移动的位数

实例如下：

```
>>> num1=10
>>> num2=11
>>> num1&num2
10
>>> num1|num2
11
>>> num1^num2
1
>>> ~num1
-11
>>> num1<<2
40
>>> num2>>2
2
```

2.2.5　逻辑运算符

逻辑运算符与运算规则说明见表 2-8。

表 2-8　逻辑运算符与运算规则

运 算 符	表 达 式	说　明
and	a and b	逻辑与，当 a 为 True 时才计算 b
or	a or b	逻辑或，当 a 为 False 时才计算 b
not	not a	逻辑非

（1）and（与）运算

只有两个运算数都为 True 时结果才为 True，只要有一个为 False 结果即为 False。运算规则如下：

```
>>> True and True
True
>>> True and False
False
>>> False and True
False
>>> False and False
False
```

实例如下：

```
>>> num1=15
>>> num2=21
>>> boo1=num1>num2
>>> boo2=num1==num2
>>>boo1 and boo2
```

```
False
```

（2）or（或）运算

只有两个运算数都为 False 时，运算结果才为 False；只要有一个运算数为 True，运算结果即为 True。运算规则如下：

```
>>> True or True
True
>>> True or False
True
>>> False or True
True
>>> False or False
False
```

逻辑运算符 and/or 一旦不止一个，其运算规则的核心思想就是短路逻辑。即：表达式从左至右运算，若 or 的左侧逻辑值为 True，则短路 or 后所有的表达式（不管是 and 还是 or），直接输出 or 左侧表达式。若 and 的左侧逻辑值为 False，则短路其后所有 and 表达式，直到有 or 出现，输出 and 左侧表达式到 or 的左侧，参与接下来的逻辑运算。

实例如下：

```
>>> 2>1 or 7*8>9 and 5<6 # or 的左侧逻辑值为 True，则短路 or 后所有的表达式
True
# and 的左侧逻辑值为 False，则短路其后所有 and 表达式，直到有 or 出现，输出 and 左侧表达式到 or 的左侧，参与接下来的逻辑运算
>>> 2<1 and 7*8 and 5<6 or 31>23
True
```

（3）not（非）运算

非运算的功能是取反，即将 True 转成 False，将 False 转成 True。运算规则如下：

```
>>> not True
False
>>> not False
True
```

2.2.6　成员运算符

成员运算一般常用于字符串、元组和列表。成员运算符与运算规则说明见表 2-9。

表 2-9　成员运算符与运算规则

运　算　符	表　达　式	说　　明
in	a in b	如果在指定的序列中找到值返回 True，否则返回 False
not in	a not in b	如果在指定的序列中没有找到值返回 True，否则返回 False

实例如下：

```
>>> a=5
>>> b=0
>>> lis1=[1,2,3,4,5,6]
>>> a in lis1
True
>>> b not in lis1
False
```

2.2.7　身份运算符

身份运算符用于比较两个对象的存储单元。身份运算符与运算规则说明见表 2-10。

表2-10 身份运算符与运算规则

运 算 符	表 达 式	说 明
is	a is b	a is b，类似 id(a)==id(b)，如果引用的是同一个对象则返回 True，否则返回 False
is not	a is not b	a is not b，类似 id(a)!=id(b)，如果引用的是同一个对象则返回 True，否则返回 False

实例如下：

```
>>> a=5
>>> b=3
>>> a is b
False
>>> a is not b
True
```

这里要说明的是，is 与==的区别。is 用于判断两个变量引用对象是否为同一个，==用于判断引用变量的值是否相等。

例如：

```
>>> a=5
>>> b=5
>>> a is b
False
>>> a==b
True
```

2.2.8 运算优先级

在一个表达式中可能包含多个由不同运算符连接起来的、具有不同数据类型的数据对象。由于表达式有多种运算，不同的运算顺序可能得出不同结果甚至出现运算错误，因为当表达式中含多种运算时，必须按一定顺序进行结合，才能保证运算的合理性和结果的正确性、唯一性。运算符按优先级从高到低排列见表2-11。表中优先级从上到下依次递减，最上面具有最高的优先级。表达式的结合次序取决于表达式中各种运算符的优先级。优先级高的运算符先结合，优先级低的运算符后结合，同一行中的运算符的优先级相同。

表2-11 运算符优先级从高到低排列

运 算 符	说 明	运 算 符	说 明
**	指数	|	按位或
~x	按位翻转	<, <=, >, >=, !=, ==	比较
+x, -x	正负号	=,%=, /=,//=,+=,*=,**=	赋值运算符
*, /, %, //	乘法、除法、取余、取整除	is, is not	身份运算符
+, -	加法与减法	in, not in	成员运算符
<<, >>	移位	not x	布尔"非"
&	按位与	or, and	布尔"或""与"
^	按位异或		

例如：

```
>>> not "Abc"=='abc' or 2+3!=5 and "23"<"3"
True
```

程序解释：逻辑运算符的级别较低，因而比较运算、算术运算优先进行，再进行布尔运算。并且，表达式中有多个逻辑运算符，所以执行短路逻辑运算。

2.2.9 表达式

在 Python 中编程时，将不同类型的数据（常量、变量、函数）用运算符按照一定的规则连接起来的式子称为表达式。

1．表达式的组成

由操作数、运算符和圆括号按一定规则组成表达式。表达式通过运算后产生运算结果，并返回结果对象。运算结果的类型由操作符和运算符共同决定。运算符指明对操作数作何种运算。例如，+、-、*、/等算术运算符是对操作数进行数学运算。操作数包括文本、类的成员变量和函数等，还包括子表达式等。例如，a+b-c。

2．表达式的书写规则

①表达式一般从左到右书写。

②乘号不可省略，例如：a*(b*2*x+c)。

③括号必须成对出现，并且只能使用圆括号。圆括号可以嵌套使用，例如：a*(c+(3-g))。

3．常用算术运算函数

表达式中可以包括函数。函数是组织好的，可重复使用的，用来实现单一或相关联功能的代码段。Python 提供了多种内置函数、第三方库函数，用户还可以自定义函数。常用的算术运算函数包含常用的内置函数和数学函数。

（1）数值运算函数

数值运算函数见表 2-12。这是系统自带的内置函数，使用时直接引用函数名。

实例如下：

```
>>> x=-3
>>> abs(x)
3
>>> pow(x,3)
-27
>>> pi=3.1415926
>>> round(pi,4)
3.1416
>>> round(p)
3
>>> x1,x2,x3=34,26,18
>>> max(x1,x2,x3)
46
```

表 2-12　数值运算函数

函　数	说　明
abs(x)	求 x 的绝对值
pow(x,y)	x**y
round(x[,n]	对 x 四舍五入，保留 n 位小数
max(x1,x2,…,xn)	求最大值
min(x1,x2,…,xn)	求最小值

（2）数据类型转换函数

数据类型转换函数见表 2-13。

实例如下：

```
>>> int(12.3)
12
>>> int('123')
123
>>> float('123')
123.0
>>> eval('123.4')
123.4
>>> str(12.3)
'12.3'
```

表 2-13　数据类型转换函数

函　数	说　明
int(x)	将 x 转换成整数类型
float(x)	将 x 转换成浮点数类型
str(x)	将对象 x 转换为表达式字符串
eval(str)	计算在字符串中的有效 Python 表达式，并返回一个数值

（3）math 库

math 库不支持复数类型，只支持整数和浮点型运算。

math 库中的函数并不能直接使用，需要先使用保留字 import 引用该库，引用方式为：

```
import math
```

常用的 math 库函数及说明见表 2-14。

表 2-14   math 库函数及说明

函　数	数学表示	说　　明	函　数	数学表示	说　　明
圆周率 pi	π	π 的近似值，15 位小数	exp(x)	e^x	e 的 x 次幂
自然常数 e	e	e 的近似值，15 位小数	sin(x)	$\sin x$	正弦函数
ceil(x)	$\lceil x \rceil$	对浮点数向上取整	cos(x)	$\cos x$	余弦函数
floor(x)	$\lfloor x \rfloor$	对浮点数向下取整	tan(x)	$\tan x$	正切函数
log(x)	$\ln x$	以 e 为底的对数	asin(x)	$\arcsin x$	反正弦函数，$x \in [-1.0, 1.0]$
log10(x)	$\lg x$	以 10 为底的对数	acos(x)	$\arccos x$	反余弦函数，$x \in [-1.0, 1.0]$
sqrt(x)	计算 x 的算术平方根	算术平方根	atan(x)	$\arctan x$	反正切函数，$x \in [-1.0, 1.0]$

实例如下：

```
>>> import math
>>> math.sqrt(12)
3.4641016151377544
>>> math.floor(3.6)
3
```

2.3   数据的输入/输出

2.3.1   数据的输入

input( ) 函数的作用是从控制台获得用户的一行输入，无论用户输入什么内容，input( ) 函数都以字符串类型返回结果。如果需要非字符串，那么还要做后期的转换处理。

input( ) 函数可以包含一些提示性文字，用来提示用户，使用格式为：

```
<变量>=input(<提示性文字>)
```

input( ) 函数是以换行作为输入结束标志，所以它对用户的换行不读入。

需要注意的是，无论用户输入的是字符或者是数字，input( ) 函数统一按照字符串类型输出。为了在后续能够操作用户输入的信息，需要将输入指定一个变量，例如：

```
>>> a=input("请输入用户名: ")      #提示信息为"请输入用户名: "
请输入用户名: 张鹏
>>> a
'张鹏'
>>> a=input("请输入密码: ")
请输入密码: 20030601
>>> a
'20030601'
>>> a=input("任意输入: ")
随意输入: xy12
>>> a
'xy12'
>>> a=input("请输入: ")
123
>>> a
'123'
```

从上例可以看到，input()括号内一般都加提示性文字，它具有自动识别输入内容的能力。input()函数返回值是字符串型，所以，为了获取非字符串型返回值，需要进行数据类型转换。

① 输入整数方法如下例所示：

```
>>> x=int(input("请输入x:\n"))      #用int()函数将input()函数返回值转换为整型
请输入x:
12
>>> x
12
```

从上面程序可以看出，输入函数里加"\n"起到了提示信息换行的作用。

② 输入浮点数方法如下例所示：

```
>>> a=float(input("请输入: "))
12.34
>>> a
12.34
```

③ 一次输入多个数据方法如下例所示：

```
#用eval()将input()函数返回的字符串型数据的外层引号去掉，也即将字符串转换为数值型数据
>>> x,y=eval(input("请输入: "))
1,2
>>> x
1
>>> y
2
```

2.3.2 数据的格式化输出

print()函数除了第1章中所介绍的基本输出之外，还支持格式化输出，可以对输出值进行一些格式化操作，使输出形式更加多样化，满足各种编程需要，这里介绍三种方法。

（1）采用"%"作为格式化输出的标记

语法格式如下：

```
print("<格式控制符>" % <数值元组>)
```

说明：

● 格式控制符的组成按顺序为：%[类型符][对齐][显示宽度][小数点后精度]

其中[类型符]用以控制输出数据显示的类型，类型符及说明见表 2-15。[对齐]项中默认情况表示右对齐，"−"表示左对齐，' '表示使用一个空格填充空位，"0"表示使用0填充空位。

● 数值元组是指要输出的数据以元组形式写在函数中。

表2-15　格式化输出类型

类　　型	说　　明	类　　型	说　　明
%s	字符串（采用str()的显示）	%x	十六进制整数
%r	字符串（采用repr()的显示）	%e	指数（基底写为e）
%c	单个字符	%E	指数（基底写为E）
%b	二进制整数	%f	浮点数
%d	十进制整数	%F	浮点数
%i	十进制整数	%g	指数（e）或浮点数（根据显示长度）
%o	八进制整数	%G	指数（e）或浮点数（根据显示长度）
%%	字符"%"		

例如：

```
>>> print("I am %s" %("ZhangMing"))
I am ZhangMing
>>> print("%d*%d=%d"%(2,3,6))
2*3=6
>>> print("%10x"%10)          #以 16 进制数形式输出 10 进制数 10，居右占 10 个字符位置
         a
>>> print("%04d"%5)           #以 10 进制数形式输出 5，居右占 4 个字符位置，空格以 "0" 填充
0005
>>> print("%6.3f"%2.3)        #以 10 进制小数形式输出 2.3，居右占 6 位，精确到小数点后 3 位
 2.300
```

（2）用 format( )方法

在 2.1.2 字符串类型一节，介绍了字符串的 format( )格式化方法，那么输出时，就可以使用格式化过的字符串。相对于采用 "%" 作为格式化输出标志的方法，format( )函数功能更强大，它先对输出参数进行格式化，然后再输出，参数可以多次被使用。

语法格式如下：

```
print(<模板字符串>.format(输出参数))
```

说明：

- 模板字符串中包括多个{}，对输出参数进行格式化及按序占位。模板字符串中的普通字符以原型输出。
- 输出参数可以有多个，代码间以逗号间隔。

例如：

```
>>> print("hello{}".format("world"))                      #输出字符串
hello world
>>> print("hello{}".format(1234))                         #输出数字
hello1234
>>> print(" hello{}".format([1,2,3,4]))                   #输出列表
hello [1, 2, 3, 4]
>>> print( "hello{}".format({"name":"zhangpeng","age":18}))    #输出字典
hello{'age': 18, 'name': 'zhangpeng'}
>>> print( "hello{}".format({"name","zhangpeng"}))        #输出集合
hello{'name', 'zhangpeng'}
>>> print( "first:{0},second:{1}".format(111,222))
first:111,second:222
>>> print( "My name is {name},I am {age} years old".format(name="zhengli",
age=18))
My name is zhengli,I am 18 years old
>>> print('{:,}'.format(123456))
123,456
>>> print("{:_<10}".format("math"))  #左对齐，指定用 "_" 填充空白
math_____
```

（3）f-strings( )方法

用 print( )函数还可以将用 f-strings 格式化后的字符串输出。

例如：

```
>>> num=2
>>> print(f"He has {num} books.")
He has 2 books.
>>> import math
>>> print(f"π={math.pi}")
π=3.141592653589793
```

习 题

一、单项选择题

1. 0x123 是（　　）。

    A. 十进制数　　　　　B. 二进制数　　　　　　C. 八进制数　　　　　D. 十六进制数

2. >>> 'c' in 'china'的运行结果是（　　）。

    A. true　　　　　　　B. True　　　　　　　　C. False　　　　　　　D. false

3. >>> "{0:2}".format("zhangli")的运行结果是（　　　）。

    A. zh　　　　　　　　B. zha　　　　　　　　C. zhangli　　　　　　D. gli

4. Python 中的集合是（　　）元素的序列。

    A. 无序不重复　　　　B. 有序不重复　　　　　C. 有序可重复　　　　　D. 无序可重复

5. Python 中 None 可以转换为逻辑类型中的（　　　）。

    A. True　　　　　　　B. False　　　　　　　　C. 不可转换　　　　　　D. 0

6. a=3, b=4, 那么运算结果为 True 的是（　　）。

    A. a is b　　　　　　　B. a==b　　　　　　　　C. a is not b　　　　　　D. a>=b

7. 表达式 c*=a+b 所进行的运算应该是（　　）。

    A. c*a+b　　　　　　　B. c*(a+b)　　　　　　　C. c=c*a+b　　　　　　D. c=c*(a+b)

8. 比较运算的结果可以是（　　）。

    A. 任何数据类型　　　B. 整型　　　　　　　　C. 布尔型　　　　　　　D. 字符串

9. Python 语言中，关于运算优先级正确的说法是（　　）。

    A. 逻辑运算的优先级相同　　　　　　　　　B. 算术运算的优先级高于赋值运算

    C. 比较运算优先级低于逻辑运算　　　　　　D. 赋值运算高于比较运算

10. len(97)的结果为（　　）。

    A. 2　　　　　　　　　B. 1　　　　　　　　　　C. 抛出异常　　　　　　D. 3

二、填空题

1. 在 Python 语言中，数值型数据类型包括＿＿＿＿、＿＿＿＿、＿＿＿＿。

2. a**b 执行的运算是＿＿＿＿。

3. 若有下面程序段：a=13,b=2;，那么执行 a//b，运行结果是＿＿＿＿。

4. 若有 x=1，那么 x*=3+6**3 的运算结果应该是＿＿＿＿。

三、程序设计题

1. 设直角三角形的一个直角边为 1.5，另一直角边为 2.3，编程求该三角形的周长和面积。

2. 回文数判断。设 n 是一任意自然数，如果 n 的各位数字反向排列所得自然数与 n 相等，则 n 被称为回文数。从键盘输入一个五位数字，编写程序判断这个数是否回文数。

3. 设计程序，从键盘输入 a、b、c 的值，求解一元二次方程 $ax^2+bx+c=0$ 的根。

第 3 章

程序流程控制 ‹‹‹

程序中的语句默认是按照出现的顺序，自上而下依次执行，但有时我们希望根据条件选择执行不同的语句，或者在一定条件下反复执行某些语句，这就需要特定的程序控制流程语句来实现。控制流程语句就是按照一定的步骤来实现某些功能的语句。

【本章知识点】

- 实现选择结构的 if 语句
- 实现循环结构的 for 语句与 while 语句
- break 与 continue 语句

3.1 程序控制流程概述

顺序结构、选择结构和循环结构是结构化程序设计中的三种基本结构。无论多么复杂的程序都可通过顺序、选择、循环三种结构来构造。这三种结构的共同点是只有一个入口和出口，使得程序易读、可控、好维护。

1. 顺序结构

按照语句出现的顺序依次执行的程序流程，就是顺序结构，如图 3-1 所示，这在前面章节中已经出现。

2. 选择结构

根据条件选择执行不同代码块的流程控制结构，就是选择结构。选择结构又分为单分支、双分支和多分支。图 3-2 所示为双分支选择结构。

3. 循环结构

在一定条件下反复执行代码块的流程控制结构，就是循环结构，通过它可以大大减少代码的书写量。Python 中用 for 语句和 while 语句实现循环。图 3-3 所示为 while 循环。

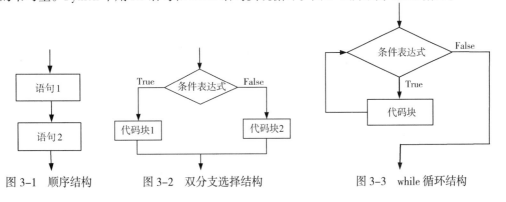

图 3-1　顺序结构　　　图 3-2　双分支选择结构　　　图 3-3　while 循环结构

3.1.1 条件

选择结构和循环结构离不开条件。在程序中，条件一般由关系表达式或逻辑表达式来构成。关系运算符有六个：<、<=、>、>=、==和!=。注意，Python 使用 "=" 表示赋值，"=="表示相等。逻辑运算符有三个：not、and、or。

例如：判断一个字符 ch 是不是汉字字符，使用'\u4e00'<=ch<='\u9fa5'。判断 ch 是不是英文字母，使用表达式'a'<=ch<='z'or 'A'<=ch<='Z'。条件表达式的求值结果是一个布尔值 True 或 False。

如下代码段：

```
name="张华"
if name=="李明":
    print("你好，李明")
```

上述代码段中变量 name 的值为"张华"，选择结构的条件表达式 name=="李明"的值为 False，所以不执行输出语句 print("你好，李明")。

实际上，条件表达式可以由任何能够产生 True 和 False 的语句和函数构成。在 Python 中任何非零数字或非空对象都是 True（真），如 5、-1、非空字符串、非空列表等。数字 0、None、空对象等都被认为是 False（假）。

如下代码段：

```
if 1:
    print("Hello!")
```

1 作为非零数字被认为是 True，所以将执行输出语句 print("Hello!")。

3.1.2 缩进与复合语句

（1）缩进与代码块

Python 通过缩进来区分代码之间的层次，同级别的代码要缩进并对齐，具有相同缩进的一行或多行语句称为代码块。

缩进通常是相对上一层缩进 4 个空格，即一个【Tab】键，也可以是任意空格，缩进结束就意味着代码块结束。

缩进可以保证代码的规范性和可读性，如图 3-4 中，语句 1 到语句 *n* 属于代码块 1，语句 *x* 到语句 *m* 属于代码块 2。代码块中的语句通过与 if、else 所在行形成缩进表达包含关系。如果采用不合理的代码缩进，将抛出 SyntaxError 异常。

（2）复合语句

复合语句是包含其他代码块的语句。如图 3-4 所示的双分支语句，由 if 子句与 else 子句组成，所谓子句即首行及后面的代码块。这两个子句的首行分别以关键字 if 与 else 开始，以冒号结束，该行之后是代码块。由于 if...else 双分支语句包含其他代码块，所以是复合语句。

本章将要讲述的单分支语句、多分支语句及 while 和 for 语句也都是复合语句。复合语句会以某种方式影响或控制它所包含的代码块的执行。

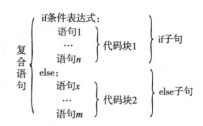

图 3-4　双分支复合语句

3.2 选 择 结 构

选择结构有单分支、双分支和多分支选择结构。这几种结构按一定规则可以组合形成嵌套的选择结构。

3.2.1 单分支选择结构

单分支选择结构由 if 语句来实现。其语法格式如下：

```
if 条件表达式:
    代码块
```

可以看出 if 语句由四部分组成：关键字 if、条件表达式、冒号和在下一行开始缩进的代码块。

if 语句根据条件表达式的结果选择是否执行代码块。其执行流程如图 3-5 所示。

当条件表达式的值为 True 时，执行代码块，为 False 则跳过代码块。

【例 3-1】从键盘输入成绩，判断是否优秀（90 分以上为优秀）。

程序代码如下：

```
score=eval(input("请输入你的成绩\n"))
if score>=90:
    print("恭喜，成绩优秀!")
```

当从键盘上输入 98 时，程序运行结果如图 3-6 所示。

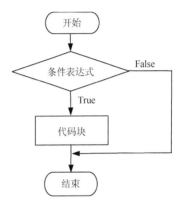

图 3-5　if 语句执行流程

```
请输入你的成绩
98
恭喜，成绩优秀!
```

图 3-6　例 3-1 程序运行结果

程序运行时，从键盘上输入 98，此时条件表达式 score>=90 的值为 True，所以执行其后的输出语句，输出字符串"恭喜，成绩优秀！"。如果从键盘上输入小于 90 的数，则 print 语句不被执行。

通常，复合语句会跨越多行，但在某些简单形式下，复合语句也可能在一行之内，如：

```
if x<y<z: print(x); print(y); print(z)
```

该复合语句的语句块 print(x); print(y); print(z)与其首行语句 if x<y<z:处于同一行，注意这时不能用于形成嵌套结构，因为容易引起层次上的逻辑错误。

3.2.2 双分支选择结构

双分支选择结构由 if...else 语句来实现。if...else 语句有两个分支，根据条件表达式的结果选择执行那一个分支，其语法格式如下：

```
if 条件表达式:
    代码块 1
else:
    代码块 2
```

其执行流程如图 3-7 所示。

当条件表达式的值为 True 时，执行代码块 1，为 False 则执行代码块 2。

【例 3-2】从键盘输入用户名和密码，显示用户能否登录成功。

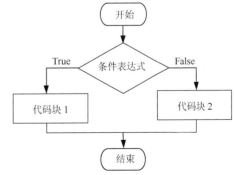

图 3-7　if...else 语句执行流程

分析：根据题意选择双分支选择结构实现，条件值为 True 执行 if 分支显示用户登录成功，否则执行 else 分支显示用户输入错误。

程序代码如下：

```
userName=input('请输入用户名\n')
password=input('请输入密码\n')
if userName=="admin" and password=="123456":
    print("登录成功!")
else:
    print("你输入的用户名或密码错误，请重新输入")
```

分别输入"admin""123456"和"aaa""123"时，程序运行结果如图 3-8 所示。

```
请输入用户名
admin
请输入密码
123456
登录成功!
>>> |
```
（a）程序运行结果 1

```
请输入用户名
aaa
请输入密码
123
你输入的用户名或密码错误，请重新输入
>>> |
```
（b）程序运行结果 2

图 3-8　例 3-2 程序运行结果

程序运行时，输入"admin"和"123456"，条件表达式 userName=="admin" and password=="123456"的值为 True，执行代码块 1，输出"登录成功!"；再次运行时输入"aaa"和"123"，条件表达式的值为 False，将执行代码块 2，输出"你输入的用户名或密码错误，请重新输入"。即 if 和 else 子句是不能同时执行的，只能根据条件表达式的值执行其中的一个。

双分支结构还有一种紧凑结构：

```
<表达式1> if <条件> else <表达式2>
```

例如下面代码段：

```
if score>=60:
    grade='合格'
else:
    grade='不合格'
```

可以写成紧凑形式：

```
grade='合格' if score>=60 else '不合格'
```

3.2.3　多分支选择结构

如果程序需要处理多于两种的情况，可以用多分支选择结构，通常用 if...elif...else 语句来实现。其语法格式如下：

```
if 条件表达式1:
    代码块1
elif 条件表达式2:
    代码块2
...
elif 条件表达式n-1:
    代码块n-1
else:
    代码块n
```

其执行流程如图 3-9 所示。

上述格式中，if 之后可以有任意数量的 elif 语句。如果条件表达式 1 的结果为 True，则执行代码块 1；如果条件表达式 2 的结果为 True，则执行代码块 2；……；如果条件表达式 n-1 的结果为 True，则执行代码块 n-1；如果 else 前面的条件表达式的结果都为 False，则执行代码块 n。需要注意多个条件之间没有交叉重合，是互不相交的。

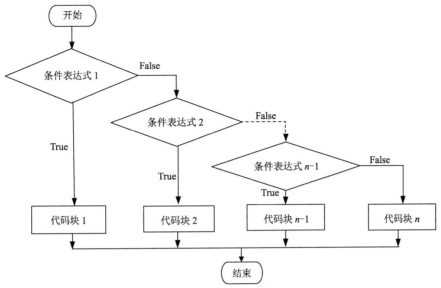

图 3-9 if...elif...else 语句执行流程

说明：

①多分支选择结构中，无论有多少分支，总是只有一个 if 语句。

②所有的 elif 语句都应跟在 if 语句之后。

③多分支选择结构中，并不是一定要有 else 语句。比如：多分支选择结构由一个 if 语句和多个 elif 语句组成，这种形式也是正确的多分支语法形式。

【例 3-3】猜价格游戏，从键盘输入一个你猜测的物品价格，显示猜测高了、低了还是正好相等。

分析：首先定义一个表示价格的变量 price，然后根据输入的数字 number 与价格 price 从上至下进行比较，只要满足某个条件，就执行其后的输出语句，并结束整个条件语句，如果哪个条件都不满足就执行 else 后的语句。

程序代码如下：

```
price=68
print("猜价格游戏! ")
number=eval(input("你猜的价格是: "))
if number==price:
    print("你猜对了! ")
elif number>price:
    print("你猜的价格高了")
else:
    print("你猜的价格低了")
```

当分别输入 50 和 80、68 时，程序运行结果如图 3-10 所示。

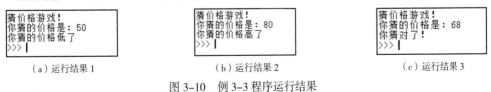

（a）运行结果 1　　　　（b）运行结果 2　　　　（c）运行结果 3

图 3-10 例 3-3 程序运行结果

如果将最后一个 else 语句修改为 elif 语句，上述例 3-3 的代码可以修改如下：

【例 3-4】修改 else 语句为 elif 语句后的猜价格游戏。

程序代码如下：

```
price=68
print("猜价格游戏！")
number=eval(input("你猜的价格是："))
if number==price:
    print("你猜对了！")
elif number>price:
    print("你猜的价格高了")
elif number<price:
    print("你猜的价格低了")
```

运行结果与上例相同。

需要注意的是，关键字 elif 后面是需要有条件表达式的，而 else 后面不能有条件表达式。

那么什么时候需要有 else 语句呢？

多分支结构中，如果希望确保至少一个分支语句被执行，就在最后加上 else 语句。else 语句是前面的条件表达式的值都为 False，才执行的代码块。

3.2.4　选择结构的嵌套

选择结构的嵌套是指 if 语句内又包含有 if 语句。其格式有很多，如图 3-11 为其形式之一。

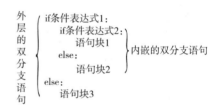

在图 3-11 中，外层 if 语句的语句块为一个双分支语句。执行时，先判断条件表达式 1 的结果，如果值为 True，则执行其内嵌的双分支语句，即接着判断条件表达式 2 的值，如果条件表达式 2 的值为 True，则执行语句块 1，否则执行语句块 2，然后跳出整个选择结构。如果一开始条件表达式 1 的值为 False，则执行语句块 3，然后跳出整个选择结构。

```
外层的双分支语句 {
if条件表达式1:
    if条件表达式2:     }
        语句块1        } 内嵌的双分支语句
    else:              }
        语句块2        }
else:
    语句块3
}
```

图 3-11　嵌套选择结构形式之一

【例 3-5】输入一个不超过三位的正整数，判断它是几位数。

程序代码如下：

```
number=eval(input("please enter number:"))
if number>=10:
    if number>=100:
        print("该数为三位数")
    else:
        print("该数为二位数")
else:
        print("该数为一位数")
```

```
please enter number:123
该数为三位数
>>> |
```

图 3-12　例 3-5 程序运行结果

从键盘上输入数字 123，运行结果如图 3-12 所示。

这个题目用来判断符合要求的整数是几位数，按题意有三种可能：一位数、二位数或三位数。设计思路为：首先用双分支结构判断此数字是否一位数，如果此数字大于等于 10，则不是一位数，否则就是一位数。其中大于等于 10 的数字会有两种可能：要么是二位数要么是三位数，于是就在此嵌套个双分支结构：如果大于等于 100，那么就是三位数，否则就是二位数。由此，通过双分支结构嵌套一个双分支结构，就完成了此题目。

当然，由于本例题有三种情况要处理，所以也可以使用前面讲过的多分支选择结构来实现，同样可以达到相同的效果，所以嵌套的选择结构可以看成是多分支选择结构的另一种实现形式。

实际上，在程序运行时，用户还可能会无意中输入不符合要求的数字，如-98，那么就会被归为外层的 else 分支，从而输出"该数为一位数"，这显然是不对的，下例修改上述程序，使其健壮性更好。

【例 3-6】提高健壮性后判断一个不超过三位的正整数是几位数。

本段代码是在上例的基础上，增加了输入不符合要求的整数这种情况，上例中内嵌的双分支结构没有变化，只是外层增加了一个分支，变成了多分支选择结构。

程序代码如下：

```python
number=eval(input("please enter number:"))
if number<0 or number>999:
    print("输入错误，不是三位以内的正整数")
elif number>=10:
    if number>=100:
        print("该数为三位数")
    else:
        print("该数为二位数")
else:
    print("该数为一位数")
```

```
please enter number:-98
输入错误，不是三位以内的正整数
>>> |
```

从键盘上输入数字-98，运行结果如图 3-13 所示。

图 3-13 例 3-6 程序运行结果

3.2.5 选择结构程序举例

【例 3-7】有如下分段函数，输入整数 x，计算对应 $f(x)$值。

$$f(x)=\begin{cases} |x|+3 & -5\leqslant x<0 \\ 2x! & 0\leqslant x<4 \\ x^{x-3} & 4\leqslant x<6 \\ 2 & 6\leqslant x \text{ or } x<-5 \end{cases}$$

分析：分段函数根据 x 的值可以计算出 $f(x)$的值，这个函数中 x 有 4 个取值区间，可选用多分支选择结构来实现。

回顾前面章节的内容，本例中用到求阶乘函数 factorial( )，它属于 Python 的标准库 math 中的函数，使用前需要先导入 math 库。abs( )函数和 pow( )属于 Python 的内置函数，可以直接使用。

程序代码如下：

```python
import math

x = int(input('请输入 X 的值:'))
if -5<=x<0:
    y=abs(x)+3
elif 0<=x<4:
    y=2*math.factorial(x)
elif 4<=x<6:
    y=pow(x,x-3)
else:
    y=2
print('f(x)的值是{}'.format(y))
```

程序运行时如果输入 3，则输出 12，运行结果如图 3-14
所示。

```
请输入X的值:3
f(x)的值是12
>>> |
```

【例 3-8】商店促销出售某品牌服装，每件定价 165 元，

图 3-14 例 3-7 程序运行结果

顾客购买 1 件不打折，购买 2 件打 9 折，购买 3 件打 8 折，购买 4 件以上打 7 折，从键盘输入购买数量，输出消费金额（结果取整数）。

分析：本例选用了多分支选择结构来实现，使用了 int( ) 函数，它可以计算出消费金额取整后的值，默认十进制，向下取整。

程序代码如下：

```
n=eval(input("请输入数量: "))
cost=165
if n==1:
    cost=165
elif 2==n:
    cost=165*n*0.9
elif 3==n:
    cost=165*n*0.8
else:
    cost=165*n*0.7
cost=int(cost)
print("消费金额为:",cost)
```

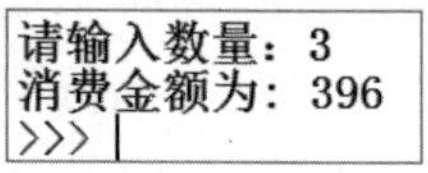

```
请输入数量: 3
消费金额为: 396
>>>
```

图 3-15　例 3-8 程序运行结果

程序运行时如果输入数量 3，则输出消费金额 396，程序运行效果如图 3-15 所示。

【例 3-9】输入 3 个数字，将其按降序输出。

分析：本例首先比较输入的前两个数，如果 $x<y$，则交换 x 和 y 的位置，第一个单分支完成了 $x>y$ 的判断。

在后面的双分支结构中，如果 $x<z$，则 z 一定为最大，按照 z、x、y 的顺序输出。如果 $x>z$，此时需要再确定一下 z 与 y 的大小，这里用了内嵌的双分支结构来判断，如果 $z>y$，则按照 x、z、y 的顺序输出，否则按照 x、y、z 的顺序输出。

程序代码如下：

```
x=eval(input("请输入第一个数字: "))
y=eval(input("请输入第二个数字: "))
z=eval(input("请输入第三个数字: "))
print('输入顺序是: ',x,y,z)
if x<y:
    x,y=y,x
if x<z:
    print('降序排序为: ',z,x,y)
else:
    if z>y:
        print('降序排序为: ',x,z,y)
    else:
        print('降序排序为: ',x,y,z)
```

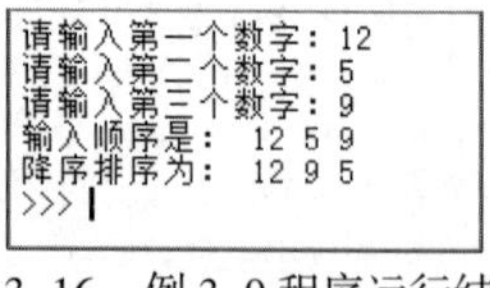

```
请输入第一个数字: 12
请输入第二个数字: 5
请输入第三个数字: 9
输入顺序是: 12 5 9
降序排序为: 12 9 5
>>> |
```

图 3-16　例 3-9 程序运行结果

程序运行效果如图 3-16 所示。

3.3　循环结构

循环结构是指在给定条件为真的情况下，重复执行某些语句。例如当用户一次输入一个整数，要求输入 5 个时，使用顺序结构，需要 5 条语句，而用循环结构只需要一条语句。由此可见，循环结构能减少重复，提高效率，使程序更简洁。

for 语句和 while 语句是 Python 中最常用的循环语句。for 循环一般用于循环次数确定的循环，while 循环一般用于循环次数难以确定的循环。

3.3.1 迭代与可迭代对象

1. 迭代（iteration）

迭代是指通过重复执行的代码处理相似的数据集的过程，并且本次迭代的处理数据要依赖上一次的结果继续往下做，上一次产生的结果为下一次产生结果的初始状态，如果中途有任何停顿，都不能算是迭代。

2. 可迭代对象

可迭代对象是指存储了元素的一个容器对象，在 Python 中，一个可迭代对象是不能独立进行迭代的，容器中的元素需要通过 for 循环遍历访问。

常见的可迭代对象是有序的序列对象，如 range()函数、字符串、列表、元组，还可以是无序的序列对象，如字典、集合，还可以是文件对象、生成器（generator）等。

那么，如何判断一个对象是可迭代对象呢？可以通过 collections 模块的 Iterable 类来判断。

例如：判断字符串是否可迭代对象。

```
>>> import collections
>>> isinstance("hello",collections.Iterable)
True
```

isinstance( )是 Python 的一个内置函数，用来判断一个对象是不是一个已知的类型。

3.3.2 for 循环

for 循环是一种遍历型的循环，循环次数等于可迭代对象中元素的个数。

语法格式如下：

```
for 循环变量 in 可迭代对象:
    语句块
```

执行流程如图 3-17 所示。

每次循环时，都将循环变量设置为可迭代对象的当前元素，提供给语句块（循环体）使用，当可迭代的元素遍历一遍后，就退出循环。

1. for 循环与 range( ) 函数搭配使用

range( )函数用来创建一个整数序列，for 循环与 range( )函数搭配，可以使用 range( )函数控制 for 循环中语句块的执行次数。

range( )函数语法格式为：

```
range(start,stop[,step])
```

它的前两个参数分别是整数序列的起始值和终止值（不包括它），第三个参数是步长，默认步长是 1。当第一个参数缺省时，默认起始值从 0 开始。

例如 range(1,10,2)产生的序列为 1,3,5,7,9，range(1,5)产生的序列为 1,2,3,4，range(5)产生的序列为 0,1,2,3,4。

【例 3-10】求 50 到 100 的整数之和。

分析：程序开始时，sum 变量设置为 0，用来放总和；接着采用 for 循环，循环变量 num 从 0 变化到 100，执行 101 次循环体：sum=sum+num，这样每个 num 都被加给了 sum，从而得到总和，退出循环后输出它。

程序代码如下：

```
sum=0
for num in range(50,101):
    sum+=num
print(sum)
```

程序运行结果如图 3-18 所示。

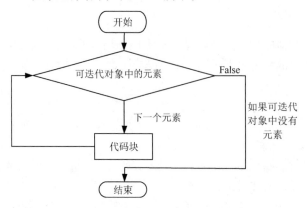

图 3-17　for 循环执行流程

图 3-18　例 3-10 程序运行结果

【例 3-11】用 for 循环求整数 *n* 的阶乘。

分析：变量 product 用来放置乘积，循坏开始前将其值置为 1。

程序代码如下：

```
product=1
n=int(input('input n:'))
for i in range(1,n+1):        #range 序列包含数字 1，不包含数字 n+1
    product*=i
print('n!=',product)
```

如果输入数字 6，程序运行结果如图 3-19 所示。

【例 3-12】使用 turtle 库的 turtle.fd( )函数和 turtle.seth( )函数绘制一个边长为 40 的正 12 边形。

分析：循环体中先绘制边长 40 的直线，然后调整角度。循环变量 i 从 1 变化到 12，实现输出 12 条边。程序代码如下：

```
import turtle
turtle.pensize(2)
d=0
for i in range(1,13):
    turtle.fd(40)
    d+=30
    turtle.seth(d)
```

程序运行结果如图 3-20 所示。

图 3-19　例 3-11 程序运行结果

图 3-20　例 3-12 程序运行结果

2. 与组合数据类型搭配使用

常见的组合数据类型，如字符串、列表、字典和集合等，它们作为可迭代对象经常与 for 循环结合使用。

【例 3-13】输出字符串 "hello" 的每个字符。

分析：循环变量 c 从字符 "h" 变化到 "o"，循环体是一个输出循环变量 c 的语句。循环体执行了 5 次，每次输出一个字符。程序代码如下：

```
str="hello"
for c in str:
    print(c)
```

程序运行结果如图 3-21 所示。

【例 3-14】输入整数 n，输出各位数字之和，要求输出格式为：列宽为 10、居中、空位用符号*填充。

分析：input( )函数返回值为字符串，使用 for 循环逐个遍历字符，在循环体中将字符转换为数字，求和即可。程序代码如下：

```
n=input("请输入一个正整数：")    #input()函数返回值为字符串
sum=0
for c in n:
    sum+=eval(c)               #字符转换成数字后求和
print('{:*^10}'.format(sum))
```

程序运行结果如图 3-22 所示。

图 3-21 例 3-13 程序运行结果

图 3-22 例 3-14 程序运行结果

3.3.3 while 循环

while 语句是由条件控制的循环方式，不需要提前确定循环次数。其语法格式如下：

```
while 条件表达式：
    语句块
```

其执行流程为：只要条件表达式值为 True，代码块就一遍又一遍地重复执行，直到条件表达式的值变为 False。当然如果条件表达式的值第一次就为 False，代码块一次也不执行。其执行流程如图 3-23 所示。

【例 3-15】输出 50 之内的正偶数。

分析：while 循环可以和 for 循环做同样的事。对比两种循环语句，发现 for 循环语法更简洁一些，而 while 循环语句之前一般需要有给循环变量赋值的语句，如 i=2，while 循环体中要有让循环趋于结束的语句，如 i=i+1。

程序代码如下：

```
i=2
while i<=50:
    if i%2==0:
        print("{:>4d}".format(i),end=' ')
    i=i+1
```

程序运行结果如图 3-24 所示。

循环次数不能预先确定的情况下，一般用 while 循环语句。

【例 3-16】输入若干个学生的成绩，求平均成绩，结果保留两位小数。

分析：由于事先不知道循环次数，所以根据情况，将输入成绩不为-1 设为循环执行条件。在 while 语句之前，设置变量 total 值为 0，用来存放总成绩；count 值为 0，用来统计人数；因为循环条件用到学生成绩，所以循环前要先输入一个学生成绩。循环体包括三个语句：把成绩累加到 total 上、人数增 1、输入下一个成绩。

若循环条件值为 True，就一直执行循环体，直到输入成绩-1 时，结束整个循环。

当然如果一开始输入的成绩为-1，那就一次循环体也不执行，count 值还是 0。程序最后用了一个双分支语句，根据 count 的值来输出不同的结果。

程序代码如下：

```
total=0
count=0
score=int(input('输入学生成绩，用-1表示结束:'))
while score!=-1:
    total=total+score
    count=count+1
    score=int(input('输入学生成绩，用-1表示结束:'))
if count!=0:
    print("平均成绩是:{:.2f}".format(total/count))
else:
    print('输入完成')
```

如果输入三个学生的成绩依次为 85、98、76，得到平均成绩 86.33，程序运行结果如图 3-25 所示。

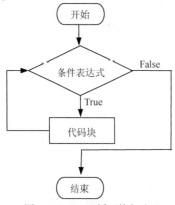

图 3-23　while 循环执行流程

```
2    4    6    8    10   12   14   16
18   20   22   24   26   28   30   32
34   36   38   40   42   44   46   48
50
>>>
```

图 3-24　例 3-15 程序运行结果

```
输入学生成绩，用-1表示结束:85
输入学生成绩，用-1表示结束:98
输入学生成绩，用-1表示结束:76
输入学生成绩，用-1表示结束:-1
平均成绩是:86.33
>>>
```

图 3-25　例 3-16 程序运行结果

本例将输入的成绩不为-1 设为 while 语句的循环条件，这种方法属于根据一个信号值来决定是否执行循环。

【例 3-17】输出斐波那契数列中不大于 100 的序列元素，斐波那契数列通项公式如下：

$$f(0)=0,\ f(1)=1$$
$$f(n)= f(n-1)+ f(n-2)\qquad (n\geq 2)$$

分析：根据通项公式，斐波那契数列从第三项开始，每一项都等于前两项之和。

使用三个变量 a、b、s 来实现斐波那契数列的变化。循环前设置第一项 a =0、第二项 b = 1。循环体中先输出 a，再赋值 s=a+b，s 用来表示第三项，使用赋值语句 a = b 来令第二项成为下一次的第一项，b = s 让第三项成为第二项，这样依次循环下去就能保证 s 永远都是前两项的相加之和，输出对应的数字就可以了。程序代码如下：

```
a,b=0,1
s=0
while a<=100:
    print(a, end=' ')
    s=a+b
    a=b
    b=s
```

程序运行结果如图 3-26 所示。

```
0 1 1 2 3 5 8 13 21 34 55 89
>>>
```

图 3-26　例 3-17 程序运行结果

3.3.4 循环控制语句

for 循环和 while 循环中可以使用 break 和 continue 语句改变循环流程。break 用来跳出并结束当前整个循环，continue 用来结束当次循环，继续执行后续次数循环。

1. break 语句

break 语句可以在循环条件不为 False 或序列还没结束的情况下，停止执行循环语句。

【例 3-18】求自然数 1 到 n 之和，当和第一次大于 100 时，输出和与自然数 n。

程序代码如下：

```
n=0
sum=0
for n in range(1,50):
    sum=sum+n
    if(sum>100):
        break
 print("sum={},n={}".format(sum,n))
```

此处 range( ) 函数的参数值 50，为预判，实际上循环体不可能执行 50 次才会得到和大于 100 的情况，所以通过 break 语句，一旦出现和大于 100 的情况就提前结束循环，输出 n 与 sum。

```
sum=105,n=14
>>>
```

图 3-27　例 3-18 程序运行结果

程序运行结果如图 3-27 所示。

2. continue 语句

当 continue 语句在循环体中执行时，与 break 语句跳出循环不同，它只是立即结束本次循环，继续下一次循环。

【例 3-19】输出 10 之内不能被 3 整除的数。

程序代码如下：

```
for i in range(1,10):
    if i%3==0:
        continue
    print(i)
```

程序运行结果如图 3-28 所示。

对于 for 语句，执行 continue 语句后并没有立即检测循环条件，而是先将遍历结构中的下一个元素赋给控制变量，然后再检测循环条件。

```
1
2
4
5
7
8
>>>
```

图 3-28　例 3-19 程序运行结果

3. pass 语句

pass 语句是无运算的占位语句，当语法需要语句并且还没有任何实用的语句可写时，就可以使用它。它通常用于为复合语句编写一个空的主体。

【例 3-20】pass 语句的应用。

```
number=int(input("请输入一个整数: "))
if number<0:
    print("该数小于0")
else:
    pass
```

上述程序中，检测整数是否小于 0，如果是，输出"该数小于 0"，否则暂不处理，此处用了 pass 语句。

程序运行结果如图 3-29 所示。

```
请输入一个整数：-96
该数小于0
>>>
```

图 3-29　例 3-20 程序运行结果

3.3.5 循环中的 else 子句

Python 的循环语句可以带有 else 子句。

1. 带有 else 子句的 while 循环

其语法格式如下：

```
while <条件>:
    语句块1
else:
    语句块2
```

2. 带有 else 子句的 for 循环

其语法格式如下：

```
for 循环变量 in 遍历结构:
    语句块1
else:
    语句块2
```

当 while 语句带 else 子句时，如果 while 子句内嵌的语句块 1 在整个循环过程中没有执行 break 语句，比如语句块 1 中没有 break 语句，或者语句块 1 中有 break 语句但始终未执行，那么循环过程结束后，就执行 else 子句的语句块 2。否则，如果 while 子句内嵌的语句块 1 在循环过程中一旦执行 break 语句，那么程序的流程将跳出循环，因为 else 子句也是循环结构的组成部分，所以 else 子句的语句块 2 也不执行。

与 while 语句类似，如果 for 从未执行 break 语句的话，那么 else 子句内嵌的语句块 2 将得以执行，否则，一旦执行 break，程序流程将连带 else 子句一并跳过。

【例 3-21】else 子句的应用。

程序代码如下：

```
str1="hello world!"
for ch in str1:
    if ch=='r':
        print("found it! ch={:s}".format(ch))
        break
else:
    print("not found it!")
```

当 ch=='r'时，执行 break 语句，跳出循环，所以 print("not found it!")语句不执行。程序运行结果如图 3-30 所示。

```
found it! ch=r
>>> |
```

3.3.6 循环的嵌套

图 3-30　例 3-21 程序运行结果

Python 语言允许在一个循环体里面嵌入另一个循环。代码如下：

```
for 循环变量 in 遍历结构:
    代码块1
    for 循环变量 in 遍历结构:
        代码块2
```

还可以在循环体内嵌入其他循环体，如在 for 循环中嵌入 for 循环、while 循环中嵌入 while 循环、while 循环中嵌入 for 循环、for 循环中嵌入 while 循环等。当两个（甚至多个）循环结构相互嵌套时，位于外层的循环结构常简称为外层循环或外循环，位于内层的循环结构常简称为内层循环或内循环。

其执行流程为：

① 当外层循环条件为 True 时，则执行外层循环结构中的循环体。

② 外层循环体中包含了普通程序和内循环，当内层循环的循环条件为 True 时会执行此循环中的循环体，直到内层循环条件为 False，跳出内循环。

③ 如果此时外层循环的条件仍为 True，则返回第②步，继续执行外层循环体，直到外层循环的循环条件为 False。

④ 当内层循环的循环条件为 False，且外层循环的循环条件也为 False，则整个嵌套循环才算执行完毕。

简单地说，就是外层循环执行一次，内层循环要完整的执行一遍。

【例 3-22】用字符*输出正方形，边长为 9 个*。

分析：程序中用到了嵌套的 for 循环，外层由变量 i 控制的循环执行了 9 次，内层循环实现输出 9 个*和换行。程序代码如下：

```
for i in range(1,10):
    for j in range(1,10):
        print('* ',end='')      #为了行列看起来等长，*号后有空格
    print()
```

程序运行结果如图 3-31 所示。

【例 3-23】输出九九乘法表。

分析：外层循环由变量 i 控制执行了 9 次，与上一题不同的是，内层 for 循环实现了输出每一行里的 i 个表达式和 print( )语句。程序代码如下：

```
for i in range(1,10):
    for j in range(1,i+1):
      print('{}*{}={}\t'.format(j,i,j*i),end=' ')
    print()
```

程序运行结果如图 3-32 所示。

* * * * * * * * *	1*1=1							
* * * * * * * * *	1*2=2	2*2=4						
* * * * * * * * *	1*3=3	2*3=6	3*3=9					
* * * * * * * * *	1*4=4	2*4=8	3*4=12	4*4=16				
* * * * * * * * *	1*5=5	2*5=10	3*5=15	4*5=20	5*5=25			
* * * * * * * * *	1*6=6	2*6=12	3*6=18	4*6=24	5*6=30	6*6=36		
* * * * * * * * *	1*7=7	2*7=14	3*7=21	4*7=28	5*7=35	6*7=42	7*7=49	
* * * * * * * * *	1*8=8	2*8=16	3*8=24	4*8=32	5*8=40	6*8=48	7*8=56	8*8=64
* * * * * * * * *	1*9=9	2*9=18	3*9=27	4*9=36	5*9=45	6*9=54	7*9=63	8*9=72	9*9=81
>>>	>>>							

图 3-31 例 3-22 程序运行结果　　　　图 3-32 例 3-23 程序运行结果

如果在嵌套循环中使用 break 语句，将跳出 break 语句所在层的循环，并开始执行下一行代码。

【例 3-24】使用嵌套循环输出 100 以内的素数。素数的定义为：一个大于 1 的自然数，且除了 1 和它本身外，不能被其他自然数整除的数。

分析：本题采用循环穷举法，外层循环用来控制变量 i 从 2 变化到 99；内层 while 循环根据素数定义用 i 逐一去除 2~(n-1)的数，如果中间发生了整除的情况，就用 break 跳出内循环，因为此时已经可以判断出它不是素数了。实际上不用除到(n-1)，只需要除到不大于它的算术平方根的整数就足够了，所以内循环条件为 j<=math.sqrt(i)。

无论是因为 i 能被 j 整除，跳出内层循环，还是因为 j 递增到大于它的算术平方根的整数而结束内层循环，都会接着执行外层循环的 if 语句，根据 j 与 i 的算术平方根的关系而决定是否输出 i。程序代码如下：

```
import math
i=2
while i<100 :
```

```
    j=2
    while j<=math.sqrt(i):
        if not(i%j): break
        j=j+1
    if j>math.sqrt(i): print(i,end=" ")
    i=i+1
```

程序运行结果如图 3-33 所示。

```
2 3 5 7 11 13 17 19 23 29 31 37 41 43 47 53 59 61 67 71 73 79 83 89 97
>>>
```

图 3-33　例 3-24 程序运行结果

3.3.7　循环结构程序举例

【例 3-25】用公式 $e=1+1/1!+1/2!+...+1/n!$ 计算 e 的近似值（保留 6 位小数），直至公式里最后一项小于给定的值为止。

分析：从第 2 项开始，每项的分母为自然数的阶乘，可用 math.factorial(i) 获得。

程序代码如下：

```
import math

x=float(input())                    #输入给定的值
e=1
i=1
while True:                         #无限循环
    if 1/math.factorial(i)<x:
        break
    else:                          #最后一项(1/n!)>=给定的值时
        e=e+1/math.factorial(i)
        i=i+1
print("{:.6f}".format(e))
```

程序运行结果如图 3-34 所示，输入 0.0001，输出 2.718254。

【例 3-26】用字符*输出图 3-35 所示图形。

分析：用变量 rows 控制行数与列数，因为是正方形，行列数相同。图形中第一行与最后一行都是输出 rows 个*，其余行是只在第一列和最后一列输出*，所以内层循环用一个双分支选择结构实现上述两种情况，这个双分支的 if 分支又是一个双分支，以实现第一列、最后一列与其他列的不同输出效果。程序代码如下：

```
rows=5
for i in range(0, rows):
    for k in range(0, rows):
        if i!=0 and i!=rows-1:
            if k==0 or k==rows-1:          #为了视觉效果像正方形，*两侧加了空格
                print(" * ",end="")
            else:
                print("   ",end="")        #该处有 3 个空格
        else:
            print(" * ",end="")            #*两侧加了空格
        k+=1
    i+=1
    print("\n")
```

改变 rows 的值可以得到更大或更小的正方形。

【例 3-27】使用凯撒密码加密字符串。凯撒密码加密的算法：将字符串中的每一个英文字符循环替换为字母表序列中该字符后面的第三个字符，即原文字符 A 将被替换为 D、原文

字符 B 将被替换为 E、原文字符 C 将被替换为 F，依此类推，本题要求根据此密码算法实现转换，比如用户输入密文：This is an Python book。程序输出 Wklv lv dq Sbwkrq errn。

分析：首先接收用户输入的加密文本，然后对字母 a~z 和字母 A~Z 按照密码算法进行转换，同时输出。

程序代码如下：

```python
str1=input("请输入密文:")
for ch in str1:
    if ord("a")<=ord(ch)<=ord("z"):
        print(chr(ord("a")+(ord(ch)-ord("a")+3)%26),end='')
    elif "A"<=ch<="Z":
        print(chr(ord("A")+(ord(ch)-ord("A")+3)%26),end='')
    else:
        print(ch,end='')
```

程序运行结果如图 3-36 所示。

图 3-34　例 3-26 程序运行结果　　图 3-35　空心正方形　　图 3-36　例 3-27 程序运行结果

习　题

程序设计题

1. 编写程序，输出 1~100 之间所有能被 3 整除，但是不能被 5 整除的数。

2. 将一个百分制的成绩转化成五个等级输出：90 分以上为 "A"，80 ~ 89 分为 "B"，70 ~ 79 分为 "C"，60 ~ 69 分为 "D"，60 分以下为 "E"。例如输入 75，则显示 "C"。

3. 输入三个数 a,b,c，判断能否以它们为三个边长构成直角三角形。若能，输出 YES，否则输出 NO。

4. 编程实现输入一个十进制整数，输出其对应的二进制整数。

（提示：十进制整数转换成二进制整数的方法是，十进制数除以 2，取出余数，商继续除以 2，再取出余数，继续以商除以 2，直至商为 0 为止，将取出的余数逆序排列即可得到对应的二进制数。）

5. 某城市出租车计费标准如下：

①起步里程为 3 公里(含 3 公里)，起步费 13 元；

②起步费后、载客里程小于 15 公里的，超过 3 公里的部分按基本单价 2.3 元/公里计算；

③载客里程 15 公里及以上的，15 公里内的按照②计算，15 公里及以上部分按基本单价加收 50%的费用；

④时速低于 12 公里/小时的慢速行驶时间计入等待时间，每等待 1 分钟加收 1 元；

请输入乘车里程（整数）、等待时间，输出车费。

6. 现有等差数列：1，2，3，4，…，n，请输入 n 的值，输出数列前 n 项的平方和。

7. 编写程序，输出 1950—2020 年之间所有闰年，要求每行输出 5 个年份。

8. 请输入一个小于 10 的正整数 n，求 1 + 12 + 123 + 1234 + … 的前 n 项的和。

9. 编写程序模拟硬币的投掷。假设 0 表示硬币反面，1 表示硬币正面。用随机函数生成一个大于 100 的投掷次数，统计 0 和 1 分别出现的次数，并观察 0 和 1 出现的次数是否相同。

第4章

列表与元组 ‹‹‹

在 Python 中有六种序列的内置类型，分别为：列表、元组、字符串、Unicode 字符串、buffer 对象和 range 对象。序列指的是一块可存放多个值的连续内存空间，这些值按一定顺序排列，每个值所在的位置有序号（也称为索引），可以通过序号访问序列中的这些值。列表和元组是最常见的两种序列。Python 没有数组的概念，但列表和元组更灵活。本章介绍了列表和元组的创建及相关操作。

【本章知识点】

- 列表的创建及相关操作
- 元组的创建及相关操作

4.1 列　表

列表是最常用的 Python 数据类型，创建一个列表，只要把逗号分隔的不同数据项用方括号括起来即可，如['P','y','t','h','o','n']、[1,2,3,4,5]、[1,2,'P','y','t','h', 'o','n'] 等。列表的数据项不需要具有相同的类型。对列表中的元素，我们可以进行增、删、改、查等多种操作。

4.1.1 列表的创建方式

1．用赋值语句创建列表

列表没有长度限制，不需要预定义大小，可以定义空列表。

例如：

```
>>> lis1=['Hello','Python']
>>> lis2=[1,2,3,4,[5,6]]          #列表的嵌套
>>> lis3=[1,2,3,'Hello','Python']
>>> lis4=[]                       #定义空列表
>>> type(lis1)                    #返回 lis1 的类型
<class 'list'>
```

2．用 list()函数创建列表

list( )函数的参数必须是可迭代对象，字符串、列表、元组都是可迭代对象。函数的返回值是列表类型。

例如：

```
>>> lis= list("Python")
>>> lis
['P', 'y', 't', 'h', 'o', 'n']
```

4.1.2 列表元素的访问

1. 访问单个元素

序列中的每个元素都有属于自己的序号（索引）。字符串是如此，列表也是如此，从起始元素开始，索引值从 0 开始递增。如图 4-1 所示，最左边的一个元素索引为 0，向右边开始依次递增。

除此之外，Python 还支持索引值是负数，此

图 4-1　列表的索引

类索引是从右向左计数，也就是从最后一个元素开始计数，索引值从–1 开始，然后是–2,–3,...。

无论是采用正索引值，还是负索引值，都可以访问列表中的任何元素。以图 4-1 中的列表为例，访问列表"['P','y','t','h','o','n']"的首元素和尾元素，可以使用如下的代码：

```
>>>lis=['P', 'y', 't', 'h', 'o', 'n']
>>>print("从左编号 lis[0]是: ",lis[0],", 从右编号 lis[-6]是: ",lis[-6])
>>>print("从左编号 lis[5]是: ",lis[5],", 从右编号 lis[-1]是: ",lis[-1])
```

运行结果为：

```
从左编号 lis[0]是:  P,从右编号 lis[-6]是:  P
从左编号 lis[5]是:  n,从右编号 lis[-1]是:  n
```

在列表中嵌套列表情况下，访问单个元素的实例如下：

```
>>> ls1=[1,2,'p',['a','b']]
>>> ls1[3][0]
'a'
```

2. 切片访问列表元素

切片操作是访问列表中元素的另一种方法，它可以访问一定范围内的元素。通过切片操作，可以生成一个新的列表。

列表实现切片操作的语法格式如下：

```
listname[start:end:step]
```

说明：

- listname：表示列表的名称。
- start：表示切片的开始索引位置（包括该位置），此参数也可以不指定，会默认为 0，也就是从列表的开头进行切片。
- end：表示切片的结束索引位置（不包括该位置），如果不指定，则默认为列表的长度。
- step：表示步长，即在切片过程中，隔几个存储位置（包含当前位置）取一次元素，也就是说，如果 step 的值大于 1，则在进行切片取列表元素时，会"跳跃式"地取元素。如果省略设置 step 的值，则最后一个冒号就可以省略，默认步长为 1。

（1）切片基本用法

指定第一个元素和最后一个元素的索引，即可创建切片。

例如：

```
>>> books=['maths','English','computer','physics']
>>> print(books[0:2:2])
['math']
>>> print(books[0:2])
['maths', 'English']
```

（2）切片未指定某些参数

与序列用法一样，如果未指定第一个索引，默认从第一个元素开始；如果未指定第二个

索引，默认到列表尾；如果未指定步长，默认步长为1。

例如：

```
>>> books=['math','English','computer','physics']
>>> print(books[:2])
['math', 'English']
>>> print(books[1:])
['English', 'computer', 'physics']
```

（3）切片索引为负数

负数索引会返回离列表末尾相应距离的元素，所以可以利用它获取列表末尾切片。例如：

```
>>> num1=[1,2,3,4,5,6,7,8,9,10,11,12,13,14,15]
>>> num1[-3:]
[13, 14, 15]
>>> num1[-5:-1]
[11, 12, 13, 14]
```

负数索引会实现一个列表的元素倒序排列，例如：

```
>>> lis1=[1,2,3,4]
>>> lis1[::-1]
>>> lis1
[4,3,2,1]
```

【例4-1】，以列表"['p','y','t','h','o','n']"为例进行切片，程序代码如下：

```
lis=['p', 'y', 't', 'h', 'o', 'n']
print(lis[0:2])        #切片的索引区间为位置0到位置2（不包括2处的字符）之间的字符
print(lis[ :2])        #开始索引置空，默认开始位置为0
print(lis[2: ])        #结束索引置空，默认结束包含列表结尾元素
print(lis[::2])        #开始和结束索引都置空，区间为整个字符串，步长为2
print(lis[:])          #取整个列表
print(lis[5:1:-1])     #步长为负数，开始索引一定要大于结束索引
print(lis[-4:-2])      #索引为负数
print(lis[-2:-4:-1])   #索引为负数，步长为负数
print(lis[-2:0])       #以负数索引，以0作为最后一个索引，结果是截取空列表
print(lis[:0])         #以正数索引，以0作为最后一个索引，结果是截取空列表
```

程序运行结果如下：

```
['p', 'y']
['p', 'y']
['t', 'h', 'o', 'n']
['p', 't', 'o']
['p', 'y', 't', 'h', 'o', 'n']
['n', 'o', 'h', 't']
['t', 'h']
['o', 'h']
[]
[]
```

3. 列表的遍历

列表是一个可迭代对象，可以通过 for 循环遍历元素。

【例4-2】编写程序，将学习小组成员名单存储在列表中，依次向每位组员发布作业通知。

程序代码如下：

```
stLis=['李玉萍','张江洋','胡小梅','王明月','华 强','乔欣欣']
print("\n 作业通知\n")
for i in stLis:
    print(f'{i}同学：请完成第5章作业！')
```

程序运行结果如下：

作业通知

李玉萍同学:请完成第 5 章作业!
张江洋同学:请完成第 5 章作业!
胡小梅同学:请完成第 5 章作业!
王明月同学:请完成第 5 章作业!
华　强同学:请完成第 5 章作业!
乔欣欣同学:请完成第 5 章作业!

4.1.3　对列表元素的增加、删除、修改

1.　对列表元素的增加

① 使用 "+" 运算符可以将元素添加到列表中,例如:

```
>>> lis1=[1,2,3,4]
>>> lis2= lis1+[5]
>>> lis2
[1, 2, 3, 4, 5]
```

② 用 append( )方法可以在列表末尾增加元素,其格式为:

```
list.append(obj)
```

其中 list 为列表,obj 为增加的新对象。此方法没有返回值,只为原列表增加新元素。例如:

```
>>> lis1=[1,2,3,4]
>>> lis1.append('Python')
>>> lis1
[1, 2, 3, 4, 'Python']
>>> lis1.append([5,6])
>>> lis1
[1, 2, 3, 4, 'Python', [5, 6]]
>>> lis1.append(7)
>>> lis1
[1, 2, 3, 4, 'Python', [5, 6], 7]
```

③ 用 extend( )的方法可以在列表末尾一次性添加另一个序列中的所有元素。其格式为:

```
list.extend(seq)
```

其中 list 为列表,seq 为元素序列。此方法没有返回值,只会为原列表添加新的列表内容,即用于新列表扩展原来的列表。

例如:

```
>>> lis1=[1, 2, 3, 4]
>>> lis2=['a','b','c']
>>> lis1.extend(lis2)
>>> lis1
[1, 2, 3, 4, 'a', 'b', 'c']
>>> lis2
['a', 'b', 'c']
>>> str1='python'
>>> lis2.extend(str1)
>>> lis2
['a', 'b', 'c', 'p', 'y', 't', 'h', 'o', 'n']
```

④ 用 insert( )方法可以将元素插入列表的指定位置。其格式为:

```
list.insert(position,element)
```

其中 list 为原列表,position 为插入值的位置索引;element 为插入的元素,可以是任何类型。例如:

```
>>> lis1=[1, 2, 3, 4]
>>> lis1.insert(2,'ab')
>>> lis1
[1, 2, 'ab', 3, 4]
```

2. 对列表元素的删除

① 用 del 语句可以删除列表中的元素，还可以对列表元素或片段进行删除，语法如下：

```
del<listname>[start : end : step]
```

说明：

listname：表示列表的名称。

start：删除元素的开始索引位置（包括该位置）。此参数也可以不指定，则默认为 0，也就是从序列的开头进行。

end：删除元素的结束索引位置（不包括该位置）。此参数也可以不指定，则默认为序列的长度。

step：表示步长，如果省略，则最后一个冒号就可以省略，默认步长为1。例如：

```
>>> num1=[1,2,3,4,5,6]
>>> del num1[1]
>>> num1
[1, 3, 4, 5, 6]
>>> del num1[:4:2]
>>> num1
[3, 5, 6]
```

② 用 remove( )方法可用于删除列表中的某个元素，如果列表中有多个匹配的元素，只会移除匹配到的第一个元素。例如：

```
>>> lis1=[1, 2, 3, 4, 'Python']
>>> lis1.remove(2)
>>> lis1
[1, 3, 4, 'Python']
```

③ 用 pop( )方法移除列表中的某个元素，如果不指定元素，那么移除列表中的最后一个元素。该方法有返回值，是从列表中移除的元素对象。其格式为：

list.pop([index=-1])

其中 list 为列表，参数为要移除列表元素的索引值，不能超过列表总长度，默认为 index=-1，即删除列表中的最后一个元素。例如：

```
>>> lis1=[1, 2, 3, 4, 'Python']
>>> a=lis1.pop(2)
>>> a
3
>>> lis1
[1, 2, 4, 'Python']
>>> lis1.pop()
'Python'
>>> lis1
[1, 2, 4]
```

3. 删除列表

使用 del 语句可以删除整个列表，例如：

```
>>> lis3=[]          #定义空列表
>>> type(lis3)
<class 'list'>
>>> del lis3
>>> type(lis3)
Traceback (most recent call last):
  File "<pyshell#80>", line 1, in <module>
    type(lis3)
NameError: name 'lis3' is not defined
```

从上面例子可以看到，用 del 语句删除 lis3 列表后，再引用 lis3 时会产生错误，系统提示没有 lis3 了。

4．修改列表元素

修改列表中的元素是指通过索引访问元素，为元素赋新值，达到修改元素的目的。例如：

```
>>> lis4=['a','b','c']
>>> lis4[1]='x'
>>> lis4
['a', 'x', 'c']
```

for 循环中更改列表元素时需注意下面操作并不能进行元素的修改，如：

```
>>> ls=list(range(10)[::2])
>>> ls
[0, 2, 4, 6, 8]
>>> for i in ls:
        i=0
>>> ls
[0, 2, 4, 6, 8]
```

为了能在循环中更改列表元素，要对元素进行重新赋值，例如：

```
>>> ls=list(range(10)[::2])
>>> ls
[0, 2, 4, 6, 8]
>>> for i in range(len(ls)):
        ls[i]=0
>>> ls
[0, 0, 0, 0, 0]
```

4.1.4 运算符对列表的操作

1．比较运算符

比较运算符有：>、<、==。列表之间进行比较，是从第一个元素进行比较，一旦有一个元素大了，则这个列表就比另一个大。如果两个不同数据类型进行比较，程序会报错。

例如：

```
>>> list1=[1,2,4]
>>> list2=[1,2,3]
>>> list1>list2
True
>>> list3=['table']
>>> list4=['tabel']
>>> list3>list4
True
>>> list5=[1,1,'st']
>>> list1>list5
True
>>> list1>list3
Traceback (most recent call last):
  File "<pyshell#101>", line 1, in <module>
    list1>list3
TypeError: unorderable types: int()>str()
```

程序说明：

因为 list1[0]与 list5[0]数据类型相同且相等，接下来比较 list1[1]与 list5[1]。它们数据类型相同且 list1[1]>list5[1]，那么就可以得出 list1>list5。

因为 list1[0]与 list3[0]数据类型不相同，不能进行比较，程序会报错。

2. 逻辑运算符

逻辑运算符有：and、or、not，对列表操作的结果只有 True 和 False 两种。

例如：

```
>>> list3<list4 and list1>list5
False
```

3. 连接运算符、重复运算符、成员关系运算符

连接运算符 "+" 主要用于组合列表，重复运算符 "*" 主要用于重复列表，成员关系运算符 "in" 和 "not in" 用于判断某元素是否在列表中，如果在，返回 "True"，否则返回 "False"。

例如：

```
>>> [1,2,3]+['Hello','Python']
[1, 2, 3, 'Hello', 'Python']
>>> [1,2,3]*2
[1, 2, 3, 1, 2, 3]
>>> 2 in [1,2,3]
True
```

4.1.5 内置函数对列表的操作

Python 列表的常用内置函数见表 4-1。

表 4-1 列表内置函数

函　　数	功　　能	函　　数	功　　能
len(list)	列表元素的个数	min(list)	列表元素最小值
max(list)	列表元素最大值	list(seq)	将序列转换成列表

1. len(list)

函数的功能是返回列表中元素的个数。例如：

```
>>> list1=[1,2,3,4,5]
>>> list2=[1,2,3,4,'Hello','Python']
>>> list3=[[1,2,3],3,'Hello','Python']
>>> len(list1)
5
>>> len(list2)
6
>>> len(list3)
4
```

2. max(list)函数与 min(list)函数

函数的功能是返回列表元素中的最大值与最小值。使用这两个函数的前提是列表中各元素类型可以进行比较。如果列表元素间不能比较，使用这两个函数将会报错。

例如：

```
>>> list1=[1,2,3,4]
>>> list2=[1,2,3,4,'Hello','Python']
>>> max(list1)
4
>>> min(list2)
Traceback (most recent call last):
  File "<pyshell#10>", line 1, in <module>
    min(list2)
TypeError: unorderable types: str()<int()
```

4.1.6 列表对象的常用方法

Python 列表除了之前讲的几种方法外，还有几种常用方法见表 4-2。

表 4-2 列表的常用方法及功能

方 法	功 能
list.clear( )	删除列表中所有元素
list.reverse( )	将列表中元素反转
list.copy( )	复制列表 list 中的所有元素并生成一个新列表
list.sort(cmp,key,reverse)	以 cmp 进行排序，按 key 元素进行排序，reverse=True 降序，reverse=False 升序

关于这些方法的使用如下例所示：

```
>>> st=['num','name','age']
>>> st.clear()              #clear()用法
>>> print(st)
[]
>>> num1=[1,2,3,4,5]
>>> num1.reverse()          #reverse()用法
>>> num1
[5, 4, 3, 2, 1]
>>> num2=num1.copy()        #copy()用法
>>> num2
[5, 4, 3, 2, 1]
>>> num2.sort()             #sort()用法，默认以升序进行排列
>>> num2
[1, 2, 3, 4, 5]
```

从上面例子可以看出，sort( )方法是在原列表基础上进行的操作，执行后原列表发生改变，变成排过序的列表。

Python 中与 sort( )方法非常相似的还有一个函数 sorted( )，具体用法见第 6 章高阶函数相关内容。

4.1.7 列表推导式

列表推导能非常简洁地构造一个新列表，只用一条简洁的表达式即可对得到的元素进行转换变形。

格式：

```
[表达式 for 变量 in 列表]或者[表达式 for 变量 in 列表 if 条件]
```

例如，已有一个列表，我们要创建一个新列表。新列表中的元素为原来列表中各元素的平方。那么可以用以下程序来实现：

```
list1=[12,18,22,32]
list2=[]
for x in list1:
    list2.append(x**2)
print(list2)
```

运行结果为：

```
[144, 324, 484, 1024]
```

如果用列表推导，程序代码如下：

```
list1=[12,18,22,32]
```

```
list2=[x**2 for x in list1]
print(list2)
```

程序运行结果如下：

```
[144, 324, 484, 1024]
```

由以上程序可以看出，利用列表推导式在已有列表基础上构建一个新列表，代码更简捷。

列表推导式的更多用法如下例所示：

```
>>> s1=[1,2,3]
>>> s2=[4,5,6,7]
>>> s3=[s1[i]+s2[i] for i in range(len(s1))]
>>> print(s3)
[5, 7, 9]
>>> m=[i for i in range(30) if i % 3 is 0]
>>> print(m)
[0, 3, 6, 9, 12, 15, 18, 21, 24, 27]
>>> print([x*y for x in [1,2,3] for y in [1,2,3]])
[1, 2, 3, 2, 4, 6, 3, 6, 9]
```

4.2 元　组

元组与列表相比要简单很多，因为元组一旦创建成功就不能修改，所以一般称为只读列表。Python 的元组与列表类似，不同之处在于元组的元素不可变，元组使用圆括号将元素括起来。元组创建后不可以修改、添加、删除其元素，只能访问元组中的元素。

4.2.1　元组的创建方式

元组中的数据元素可以是基本数据类型，也可以是组合数据类型、自定义数据类型。

1. 用赋值语句创建元组

实例如下：

```
>>> tup1=('maths','physics','English',2018,2021)
>>> tup2=(1,2,3,4,5)
>>> tup3="a","b","c"    # 任何无符号的对象，以逗号隔开，默认为元组
>>> print(tup3)
('a', 'b', 'c')
```

创建空元组，实例如下：

```
>>> tup5=()
>>> tup5
()
```

元组中只包含一个元素时，需要在元素后面添加逗号，如：

```
>>> tup6=(20,)
>>> tup6
(20,)
```

2. 用 tuple( )函数创建元组

使用 tuple()函数创建元组，如果不传入数据，就创建一个空元组。如果要创建非空元组，就要传入可迭代类型的数据。例如：

```
>>> tup_one=tuple()
>>> tup_one
```

```
()
>>> tup_two=tuple('abc')
>>> tup_two
('a', 'b', 'c')
>>> tup_three=tuple(['a','b','c'])  #相当于将列表转换成元组
>>> tup_three
('a', 'b', 'c')
```

3. 用 range( )函数产生的序列转换为元组

range( )函数可返回一系列连续的整数，能够生成一个列表对象，可以转换为元组。实例如下：

```
>>> tup7=tuple(range(1,10,2))
>>> tup7
(1, 3, 5, 7, 9)
```

4.2.2 元组元素的访问

1. 使用索引访问单个元素

元组可以使用下标索引来访问元组中的元素。元组与列表类似，下标正向索引从 0 开始，逆向索引序号从–1 开始，还可以进行切片。实例如下：

```
>>> tup2=(1,2,3,4,5,6)
>>> print("tup2[0]:",tup2[0])
tup2[0]: 1
>>> print("tup2[2:5]:",tup2[2:5])
tup2[2:5]: (3, 4, 5)
>>> tup2[-1]
6
```

元组的遍历就是从头到尾依次从元组中获取数据，可以用 for in 也可以用 iter( )函数。iter( )函数的格式如下：

```
iter(seq)
```

其中参数必须为序列。

实例如下：

```
>>> tup1=(1,2,3,4,5,6)
>>> for x in tup1:
print(x,end=' ')
1 2 3 4 5 6
>>> for x in iter(tup1):
print(x)
1
2
3
4
5
6
```

2. 使用切片访问元组元素

元组与列表一样，可以采用切片的形式访问元素，例如：

```
>>> score_tuple=(65,77,83,47,58,96)
>>> score_tuple[1:3]
>>> (77, 83)
```

4.2.3 元组的常用操作

元组也是序列的一种，序列中的操作（例如索引、切片、相加、相乘、成员检测、长度、最小值和最大值等）也是元组常用的操作。

常用的元组运算符见表 4-3。

表 4-3　常用的元组运算符

运 算 符	说 明
+	合并（即连接）
*	重复（即复制）
x in tuple	元素是否存在

1. 合并元组

利用"+"运算符可以合并两个元组，返回一个新元组，而原元组不变。实例如下：

```
>>> tup1=(1,2,3,4,5,6)
>>> tup2=("a","b","c","d")
>>> tup3=tup1+tup2
>>> tup3
(1, 2, 3, 4, 5, 6, 'a', 'b', 'c', 'd')
>>> tup1
(1, 2, 3, 4, 5, 6)
>>> tup2
('a', 'b', 'c', 'd')
```

2. 重复元组

利用"*"运算符可以将元组重复多次，返回一个新元组，而原元组不变。实例如下：

```
>>> tup4=('Python','c++')
>>> tup5=tup4*3
>>> tup5
('Python', 'c++', 'Python', 'c++', 'Python', 'c++')
```

3. 删除元组

元组中的元素值是不允许删除的，但我们可以使用 del 语句来删除整个元组。实例如下：

```
>>> tup2=(1,2,3,4,5,6)
>>> del tup2
>>> tup2
Traceback (most recent call last):
  File "<pyshell#124>", line 1, in <module>
    tup2
NameError: name 'tup2' is not defined
```

以上实例中的元组被删除后，再引用元组，控制台会有异常信息输出。

4. 元组内置函数与方法

Python 提供了一些元组的内置函数，见表 4-4。

实例如下:

```
>>> t2=(1,2,3,'p','y','thon')
>>> len(t2)
6
>>> max('p','y','thon')
'y'
>>> min(1,2,3)
1
>>> tuple([1,2,3])
(1, 2, 3)
```

表 4-4　元组的内置函数

函　　数	说　　明
len(tuple)	计算元组元素个数
max(tuple)	返回元组中元素最大值
min(tuple)	返回元组中元素最小值
tuple(seq)	将序列转换为元组

5. 元组的方法

元组只有两个方法:index( )和 count( )。

(1) index( )方法

index( )方法用于从元组中找出某个对象第一个匹配的索引位置。如不在元组中,则抛出异常。

语法格式为:

```
tuplename.index(obj[,start=0[,end=len(tuplename)]])
```

其中 tuplename 为元组名,obj 为指定检索的对象,start 为开始索引,是可选参数,默认为 0,可单独指定。End 为结束索引,是可选参数,默认为元组的长度,不能单独指定。

实例如下:

```
>>> t2=('x','y',1,2,'x',2,'x')
>>> t2.index('x')
0
>>> t2.index('x',1)
4
>>> t2.index('z')
Traceback (most recent call last):
  File "<pyshell#185>", line 1, in <module>
    t2.index('z')
ValueError: tuple.index(x): x not in tuple
```

(2) count( )方法

使用 count( )方法可以统计元组中某个元素出现的次数。其语法格式为:

```
tuplename.count(obj)
```

其中 tuplename 为元组名,obj 为元组中需要统计的对象,即表示需要统计在元组中的元素。

实例如下:

```
>>> t2=('x','y',1,2,'x',2,'x')
>>> t2.count('x')
3
>>> t2.count(1)
1
>>> t2.count(x)
0
>>> print("y元素的个数: ",t2.count('y'))
y元素的个数:  1
```

4.2.4 生成器推导式

生成器推导式是继列表推导式后的又一种 Python 推导式。它比列表推导式速度更快，占用的内存也更少。生成器推导式的结果是一个生成器对象，而不是列表，也不是元组。

生成器推导式与列表推导式的区别：列表推导式比较耗内存，所有数据一次性加载到内存。而生成器表达式遵循迭代器协议，逐个产生元素。列表推导式得到的是一个列表，生成器表达式获取的是一个生成器。列表推导式一目了然，生成器表达式只是一个内存地址。

无论是生成器表达式，还是列表推导式，都只是 Python 提供的一个相对简单的构造方式。使用推导式非常简单，但推导式只能构建相对复杂的并且有规律的对象。对于没有什么规律，而且嵌套层数比较多的（for 循环超过 3 层）就不建议使用推导式构建。

另外生成器具有惰性机制，即只有在访问的时候才取值，并且访问过一次的元素就在生成器对象中清空。

生成器推导式和列表推导式在语法上非常相似，只要把[ ]换成( )就行了。

格式如下：

```
表达式 for 变量 in 元组
```

或者

```
表达式 for 变量 in 元组 if 条件
```

使用生成器对象时，可以根据需要将它转化为列表或者元组，可以用__next__( )方法或内置函数 next( )进行遍历。

实例如下：

```
>>> t2=((i+2)**2 for i in range(10))        #创建生成器对象
>>> type(t2)
<class 'generator'>
>>> tuple(t2)                               #对象转化为元组
(4, 9, 16, 25, 36, 49, 64, 81, 100, 121)
>>> tuple(t2)                               #对象转化为元组后，就没有元素再转化了
()
>>> t2=((i+2)**2 for i in range(10))        #重新创建生成器对象
>>> for item in t2:
    print(item,end=' ')                     #遍历元组
4 9 16 25 36 49 64 81 100 121
>>> for item in t2:
        print(item,end=' ')                 #遍历元组后没有元素可用于再访问了
>>>
>>> t2=((i+2)**2 for i in range(10))        #再次创建生成器
>>> t2.__next__()
4
>>> t2.__next__()
9
>>> for item in t2:
        print(item,end=' ')                 #访问过几个元素后，只能遍历输出剩下的元素
16 25 36 49 64 81 100 121
```

4.2.5 元组的特性

1. 元组的优势

① 元组比列表更节省空间。因为列表是动态的，所以它需要存储指针来指向对应的元素，需要另外占用字节。由于列表中的元素可变，还要额外存储已经分配的字节。但对于元

组，它的长度大小可以改变，且存储元素不变，所以存储空间也是固定的。

实例如下：

```
>>> lis=[]
>>> tup=()
>>> lis.sizeof()
20
>>> tup.sizeof()
12
```

程序说明：从上面程序中可以看出，列表和元组都是空的情况下，列表占 20 个字节，而元组只占 12 个字节。

② 元组的性能速度要优于列表。元组缓存于 Python 运行时环境，每次使用元组时无须访问内核去分配内存。Python 的内部实现对元组做了大量优化，访问速度比列表更快。如果定义了一系列常量值，主要用途仅是对它们进行遍历或其他类似用途，而不需要对其元素进行任何修改，那么一般建议使用元组而不用列表。

③ 元组在内部实现上不允许修改其元素值，从而使得代码更加安全，例如调用函数时使用元组传递参数可以防止在函数中修改元组，而使用列表则很难保证这一点。

④ 元组可用作字典的键，也可以作为集合的元素。而列表则永远都不能当作字典键使用，也不能作为集合中的元素。

2．元组的修改

元组中的元素是不允许修改的，除非在元组中包含可变类型的数据。例如：

```
>>> num_tup=(1,2,['a','b'])
>>> num_tup[2][0]=3
>>> num_tup[2][1]=4
>>> num_tup
(1, 2, [3, 4])
```

由此可见，元组的元素表面上是改变了，其实变的不是元组的元素，而是列表的元素。

3．元组与列表相互转换

元组与列表是两种相似的数据结构，两者经常互相转换，使用 list( )和 tuple( )即可实现。

实例如下：

```
>>> tup=(1,2,3)
>>> list(tup)
[1, 2, 3]
>>> lis=[4,5,6]
>>> tuple(lis)
(4, 5, 6)
```

4.3　应 用 举 例

【例 4-3】录入学生成绩。创建列表，输入学生成绩，保存于列表中。要求输入学生分数，并输出最高分、最低分和平均分。

分析：首先创建一个空列表，然后通过循环结构用 input( )函数输入每个学生的成绩，将输入的成绩转化为 int 类型，再用 append( )函数存放于列表中，当不输入成绩时循环结束。用 print( )函数输出学生分数，并用 max( )函数求出最高分并输出，用 min( )函数求出最低分并输出，用 sum( )函数求出分数和，再求出平均分输出。

程序代码如下：

```
grade_list=[]
while(True):
    grade=input("请输入学生成绩")
    if grade:
        grade1=int(grade)
        grade_list.append(grade1)
    else:
        break
for i in range(0,len(grade_list)):
    print("分数: %d"%grade_list[i])

print("最高分:  %d"%max(grade_list))
print("最低分:  %d"%min(grade_list))
print("平均分:  %d"%(sum(grade_list)/len(grade_list)))
```

程序运行结果如下：

```
请输入学生成绩: 78
请输入学生成绩: 56
请输入学生成绩: 89
请输入学生成绩: 36
请输入学生成绩: 87
请输入学生成绩:
分数: 78
分数: 56
分数: 89
分数: 36
分数: 87
最高分:  89
最低分:  36
平均分:  69
```

【例 4-4】输入一个字符串，选出 5 个英文字母（不区分大小写）。如果字符串中字符个数不足 5 个，输出信息 "less than five"。

分析：首先用 input( )函数输入一串字符，创建一个空列表用来添加数据；然后通过循环结构遍历字符串中所有字符，并将英文字母取出添加到列表中；接下来用 len( )函数求列表长度，如果大于等于 5，则输出最左边的 5 个字母，否则，输出 "less than five"。

程序代码如下：

```
date=input("请输入字符串: ")
ch=[]
for c in date:
    if 'a'<=c<='z' or 'A'<=C<='Z':     #判断遍历的数据是否英文字母
        ch.append(c)
if len(ch)>=5:
    print(ch[:5])
else:
    print("less than five ")
```

运行程序，如果输入'we9ermlop;d88dl'，结果如下：

```
请输入字符串: 'we9ermlop;d88dl'
```

['w', 'e', 'e','r', 'm']

再次运行程序，如果输入'abc'，结果为：

请输入字符串: 'abc'
less than five

【例 4-5】简单翻译程序：输入阿拉伯数字，输出英文。

分析：将阿拉伯数字 0、1、2、3、4、5、6、7、8、9 对应的 zero、one、two、three、four、five、six、seven、eight、nine 创建为元组。遍历输入数字中的每个数码，并将数码作为元组下标访问相应的英文，如果有小数点，则输出"point"。

程序代码如下：

```
EnglishNum=('zero','one','two','three','four','five','six','seven','eight',
'nine')
numb=input('请输入一个十进制数: ')
for i in range(len(numb)):
    if"."in numb[i]:
        print('point',end=' ')
    else:
        print(EnglishNum[int(numb[i])],end=' ')
```

运行程序，输入 456.78，结果如下：

请输入一个十进制数: 456.78
four five six point seven eight

习　题

一、单项选择题

1. 下面关于列表说法正确的是（　　）。
    A. 从起始元素开始，索引值从 0 开始递增
    B. 从起始元素开始，索引值从 1 开始递增
    C. 从起始元素开始，索引值从−1 开始递增
    D. 不支持负索引值

2. 关于列表切片说法正确的是（　　）。
    A. 开始索引置空，默认为 1
    B. 开始索引置空，默认为 0
    C. 结束索引位置包括该位置
    D. 步长不可以省略

3. >>> [1,2,3]+[4,5,6,7]运行结果是（　　）。
    A. [5,7,9,7]　　　　B. [5,7,9]　　　　C. [1,2,3,4,5,6,7]　　　　D. 报错

4. 下面关于列表说法正确的是（　　）。
    A. 列表无长度限制，元素必须是同种数据类型
    B. 列表有长度限制，元素必须是同种数据类型
    C. 列表必须预定义大小
    D. 可以定义空列表

5. append( )方法在列表（　　）。
    A. 前端增加元素
    B. 中间增加元素
    C. 末尾增加元素
    D. 不可以使用

6. 关于元组说法正确的是（　　）。

    A. 元组不是序列   B. 元组属于不可变序列

    C. 元组不可以合并   D. 可以删除元组的某个元素

7. lis=[[1,2],2,'ab']，则 len(lis)的值是（　　）。

    A. 5   B. 4   C. 3   D. 2

8. t2=(i+2 for i in range(3))，则 tuple(t2)为（　　）。

    A. (3,4,5)   B. [3,4,5]   C. (2,3,4)   D. [2,3,4]

9. ls=[3,5,7]，则元素 5 的索引是（　　）。

    A. 2   B. 1   C. −1   D. 0

10. t1=('a','y','python',y)，则 t1.count('y')为（　　）。

    A. 3   B. 2   C. 1   D. 0

二、程序设计题

1. 编写程序：输入一个月份，判断此月份是哪个季节。其中，春季：3、4、5月，夏季：6、7、8月，秋季：9、10、11月，冬季：12、1、2月。

2. 编写一个程序，将你的课程名称存储在一个列表中，再使用 for 循环将课程名称都打印出来。

3. 编写程序：创建一个元组，随机生成 10 个 2 位整数作为元组的元素。

①输出元组中第 7 个元素的值。

②查询数据 88 是否在元组中，如果在，请输出它出现的次数。

③遍历元组的元素。

④将元组转换为列表。

4. 设计用户登录程序。已知：系统里面有多个用户，用户信息目前保存在列表里面：

```
users=['student','teacher']
passwds=['123','456']
```

（提示：用户登录时，需判断用户登录是否成功，判断用户是否存在。）

①输入的用户如果存在，那么判断用户密码是否正确。如果密码正确，则输出"登录成功！"，然后退出循环；如果密码不正确，则要求重新登录，总共有 3 次登录机会.

②输入的用户如果不存在，要求重新登录，总共有 3 次登录机会。

第5章

字典与集合 ⋘

字典与集合是 Python 中常用的数据结构。字典用于存放具有映射关系的若干键值对，键值对的数量可变。前面学习过的序列类型，如列表、元组，都是以整数作为元素的索引，而字典这种映射类型，则用键作为元素的索引，是一种键（索引）和值（元素）的对应。

Python 中的集合，是包含多个不重复元素的无序组合。我们会经常用到集合元素不重复的特性来实现去重功能，利用集合的运算来计算交集、并集和差集。集合中的元素无顺序，所以不支持切片等操作，也不能通过数字进行索引。

【本章知识点】

- 字典的基本操作
- 字典的常用内置函数与方法
- 字典的遍历
- 集合的创建与集合运算
- 集合的常用内置函数与方法
- 集合的去重功能

5.1 字 典

字典是 Python 中一种常用的数据结构，用于存放若干具有映射关系的键值对，体现了一种二元关系。键值对的数量可变。

5.1.1 字典概述

字典用于存放若干具有映射关系的键值对。键值对是用冒号分开的键和值两部分。冒号前的数据被称为键（key），冒号后的数据被称为值（value）。字典中的键是非常关键的数据，可以通过键来访问值，因此字典中的键不允许重复，键必须是固定数据类型，如数字、字符串、元组等。值可以是任意数据类型，如字符串、列表、字典等，值可以通过键来修改。

5.1.2 字典的创建

创建字典常见的有两种方法：花括号{}语法和内置函数 dict( )创建。

1. 用花括号{}创建字典

在使用花括号语法创建字典时，花括号中应包含多个 key/value 对。key 与 value 之间用英文冒号隔开，多个 key/value 对之间用英文逗号隔开。

其语法格式如下：

```
<字典变量>={key1:value1,key2:value2,…,keyn:valuen}
```

① 例如有份成绩数据，语文：97，数学：88，英语：90。用花括号语法创建如下：

```
dict_01={'语文':97,'数学':88,'英语':90}
```

在这个字典中有三个 key/value 对：'语文':97、'数学':88 和'英语':90。

② 键可以是固定数据类型，如数字、字符串、元组等，但不能是列表。例如：

```
>>> dict_02={(70, 80):'bad', 90:'good'}
>>> print(dict_02)
{(70, 80): 'bad', 90: 'good'}
```

③ 如果一个键在字典中重复出现多次，则以最后一个值为准。例如：

```
>>> dict_03={'name':'李明',gender':'男','name':'张磊'}
>>> print(dict_03)
{'name': '张磊', 'gender': '男'}
```

④ 可以用花括号{}创建一个空字典，例如：

```
>>> dict_04={}
```

2. 用 dict( )函数创建字典

使用内置函数 dict( )创建字典，常见有以下几种情况。

① 列表或元组作为 dict( )函数参数

传入列表或元组作为 dict( )函数的参数时，组成这些列表或元组的元素都只能包含两个值，否则会出错。

例如：

```
>>> dict_01=dict([('rose',5.00),('lily',3.00),('violet',4.50)])
>>> print(dict_01)
{'rose': 5.0, 'lily': 3.0, 'violet': 4.5}
```

② zip( )函数作为 dict( )函数参数

zip( )函数将返回一个 zip 对象，它将多个序列中对应位置的元素打包成一个个元组。zip( )函数的详细用法见第 6 章高阶函数。

例如：

```
>>> dict_02=dict(zip('abcd',[1,2,3,4]))
>>> dict_02
{'a': 1, 'b': 2, 'c': 3, 'd': 4}
```

③ 键=值的方式创建

键值对用等号 "=" 连起来作为函数参数，其语法格式为：

```
字典名=dict(key1=value1,key2=value2,…)
```

此时，字典的 key 只能为字符串，且不加引号。例如：

```
>>> dict_03=dict(name='李明',gender='男',age=20)
>>> dict_03
{'name': '李明', 'gender': '男', 'age': 20}
```

④ 创建空字典

dict( )函数也可以创建空字典。例如：

```
>>> dict_04=dict()
>>> dict_04
{}
```

注意： 使用 dict( )函数创建字典时，如果一个键在字典中重复出现，会抛出异常，提示语法错误。

5.1.3 字典的基本操作

对于字典，最基本的操作就是对字典元素的访问、添加、修改和删除。

1．访问字典的值

因为字典中的键是唯一的，所以可以通过键获取对应的值，把键放入方括号[ ]，来索引元素的值。其语法格式如下：

<字典变量>[<键>]

例如，输出字典的某个值。

```
>>> per_info1={'name':'张华','age':18,'ID':'1001'}
>>> print('student name is: ',per_info1['name'])
student name is: 张华
```

如果使用了字典中没有的键来访问数据，将抛出异常，例如：

```
>>> per_info1={'name':'张华','age':18,'ID':'1001'}
>>> print(per_info1['class'])
Traceback (most recent call last):
    File "<pyshell#46>", line 1, in <module>
        print(per_info1['class'])
KeyError: 'class'
```

如果字典的值又是字典，可以利用键的多级索引来得到它的值，例如：

```
>>> per_info2={'name':'王云','age':18,'ID':{'class':'10','index':'01'}}
>>> print(per_info2['ID']['class'])
10
```

2．添加键值对

字典中键值对的数量是可变的，可以通过索引和赋值配合，向字典中添加键值对，其语法格式如下：

<字典变量>[<键>]=<值>

例如，向空字典中添加键值对：

```
>>> add_dict1={}                        #使用{}创建空字典
>>> add_dict1['20210101']='小明'        #向字典中添加键值对
>>> add_dict1
{'20210101': '小明'}
```

又例如，向非空字典中添加新的键值对：

```
>>> add_dict2={'name':'张华','age':18,'ID':'1001'}
>>> add_dict2['math']=60
>>> add_dict2
{'name': '张华', 'age': 18, 'ID': '1001', 'math': 60}
```

3．修改字典的值

字典的值可以是任意数据类型，通过索引和赋值配合，可以修改已有键值对的值。其语法格式如下：

<字典变量>[<键>]=<值>

例如，修改字典 modify_dict 的值'张华'为'张红'：

```
>>> modify_dict={'name':'张华','age':18,'ID':'1001'}
>>> modify_dict['name']='张红'
>>> modify_dict
{'name': '张红', 'age': 18, 'ID': '1001'}
```

对比可知，添加键值对和修改值的区别在于：如果字典中这个键不存在，使用<字典变量>[<键>]=<值>就是添加键值对；如果这个键已经存在，那使用<字典变量>[<键>]=<值>就是修改值。

4. 删除键值对

可以用 del 命令删除已有键值对，例如：

```
>>> per_info={'name':'张华','age':18,'ID':'1001'}
>>> del per_info['ID']
>>> per_info
{'name': '张华', 'age': 18}
```

需要注意的是，del 也可以用来删除字典。删除后，字典就不存在了，再输出字典就会抛出异常。例如：

```
>>> per_info={'name':'张华','age':18,'ID':'1001'}
>>> del per_info
>>> per_info
Traceback (most recent call last):      #抛出异常
  File "<pyshell#55>", line 1, in <module>
    per_info
NameError: name 'per_info' is not defined
```

5.1.4 字典的常用方法

与元组和列表一样，字典也有许多方法，下面介绍一下常用方法。

1. clear( )方法

clear( )方法用于清空字典中所有的键值对，返回 None。其语法格式为：

```
字典名.clear()
```

对一个字典执行 clear( )方法后，该字典就会变成一个空字典。

例如：用 clear( )方法清空字典所有键值对。

```
>>> per_info={'name':'张华','age':18,'ID':'1001'}
>>> per_info.clear()
>>> per_info
{}
```

注意，它与用 del 删除字典是不一样的。clear( )方法清空字典后，字典还是存在的，只是没有键值对了。

2. keys( )方法

keys( )方法返回一个字典的所有键，它是一个 dict_keys 对象。其语法格式为：

```
字典名.keys()
```

例如：

```
>>> score_dict={'语文': 85, '数学': 90, '英语': 75}
>>> score_dict.keys()
dict_keys(['语文', '数学', '英语'])
>>> k=score_dict.keys()
>>> print(list(k)[1])      #访问第 2 个 key
数学
```

上面代码中，调用字典的 keys( )方法之后，又调用 list( )函数将它转换为列表，然后访问列表的第二个元素。

3. values( )方法

values( )用于获取字典中的所有值，返回一个 dict_values 对象。其语法格式为：

```
字典名.values()
```

例如：

```
>>> score_dict={'语文': 85, '数学': 90, '英语': 75}
```

```
>>> score_dict.values()
dict_values([85, 90, 75])
```

和字典的 keys( )方法一样，可用 list( )函数把它转换成列表。

4. items( )方法

items( )方法获取字典所有的键值对，返回一个 dict_items 对象。其语法格式为：

字典名.items()

例如：

```
>>> score_dict={'语文': 85, '数学': 90, '英语': 75}
>>> score_dict.items()
dict_items([('语文', 85), ('数学', 90), ('英语', 75)])
```

也可用 list( )函数把它转换成列表，列表的元素是由 key 和 value 组成的二元组。

5. get( )方法

get( )方法是字典应用中经常用到的一个方法，它根据 key 来获取 value。当 key 在字典中存在，返回 value 值，当 key 在字典中不存在，返回 default 的值。

其语法格式如下：

字典名.get(key, default=None)

①如果 key 在字典中存在，则返回 value，例如：

```
>>> score_dict={'语文': 85, '数学': 90, '英语': 75}
>>> print(score_dict.get('语文'))
85
```

②如果 key 在字典中不存在，指定了 default 参数的值，则返回该值。例如：

```
>>> score_dict={'数学': 90, '英语': 75}
>>> print(score_dict.get('语文',88))     #get()方法中 default 参数的值为 88
88     #返回值为 88
```

如果未指定 default 参数的值，则返回默认值 None。例如：

```
>>> score_dict={'数学': 90, '英语': 75}
>>> print(score_dict.get('语文'))     #get()方法中未指定 default 参数的值
None     #返回值为 None
```

对比前面讲过的，用[key]语法获取字典的值，两者的区别在于：当使用[key]语法获取字典的值，如果 key 不存在，会引发 KeyError 异常，而使用 get( )方法，无论 key 在字典中是否存在，都不会引发异常，要么返回 key 对应的 vlaue，要么返回 default 的值。

程序中经常利用 get( )方法的这个特性，结合前面讲过的，为字典添加键值对的语法，来给字典添加键值对。例如：

```
>>> score_dict={'语文':85,'数学':90,'英语':75}
>>> score_dict['物理']=score_dict.get('物理',88)
>>> score_dict
{'语文': 85, '数学': 90, '英语': 75, '物理': 88}
```

这段代码中，'物理'键在字典 score_dict 中原来是不存在的，将 get( )方法的返回值 88 赋值给它，从而给字典 score_dict 添加了一个新的键值对'物理':88。它的好处是不需要判断原来的字典中存在不存在'物理'键，如果字典中原来有这个键，将不会修改它对应的值，如果没有这个键，则新添加这个键值对。

【例 5-1】统计字符串中字符出现的次数。

分析：设置一个空字典，遍历字符串，以字符串中的字符为字典的 key，利用 get( )方法，字符每出现一次，其对应的 value 加 1。

```
str1=input("请输入一串字符: ")
total_dict={}
for ch in str1:
    total_dict[ch]=total_dict.get(ch,0)+1 #字符每出现一次，对应的value加1
print(total_dict)
```

程序运行结果如图 5-1 所示。

注意 total_dict[ch]=total_dict.get(ch,0)+1 这行语句，它是一条赋值语句，其执行步骤如下：

```
请输入一串字符: sdfas
{'s': 2, 'd': 1, 'f': 1, 'a': 1}
```

图 5-1　例 5-1 程序运行结果

① 计算 "=" 号右边的值。

② 把 "=" 号右边的值赋给左边的对象。

下面来看一下 get( )方法在这条语句中起的作用：

在 for 循环初次遍历到一个字符，比如's'，由于字典中原来不存在这个 key，所以 total_dict.get(ch,0)中 get( )方法的返回值为 0，从而计算出 "=" 号右边为 0 加 1，即 1，接下来把 1 赋给左边的对象，这时，这条赋值语句符合了向字典中添加键值对的语法：<字典变量>[<键>]=<值>，为字典中添加了一个键值对's':1。

注意，在 for 循环中，如果字符串中重复出现一个字符，此时<字典变量>[<键>]=<值>语法实现的就不是添加键值对，而是键值对的修改了。

比如字符串中第二次出现相同字符's'，此时 get( )方法的返回值不再是 default 的值 0，而是字典中已经存在的键's'对应的值 1，所以 "=" 号右边为 1 加上 1，即 2。此时这行代码实现的是修改字典中键值对's':1 为's':2。

总结一下：即本例中，total_dict[ch]=total_dict.get(ch,0)+1 这行语句，通过和 for 循环结合使用，会面临 ch 这个键，在字典中 "不存在" 或 "存在" 这两种情况，从而使 get( )方法返回 0（从未出现过）或返回这个键在字典中对应的值（已出现次数），再通过加 1，进而实现统计字符在整个字符串中出现的次数这个目的。

这个方法可以扩展应用到词频统计等同类问题上，一定要注意掌握。

6. update( )方法

update( )方法可使用一个字典所包含的键值对，来更新已有的字典。在执行 update( )方法时，如果被更新的字典中已包含对应的键值对，那么原 value 会被覆盖；如果被更新的字典中不包含对应的键值对，则该键值对被添加进去。

其语法格式如下：

```
字典名.update(字典2)
```

例如：

```
>>> score_dict={'语文': 85, '数学': 90, '英语': 75}
>>> score_dict.update({'语文':99,'物理':85})
>>> score_dict
{'语文': 99, '数学': 90, '英语': 75, '物理': 85}
```

从上面的例子可以看出，由于被更新的字典 score_dict 中已包含 key 为'语文'的键值对，因此更新时该键值对的 value 被更改；但字典 score_dict 中不包含 key 为'物理'的键值对，因此更新时为原字典增加了一个新的键值对。

7. pop( )方法

pop( )方法删除字典给定键 key 所对应的值，返回值为被删除的值。key 键对应的值必须给出，否则，返回 default 值。其语法格式如下：

```
字典名.pop(key[,default])
```

例如：

```
>>> score_dict={'语文': 85, '数学': 90, '英语': 75}
>>> print(score_dict.pop('语文'))
85
>>> print(score_dict)
{'数学': 90, '英语': 75}
>>> score_dict.pop('语文','不存在')
'不存在'
```

以上代码中，第 2 行代码将会获取 key'语文'对应的 value，并删除该键值对。所以当程序最后一行代码中又使用 pop 方法删除 key'语文'对应的 value 时，返回的是 default 值。

8. popitem( )方法

popitem( )方法用于随机返回并删除字典中的一个键值对。其语法格式如下：

```
字典名.popitem()
```

正如列表的 pop( )方法总是弹出列表中最后一个元素，字典的 popitem( )方法也是弹出字典中最后一个键值对。由于字典存储键值对的顺序不可知，因此感觉字典的 popitem( )方法是"随机"弹出，实际上字典的 popitem( )方法总是弹出底层存储的最后一个键值对。

例如：

```
>>> score_dict={'语文': 85, '数学': 90, '英语': 75}
>>> score_dict.popitem()      #弹出字典底层存储的最后一个 key/value 对
('英语', 75)
>>> print(score_dict)
{'语文': 85, '数学': 90}
```

5.1.5 运算符对字典的操作

1. 成员运算符

成员运算符 in 或者 not in 可以用来判断一个键是否在字典中，是则返回 True，否则返回 False。从前面内容知道，如果访问字典中不存在的键，会引发 KeyError 异常，为了避免这种异常，当访问字典元素时，可以先使用 in 与 not in 来检测某个键是否存在。

【例 5-2】访问字典元素。

```
color_dict={'purple':'紫色','green':'绿色','black':'黑色'}
if 'red' in color_dict:
    print(color_dict['red'])
else:
    print('不存在')
```

程序运行结果如图 5-2 所示。

2. 比较运算符

不存在

图 5-2 例 5-2 程序运行结果

对字典的 keys( )或者 items( )方法返回结果，可以执行比较运算，如>、<、>=、<=、==、!=运算。字典的 values( )方法返回结果不支持比较运算。例如：

```
>>> dict_01={'one':1,'two':2,'three':3}
>>> dict_02={'one':9,'two':2}
>>> dict_01.keys()>dict_02.keys()
True
>>> dict_01.items()>dict_02.items()
False
```

对字典只能进行==和!=运算，用来比较字典中的键值对是否一样，是则返回 True，否则返回 False。

例如：

```
>>> dict_01={'red':300,'green':400,'blue':350}
>>> dict_02={'green':400,'red':300,'blue':350}
>>> dict_01==dict_02
True
```

3. 集合运算符

对字典的 keys( ) 或者 items( ) 方法的返回结果，可以执行集合运算，如并集|、交集&、差集-、补集^运算。需要注意的是，字典和字典的 values( ) 方法返回结果不支持集合运算。例如：

```
>>> dict_01={'one':1,'two':2,'three':3}
>>> dict_02={'four':4,'one':9,'two':2}
>>> dict_01.keys()|dict_02.keys()     #两个字典键的并集
{'four', 'three', 'two', 'one'}
>>> dict_01.keys()&dict_02.keys()     #两个字典键的交集
{'two', 'one'}
```

5.1.6　内置函数对字典的操作

下面介绍几个常用的字典内置函数。

1. len( )函数

len( ) 函数可以计算字典中元素的个数，即键值对的总数，其语法格式如下：

```
len(字典名)
```

例如，求字典的长度：

```
>>> dict_01={'Name': '李红', 'Age': 7, 'Class': '1001'}
>>> len(dict_01)
3
```

2. str( )函数

输出字典，以可打印的字符串表示。其语法格式如下：

```
str(字典名)
```

例如：

```
>>> dict_01={'Name': '李红', 'Age': 7, 'Class': '1001'}
>>> str(dict_01)
"{'Name': '李红', 'Age': 7, 'Class': '1001'}"
```

5.1.7　字典推导式

字典推导和列表推导的方法是类似的，只不过需要将[ ]该改成{ }。

例如：

```
>>> dict_01={i:3*i for i in range(5)}
>>> dict_01
{0: 0, 1: 3, 2: 6, 3: 9, 4: 12}
```

【例 5-3】将字典中键和值互换。

程序代码如下：

```
dict_02={'one':10,'two':20}
dict_02={v: k for k, v in dict_02.items()}
print(dict_02)
```

程序运行结果如图 5-3 所示。

```
{10: 'one', 20: 'two'}
```

图 5-3　例 5-3 程序运行结果

5.1.8 字典的遍历

字典的遍历是字典比较重要和高级的操作。下面介绍字典遍历的几个常见用法。

1. 遍历字典的键

遍历 key 是默认遍历，其常见用法如下：

```
for key in 字典名.keys():
    print(key)
```

2. 遍历字典的值

当只关心字典所包含的值时，可以使用 values( )方法，其常见用法如下：

```
for value in 字典名.values():
    print(value)
```

3. 遍历字典的项

使用 items( )方法，该方法以列表的形式返回可遍历的键值对元组，其常见用法如下：

```
for item in 字典名.items():
    print(item)
```

【例5-4】字典中存储了学生的姓名和成绩，分别用三种方式遍历它。

程序代码如下：

```
d={"张华":85,"李红":78,"王云":90}
for key in d.keys():
    print(key)
for value in d.values():
    print(value)
for item in d.items():
    print(item)
```

程序运行结果如图 5-4 所示。

遍历字典的项时，用两个变量分别存储键值对的键和值，这样可以分别对其进行操作，其常见用法如下：

```
for key,value in dict.items():
    print(key, value)
```

【例5-5】字典中存储了一些学生的成绩，按行输出所有姓名和成绩，并对成绩求和。

```
张华
李红
王云
85
78
90
('张华', 85)
('李红', 78)
('王云', 90)
```

图5-4 例5-4序运行结果

程序代码如下：

```
score_sum=0
score_dict={"张大强":85,"李云":78,"王晓":90}
for k,v in score_dict.items():
    print("{}: {}".format(k,v))
    score_sum=score_sum+v
print("总分: {}".format(score_sum))
```

程序运行结果如图 5-5 所示。

【例5-6】有一个字典存储了多个联系人的姓名与电话，编程实现查找功能，输入联系人姓名，如在字典中存在，输出"姓名：电话"，如不存在，则输出"此人不存在"。

```
张大强: 85
李云: 78
王晓: 90
总分: 253
```

图5-5 例5-5程序运行结果

分析：遍历字典的键，将字典的键与输入的姓名作比较。如果相等，说明找到此人，输出"姓名：电话"；如果不相等，则输出"此人不存在"。程序代码如下：

```
dict1={'赵辉':'132998877777','张华':'15839965555','李霄云':'13088866611'}
name = input("请输入要查询的联系人姓名: ")
for key in dict1.keys():
```

```
    if key == name:
        print(key + ':' + dict1.get(key))
        break
else:
    print('此人不存在')
```

程序运行结果如图 5-6 所示。

```
请输入要查询的联系人姓名：赵辉
赵辉:13299887777
```

图 5-6　例 5-6 程序运行结果

5.2　集　　合

集合是一种可迭代、无序的、不能包含重复元素的数据结构，不能通过索引访问。与前面讲过的列表、元组不同，列表、元组中的元素是有序的、可重复的。

Python 中的集合分为可变集合与不可变集合。可变集合中的元素可以动态地增加或删除，不可变集合中的元素不可增加和删除；可变集合由 set( )函数创建，不可变集合由 frozenset( )函数创建；两者其他功能相似。以下内容重点讲述可变集合。

5.2.1　可变集合的创建与删除

集合是包含多个不重复元素的无序组合。集合中的元素是不可变类型数据，如数字、字符、字符串、元组等。

集合中的元素不重复，经常利用集合的这一性质实现去重功能。集合中的元素无顺序，所以不支持切片等操作，也不能通过数字进行索引。可以使用{ }或 set( )函数创建集合。但创建一个空集合必须使用 set( )函数，因为{ }用来创建一个空字典。

1. 使用{ }创建集合

使用{ }创建集合，其语法格式为：

```
集合名={value1,value2,…,valuen)
```

例如：

下面创建两个集合。

```
>>> set_one={1,3,5,7,9}
>>> set_two={'one',(1,3,5)}
```

但下面这个集合创建不成功，会抛出异常，例如：

```
>>> set_three={'two',[1,3,5]}
Traceback (most recent call last):
  File "<pyshell#1>", line 1, in <module>
    set_three={'two',[1,3,5]}
TypeError: unhashable type: 'list'
```

因为集合的元素不能是可变类型数据，如列表。

2. 使用 set( )函数创建集合

set( )内置函数以可迭代对象作为集合元素创建集合，其语法格式为：

```
set(迭代对象)
```

例如，字符串作为函数参数。

```
>>> set1=set("Hello")
>>> set1
{'H', 'e', 'l', 'l', 'o'}
```

例如，元组作为函数参数。

```
>>> set2=set((1,2,"Hello"))
>>> set2
{1, 2, 'Hello'}
```

例如，利用 range 函数。

```
>>> set3=set(range(7))
>>> set3
{0, 1, 2, 3, 4, 5, 6}
```

创建空集合：

```
>>> set4=set()
>>> set4
set()
```

集合中不能有重复元素，可以利用集合的这一特点，过滤掉迭代对象中的重复元素。

【例5-7】有列表 list_one=[1,2,1,2,2,1,5,7,7,8]，编程实现删除列表中重复数据。

分析：列表中有重复元素，使用 set( )函数将列表中的数据放到集合中实现去重。

程序代码如下：

```
list_one=[1,2,1,2,2,1,5,7,7,8]
list_one=list(set(list_one))#先用set()函数实现去重，再用list()函数将集合转换成列表
print(list_one)
```

程序运行结果如图5-7所示。

3. 删除集合

可以用 del 命令将集合删除，例如：

```
[1, 2, 5, 7, 8]
```

图5-7　例5-7程序运行结果

```
>>> set5={'a','b','c'}
>>> del set5
>>> set5
Traceback (most recent call last):   #删除集合后，如果再访问集合将抛出错误异常
  File "<pyshell#22>", line 1, in <module>
    set5
NameError: name 'set5' is not defined
```

5.2.2　集合的运算

集合支持使用成员操作符、等价操作符和比较操作符等标准运算符，还支持并集（|）、交集（&）、差集（-）、补集（^）等集合类型运算符。

（1）标准运算符

① 成员操作符：in 或 not in，判断元素是否在集合中。例如：

```
>>> set1={'a',20,30,40,50}
>>> 'a' in set1
True
```

② 等价操作符：==或!=，用于判断两个集合中的元素是否相同，与元素位置无关。例如：

```
>>> set1={'a',20,30,40,50}
>>> set2={20,30,40,50,'a'}
>>> set1==set2
True
```

③ 比较操作符：<、<=，用于判断某个集合是否另一个集合的子集；>、>=，用于判断某个集合是否另一个集合的超集。例如：

```
>>> set1=set('abc')
>>> set2=set('abcd')
>>> set1<set2
True
```

（2）集合类型运算符

① 并集（|）：包含了所有集合的元素，并且重复元素只出现一次。例如：

```
>>> set1=set('abc')
>>> set2=set('bcde')
>>> set1|set2
{'c', 'd', 'a', 'b', 'e'}
```

② 交集（&）：属于所有集合的元素构成的集合。例如：

```
>>> set1=set('abc')
>>> set2=set('bcde')
>>> set1&set2
{'b','c'}
```

③ 差集（–）：是所有属于集合 A 但不属于集合 B 的元素构成的集合。例如：

```
>>> set1=set('abc')
>>> set2=set('bcde')
>>> set1-set2
{'a'}
```

④ 补集（^）：即对等差分，是只属于其中一个集合，但不属于另一个集合的所有元素组成的集合。也可以说是新集合中的数据来自集合 A 或集合 B，但不同时存在于集合 A 和集合 B 中。例如：

```
>>> set1=set('abc')
>>> set2=set('bcde')
>>> set1^set2
{'d', 'a', 'e'}
```

此外，还有四个增强操作符，如|=、&=、–=、和^=，它们在得到上述新集合的基础上，用这个新集合更新前面的集合。例如：

```
>>> set1=set('abc')
>>> set2=set('bcde')
>>> set1-=set2
>>> set1
{'a'}
```

列表、元组、字典、集合都是组合数据类型，它们拥有不同的特点，区别见表 5-1。

表 5-1　列表、元组、字典、集合的区别

数据类型	元素是否可重复	元素是否可变	元素是否有序
列表	可重复	可变	有序
元组	可重复	不可变	有序
字典	可重复	可变	有序
集合	不可重复	可变/不可变	无序

5.2.3　内置函数对集合的操作

利用集合的内置函数可以提高对数据的处理效率，常见的函数见表 5-2。

表 5-2　集合的常见内置函数

函　　数	描　　述
len(s)	返回集合 s 的元素个数
max(s)	返回集合 s 中的最大项
min(s)	返回集合 s 中的最小项
sum(s)	返回集合 s 中所有元素之和

在使用这些函数时，不是所有集合元素都有最大项，也不是所有集合都能求和。如果集合元素是不同数据类型，就不能比较大小，也不能求和。但所有集合都可以使用 len() 函数。

【例 5-8】内置函数在集合上的应用。

程序代码如下：

```
set1={1,3,5,7,9}
set2=set("abcdefg")
set3={1,2,3,"abc"}
print("三个串的长度分别是: ")
print(len(set1),len(set2),len(set3))
print("串1和串2的最大项分别是: ")
print(max(set1),max(set2))
print("串1的和是: ")
print(sum(set1))
```

程序运行结果如图 5-8 所示。其中集合 set2 的元素是字符串，不能求和；集合 set3 的元素是不同数据类型，不能比较大小，也不能求和。

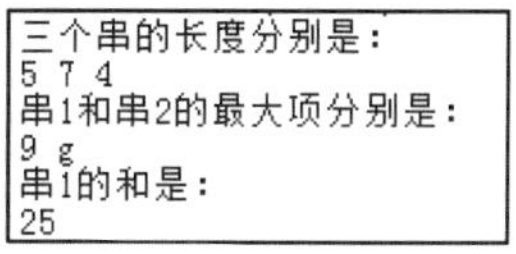

```
三个串的长度分别是:
5 7 4
串1和串2的最大项分别是:
9 g
串1的和是:
25
```

图 5-8 例 5-8 程序运行结果

5.2.4 可变集合的常用方法

1. 集合元素的添加、删除和清空。

（1）添加集合元素

add()方法添加一个元素到集合中，如果元素已经存在，不添加。例如：

```
>>> set1={1,3,5,7,9}
>>> set1.add(11)
>>> set1
{1, 3, 5, 7, 9, 11}
```

（2）删除集合元素

删除集合元素可以用下面三种方法：

① discard()方法，移除集合中的一个元素，如果该元素在集合中不存在，则不执行任何操作。例如：

```
>>> set1={1,3,5,7,9}
>>> set2={5,7,11}
>>> set1.discard(9)
>>> set1
{1, 3, 5, 7}
>>> set1.discard(100)
>>>
```

② remove()方法，移除集合中的一个元素，如果该元素在集合中不存在，则引发异常，例如：

```
>>> set1=set('abcde')
>>> set1.remove('a')
>>> set1
{'b', 'e', 'd', 'c'}
>>> set1.remove('a')
Traceback (most recent call last):
  File "<pyshell#18>", line 1, in <module>
    set1.remove('a')
KeyError: 'a'
```

③ pop()方法，从集合中随机删除一个元素，并返回该元素。如果集合为空，则引发异常。例如：

```
>>> set1={1,3,5,7,9}
>>> a=set1.pop()
>>> print(a)
1
```

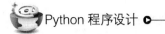

```
>>> set1
{3, 5, 7, 9}
```

（3）清空集合元素

clear()方法删除集合的所有元素，使集合成为空集合。

例如：

```
>>> set1={1,3,5,7,9}
>>> set1.clear()
>>> set1
set()
```

2．进行集合运算的常用方法

除了可以使用前面讲过的运算符|、&、−、和^求集合的并、交、差、补集，还可以用一些方法进行集合运算。区别在于集合运算符|、&、−、^等只能用于集合，而下面方法的参数除了是集合，还可以是字符、字符串、元组、列表、字典等数据类型。

（1）union()方法

返回一个新集合，该集合是两个集合的并集，类似于集合运算符"|"。例如：

```
>>> set1={1,3,5,7}
>>> set2={1,2,4,6}
>>> set3=set1.union(set2)
>>> set3
{1, 2, 3, 4, 5, 6, 7}
>>> set1
{1, 3, 5, 7}
```

注意：此时集合 set1 的元素没有发生改变。而是 union()方法的返回值是两个集合的并集。

（2）update()方法

用两个集合的并集更新这个集合，类似于集合运算符"|="。例如：

```
>>> set1={1,3,5,7}
>>> set2={1,2,4,6}
>>> set1|=set2
>>> set1
{1, 2, 3, 4, 5, 6, 7}
```

此时的集合 set1 已经被更新为两个集合的并集。

类似的还有 intersection()方法返回两个集合的交集，类似于集合运算符"&"；intersection_update()方法用两个集合的交集更新这个集合，类似于集合运算符"&="，等等，不再一一赘述。

5.2.5 集合的遍历和推导式

集合有以下几种常见的遍历方式。

1．for 循环遍历

例如：

```
set1={'张明','王芳','李红'}
for i in set1:
    print(i)
```

输出结果如图 5–9 所示。可见输出结果与元素顺序无关。

```
王芳
张明
李红
```

图 5–9 程序运行结果

2．利用内置函数 iter( )遍历

内置函数 iter( )，可以返回一个迭代对象。例如：

```
set1={'张明','王芳','李红'}
for i in iter(set1):
    print(i)
```

输出结果与第一种方式相同。

3. 利用内置函数 enumerate( )遍历

内置函数 enumerate( )返回一个枚举对象，其中包含了所有元素的索引和值。例如：

```
set1={'张明','王芳','李红'}
for a,b in enumerate(set1):
    print(a,b)
```

```
0  张明
1  李红
2  王芳
```

输出结果如图 5-10 所示。

集合的推导与列表推导相似，区别在于它使用大括号。例如：

图 5-10　程序运行结果

```
>>> set1={x**2 for x in range(5)}
>>> set1
{0, 1, 4, 9, 16}
```

5.3　应　用　举　例

【例 5-11】某个班需要统计同学们的选课情况。从键盘依次输入各个同学的选修课名称，课程之间用空格间隔。请统计各门课程的选课学生数量，并按数量从低到高输出。

例如，从键盘输入信息：音乐欣赏　国标舞 Photoshop　音乐欣赏，则输出结果为：

国标舞：1

Photoshop：1

音乐欣赏：2

分析：首先将输入字符串中的课程名称分解到一个列表。创建空字典，以课程名为键，课程出现次数为值，构成字典。最后按课程出现次数的高低进行排序输出。

程序代码如下：

```
course_str=input("请输入每个同学的选修课名称（空格隔开，回车结束）: ")
course_list1=course_str.split() #split()方法按空格分割输入的字符串，返回值为列表
course_dict={}
for course in course_list1:
    course_dict[course]=course_dict.get(course,0)+1
                            #课程每出现一次对应次数加1
course_list2=list(course_dict.items())  #字典的每个键值对（课程: 次数）以元组形式成
为列表的元素
course_list2.sort(key=lambda x:x[1])    #按照列表元素（二元组）中的第二个数据（次数）
对列表升序排序
for k,v in course_list2:
    print("{}:{}".format(k,v))
```

从键盘输入以下信息：计算机 音乐欣赏 舞蹈 程序设计 舞蹈等 18 个同学的选课信息，程序运行结果如图 5-11 所示。

```
请输入每个同学的选修课名称（空格隔开，回车结束）: 计算机 音乐欣赏 舞蹈 程序设计 舞蹈 计算机 计
算机 音乐欣赏 舞蹈 程序设计 舞蹈 计算机 计算机 音乐欣赏 舞蹈 程序设计 舞蹈 计算机
音乐欣赏:3
程序设计:3
计算机:6
舞蹈:6
```

图 5-11　例 5-11 程序运行结果

【例 5-12】对如下一段英文故事，输出出现次数最高的前 5 个单词和次数。

英文段落：A wolf had been badly wounded by dogs. The wolf lay sick and maimed in his lair. The wolf felt very hungry and thirsty. When a sheep passed by, the wolf asked sheep to fetch some water from the stream.

分析：为了利用空格对单词进行分割，首先把段落中的标点符号替换为空格，并把大写字母规范化，然后分解提取单词。用每个单词和它的出现次数，作为字典键值对生成字典，把字典转换为列表后，最后按出现次数从高到低进行排序，输出前 5 个结果即可。

程序代码如下：

```
def Text():                          #去掉英文段落里的标点符号，转换大写字母为小写
    para=input("输入英文段落")
    for ch in '!",.;':
        para=para.replace(ch," ")    #replace()方法替换字符串里的标点符号为空格
    para=para.lower()                #lower()方法转换字符串里的大写字母为小写
    return para
para1=Text()
para2=para1.split()                  #split()方法按空格分割输入的字符串，返回值为列表
dict1={}
for word in para2:                   #生成字典，键值对为单词和次数
    dict1[word]=dict1.get(word,0)+1
list1=list(dict1.items())   #将字典的所有元素转换为列表，列表元素为键值对组成的二元组
list1.sort(key=lambda x:x[1],reverse=True)    #按二元组的第二个元素对列表降序排序
for i in range(5):                   #输出前 5 个出现次数最高的单词
    w, c=list1[i]
    print(w,c)
```

说明：本段代码中用到了字符串对象的几个常用方法，如 split()方法将字符串按空格分割为多个子字符串，并将其作为列表元素。replace()方法替换字符串中指定字符串为新字符串。lower()方法将字符串中字母转换为小写字母。这些字符串处理方法便捷易用，后续章节还将详细介绍。

程序运行结果如图 5-12 所示。

```
输入英文段落A wolf had been badly wounded by dogs. The wolf lay sick and maimed
in his lair. The wolf felt very hungry and thirsty. When a sheep passed by, the
wolf asked sheep to fetch some water from the stream.
wolf 4
the 4
a 2
by 2
and 2
```

图 5-12　例 5-12 程序运行结果

【例 5-13】某老师想找一些同学做一项问卷调查。为了保证结果的客观性，班里共有同学 60 名，需要生成 25 个 1~60 之内的不重复随机数字作为被调查学生的学号，请编程实现产生随机学号，并升序输出。

分析：利用随机函数生成 25 个 1~60 之间的随机整数，添加到集合中作为元素，利用集合的特性去重，然后转换成列表排序，最后输出列表中的数字。

程序代码如下：

```
import random
number_set=set()
while len(number_set)<25:
    number=random.randint(1,60)
    number_set.add(number)     #将随机数添加到集合，利用集合的特性去重
number_list=sorted(list(number_set))    #将集合转换为列表进行排序
for t in number_list:
    print(t,end=' ')                        #按行输出列表元素
```

本段代码使用内置函数 sorted()对列表排序，运行结果如图 5-13 所示。

```
4 5 7 12 13 16 17 19 20 21 22 24 26 28 31 34 38 39 41 42 46 53 54 57 58
```
图 5-13 例 5-13 程序运行结果

习　题

一、单项选择题

1. 以下选项中,建立字典的方式不正确的是 (　　)。

   A. d={(3,5):1,　(3,4):3}　　　　　　　B. d={[5,6]:1,　[3,4]:3}

   C. d={'one':1,　'two':2}　　　　　　　D. d={1:[2,3],　3:[4,5]}

2. 以下程序的输出结果是 (　　)。

```
d={"Zhang Xiaoyun":"China", "Jone":"America", "Natan":"Japan"}
print(max(d),min(d))
```

   A. Japan America　　　　　　　　　　B. Zhang Xiaoyun Jone

   C. China America　　　　　　　　　　D. Zhang Xiaoyun:China Jone:America

3. 下面代码的输出结果是 (　　)。

```
d={"sea":"blue", "sky":"gray","land":"black"}
print(d["land"],d.get("land","yellow"))
```

   A. black blue　　　B. black black　　　C. black yellow　　　D. black gray

4. 字典 d={'Name': '何飞', 'ID': '1001', 'Age': '20'},则表达式 len(d)的值为 (　　)。

   A. 3　　　　　　　B. 6　　　　　　　C. 9　　　　　　　D. 12

5. 以下关于字典类型的描述,正确的是 (　　)。

   A. 字典的值还可以是字典类型

   B. 表达式 for x in d:中,假设 d 是字典,则 x 是字典中的键值对

   C. 字典类型的值可以是任意数据类型的对象

   D. 字典类型的键可以是列表和其他数据类型

6. 以下程序的输出结果是 (　　)。

```
d={'Name': '欢欢', 'Age':17}
print(d.items())
```

   A. [('Name', '欢欢'),('Age', 17)]　　　B. dict_items([('Name', '欢欢'), ('Age', 17)])

   C.　'Name': '欢欢",Age':17　　　　　　D.　 ('Name', '欢欢'),('Age', 17)

7. 以下关于字典类型的描述,错误的是 (　　)。

   A. 字典类型可以在原来的变量上增加或缩短

   B. 字典类型是一种无序的对象集合,通过键来存取

   C. 字典类型中的数据可以进行切片和合并操作

   D. 字典类型可以包含列表和其他数据类型,支持嵌套的字典

8. 以下关于组合数据类型的描述,错误的是 (　　)。

   A. 集合类型是一种具体的数据类型

   B. 字典类型的键可以用的数据类型包括字符串、元组以及列表

   C. 集合类型跟数学中的集合概念一致,都是多个数据项的无序组合

   D. 序列类似和映射类型都是一类数据类型的总称

9. 以下表达式，正确定义了一个集合的是（　　）。

    A. x={80, 'a', 3.6}　　　　　　　　　　B. x={'a': 6.3}

    C. x=[80, 'a', 3.6]　　　　　　　　　　D. x=(80, 'a', 6.0)

10. 下面关于字典和集合的描述，错误的是（　　）。

    A. 可以用大括号创建字典，用中括号增加新元素

    B. 嵌套的字典数据类型可以用来表达高维数据

    C. 空字典和空集合都可以用大括号来创建

    D. 字典的 pop 函数可以返回一个键对应的值，并删除该键值对

二、程序设计题

1. 建立字典 dict1，内容是："数学":119，"语文":105，"英语":120，"物理":94，"生物":70。

①向字典中添加键值对"化学":70。

②修改"数学"对应的值为 115。

③删除"生物"对应的键值对。

④打印字典的全部信息。

2. 已知一个包含三个同学姓名和成绩的字典 score_dict={"王磊": 95, "赵云": 78, "何飞": 80}，计算输出成绩的最高分、最低分和平均分。

3. 创建一个含有三个元素的字典，用三种不同的方式删除其中的一个元素，然后再输出该字典。

4. 创建一个含有三个元素的可变集合，用三种不同的方式删除其中的一个元素，然后输出该集合。

5. 美国数学家维纳 11 岁就上了大学。一次，他参加某个重要会议，有人询问他的年龄，他说："我年龄的立方是个四位数，我年龄的四次方是个六位数，这 10 个数字正好包含了从 0 到 9 这 10 个数字，而且每个都恰好出现 1 次。"请编程计算维纳当年的年龄。

## 第 6 章

函数与模块 ≪≪

截至目前，我们所编写的程序都是以代码段的形式出现的。当某些代码段在一个程序的不同位置重复执行时，就会造成代码段重复出现。如果该代码段需要修改，所有使用该代码段的部分均需要修改，稍有不慎，就会出现遗漏的情况。为了解决这个问题，就要使用函数。函数是组织好的、可重复使用的、用来实现单一或相关联功能的代码段。函数能提高应用的模块性和代码的重复利用率。无论何种程序设计语言，函数都起着至关重要的作用。本章将学习函数和模块的相关知识。

【本章知识点】

- 函数的定义
- 函数的调用
- 函数的参数传递
- 函数的返回值
- 变量的作用域
- 递归函数
- 高阶函数
- 模块与模块的导入
- 代码复用
- 函数式编程

6.1 函数的定义与调用

函数是一种功能抽象，利用函数可以将一个复杂的大问题分解成若干个简单的小问题，分而治之，为每个小问题编写程序，以函数形式进行封装，当每个小问题都解决了，这个复杂的大问题也就迎刃而解了。函数可以在一个程序中出现多次，也可以在多个程序中多次出现，如 print( )函数。当需要修改某个函数的代码时，只需要在函数中修改一次，所有调用位置的功能就都更新了。因此函数的两个重要优点就是降低编程难度和代码复用。

6.1.1 函数的定义

Python 程序中的函数遵循先定义后调用的规则，即函数的调用必须位于函数的定义之后。通常，将函数的定义置于程序的开始部分，函数之间以及函数与主程序之间保留一行空行。

Python 定义一个函数使用 def 保留字，语法形式如下：

```
def <函数名>(<参数列表>):
    <函数体>
    return <返回值列表>
```

在定义函数时，需要注意：

① 函数代码块以 def 关键词开头，后接函数标识符名称和圆括号( )。

② 任何传入参数和自变量必须放在圆括号中间。圆括号之间可以用于定义参数。

③ 函数的第一行语句可以选择性地使用文档字符串——用于存放函数说明。

④ 函数内容以冒号起始，并且缩进。

⑤ return <返回值列表>结束函数，选择性地返回一个值给调用方。不带表达式的 return 相当于返回 None。

【例 6-1】定义一个计算 n 的阶乘的函数 factor( )。

分析：定义函数要使用关键词 def，函数名为 factor，参数为 n，因此函数的首行可以编写为

```
def factor(n):
```

然后通过缩进，编写求 n 的阶乘的程序段即可，如下：

```
result=1      #该变量用于保存 n 的阶乘
for i in range(1,n+1):
    result=result*i
```

计算阶乘结束，使用 return 语句返回计算的结果。

该函数的定义及函数各部分标注如图 6-1 所示。

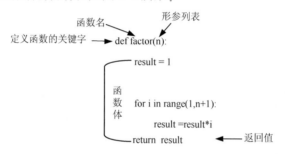

图 6-1　阶乘函数的定义

函数体是函数要实现的功能的程序段，相对于 def 要缩进至少一个空格。函数的返回值由 return 开头，返回值没有类型限制，也没有个数限制。当返回值个数为 0 时，返回 None；返回值为多个时，默认以元组形式返回。

Python 支持函数的嵌套定义，即在定义一个函数时可以定义另一个函数。在定义和调用时，也必须遵循先定义后调用的原则，每个函数的调用都要出现在该函数的定义后。

【例 6-2】使用嵌套定义函数编写函数 Fun(m)用于计算 $1!+2!+\cdots+m!$。

程序代码如下：

```
def Fun(m):
    s=0
    def factor(n):
        result=1
        for i in range(1,n+1):
            result=result*i
        return result

    for j in range(1,m+1):
        s+=factor(j)
    return s
```

在主程序中定义了函数 Fun( )，在 Fun( )中定义了函数 factor(n)用于计算 $n!$，在定义了 factor(n)后才

在循环结构中调用。

6.1.2 函数的调用

函数的定义用于说明函数要实现什么功能。为了使用函数，必须调用函数。在前5章中，已经使用过一些内置函数和部分库函数。函数调用时，括号中的参数与函数定义时数量要相同，而且这些参数必须有确定的值。这些值会被传递给预定义好的函数进行处理。

函数的调用方式如下：

```
<函数名>(<参数列表>)
```

其中函数名是必需的，参数列表可根据函数定义时的情况具体分析。如果是无参函数，参数列表可省略。

【例6-3】有以下程序，请分析程序的执行结果。

```
result=Max(3,5)
print(result)

def Max(a,b):
    if(a>=b):
        return a
    else:
        return b
```

该程序无法执行，因为函数Max()的调用在定义之前。实际上运行该程序时，会出现以下错误提示：

```
Traceback (most recent call last):
  File "*(此处的*表示文件的存储路径)/06-03.py", line 1, in <module>
    result=Max(a,b)
NameError: name 'Max' is not defined
```

如果要该程序能够正确执行，可做如下修改：

```
def Max(a,b):
    if(a>=b):
        return a
    else:
        return b

result=Max(3,5)
print(result)
```

将函数Max()的定义放置在程序开始部分，且在Max()调用后，程序的执行结果为5。Max()函数的功能是求两个数中较大的那个数。

【例6-4】定义计算n的阶乘的函数factor()，从键盘输入一个整数，调用该函数，并输出结果。

分析：在例6-1中，已经对函数factor()的定义了分析，因此可在定义函数后，从键盘输入一个整数num，并定义一个变量numFactor用以记录num!。

函数的调用形式为：

```
numFactor=factor(num)
```

程序代码如下：

```
def factor(n):
    result=1
    for i in range(1,n+1):
        result=result*i
    return result

num=eval(input("请输入您要计算的阶乘: "))
```

```
numFactor=factor(num)
print("{:d}!={:d}".format(num,numFactor))
```

该程序的运行结果如图 6-2 所示。

请思考：能否不定义变量 numFactor 而直接使用 factor(num) 在 print( )语句中呢？

请输入您要计算的阶乘：5
5!=120

图 6-2　例 6-4 运行结果图

【例 6-5】使用嵌套定义函数编写函数 Fun(m)用于计算 1!+2!+…+m!，从键盘输入一个整数调用该函数并输出结果。

分析：例 6-2 中已经分析了 Fun(m)函数的定义方法，从键盘输入一个整数 x 后，在调用该函数时，可以以赋值语句的形式出现在赋值语句的右侧，也只可以作为 print( )函数的参数。

程序代码如下：

```
def Fun(m):
    s=0
    def factor(n):
        result=1
        for i in range(1,n+1):
            result=result*i
        return result

    for j in range(1,m+1):
        s+=factor(j)
    return s

x=eval(input("请输入一个整数x，以计算1! +2! +…+x!: "))
sumOfFactor=Fun(x)
print(sumOfFactor)
```

该程序的运行结果如图 6-3 所示。

程序调用一个函数需要执行以下四个步骤：

请输入一个整数x，以计算1! +2! +…+x!: 5
153

图 6-3　例 6-5 运行结果图

① 调用程序在调用处暂停执行。

② 在调用时将实参复制给函数的形参。

③ 执行函数体语句。

④ 函数调用结束给出返回值，程序回到调用前的暂停处继续执行。

6.1.3　lambda 表达式

对于定义一个简单的函数，Python 还提供了另外一种方法，即 lambda 表达式。lambda 表达式又称匿名函数，lambda 函数能接收任何数量（可以是 0 个）的参数，但只能返回一个表达式的值，lambda 函数是一个函数对象，直接赋值给一个变量，这个变量就成了一个函数对象。

lambda 表达式适用于以下三种情况：

① 需要将一个函数对象作为参数来传递时，可以直接定义一个 lambda 函数（作为函数的参数或返回值）。

② 要处理的业务符合 lambda 函数的情况（任意多个参数和一个返回值），并且只有一个地方会使用这个函数，不会在其他地方重用，可以使用 lambda 函数。

③ 与一些 Python 的内置函数配合使用，提高代码的可读性。

lambda 表达式的语法格式如下：

```
name=lambda [list]: 表达式
```

其中，定义 lambda 表达式，必须使用 lambda 关键字；[list]作为可选参数，等同于定义函数时指定的参数列表；name 为该表达式的名称。

该语法格式转换成普通函数的形式，如下所示：

```
def name(list):
    return 表达式

name(list)
```

显然，使用普通方法定义此函数，需要 2 行代码，而使用 lambda 表达式仅需 1 行。

如果设计一个求两个数之和的函数，使用普通函数的方式，代码如下：

```
def add(x, y):
    return x+y

print(add(3,4))
```

由于上面程序中，add( )函数内部仅有 1 行表达式，因此该函数可以直接用 lambda 表达式表示：

```
add=lambda x,y:x+y
print(add(3,4))
```

可以理解 lambda 表达式就是简单函数（函数体仅是单行的表达式）的简写版本。相比函数，lambda 表达式具有以下优势：

① 对于单行函数，使用 lambda 表达式可以省去定义函数的过程，让代码更加简洁。

② 对于不需要多次复用的函数，使用 lambda 表达式可以在用完之后立即释放，提高程序执行的性能。

【例 6-6】分析以下程序的执行结果。

```
lambda_a=lambda:100
print(lambda_a())

lambda_b=lambda num:num*10
print(lambda_b(5))

lambda_c=lambda a,b,c,d:a+b+c+d
print(lambda_c(1,2,3,4))

lambda_d=lambda x:x if x%2==0 else x+1
print(lambda_d(6))
print(lambda_d(7))
```

分析过程如下：

lambda_a( )没有参数，其返回值为 100，因此输出 100；lambda_b( )有一个参数，返回值为参数*10，因参数为 5，故返回 5*10=50；lambda_c( )有多个参数，返回这些参数的和，因参数为 1,2,3,4，因此返回 1+2+3+4=10；lambda_d( )的参数是一个分支结构，即判断 x 是否能够被 2 整除，如果能返回该数，否则返回该数+1，因 6 能被 2 整除，因此返回 6，而 7 不能够被 2 整数，因此返回 7+1=8。该程序的运行结果如图 6-4 所示，与分析结果一致。

```
100
50
10
6
8
```

图 6-4 例 6-6 运行结果图

由本例可以看到，lambda 的参数可以 0 个或多个，并且返回的表达式可以是一个复杂的表达式，只要结果是一个值就可以。

6.2 函数的参数

在函数的参数传递中，会提到两个名词——形参和实参。

形参：全称是"形式参数"，它是在定义函数名和函数体时使用的参数，目的是接收调用该函数传递的参数。

实参：全称是"实际参数"，它是在调用时传递给函数的参数，即传递给被调函数的值。实参可以是常量、变量、表达式、函数等，无论是何种类型，在进行调用时，必须有确定的值，这些值会传递给形参。

例如，有函数如下：

```
def sum2(a,b):
    return a+b
```

在 sum2( )函数中，参数 a 和 b 都是形参。此时，调用 sum2( )函数，需要传递两个值，如：

```
sum2(3,5)
```

在调用 sum2( )函数时，传入了两个具体的值 3 和 5，这两个值就是实参。实参是形参被具体赋值后的值，它参与实际运算，具有实际作用。

6.2.1 Python 函数参数的传递

Python 中一切皆对象，变量中存放的是对象的引用。例如：

```
x=60
y=60
z=60
print('60 的地址为:\t',id(60))
print('x 的地址为:\t',id(x))
print('y 的地址为:\t',id(y))
print('z 的地址为:\t',id(z))

str1="pass"
print("字符串'pass'的地址为:\t",id("pass"))
print("变量 str1 的地址为:\t",id(str1))
```

运行结果如图 6-5 所示。id(object)函数返回 object 的 id 标识（内存中的地址），object 是一个对象，因此 id(60)在运行过程中没有报错，由此可知 60 是一个对象。id(60)、id(x)、id(y) 和 id(z)的运行结果相同，id("pass")和 id(str1)的运行结果也相同。60 和"pass"都是对象，只不过 60 是整型对象，而"pass"是字符串对象。语句 x=60 在 Python 中的处理过程是：先在内存中申请一个存储空间用来存储整型对象 60，再让变量 x 指向这个对象，实际上就是指向这个内存空间。id(60) 和 id(x)的运行结果相同，说明 id( )函数作用于变量时，返回值为变量指向对象的地址，将 x 看作整型对象 60 的一个引用。同理 y=2,z=2 中，变量 y 和 z 都是指向整型对象 60，如图 6-6 所示。

60的地址为:	1717482096720
x的地址为:	1717482096720
y的地址为:	1717482096720
z的地址为:	1717482096720
字符串'pass'的地址为:	1717483969840
变量str1的地址为:	1717483969840

图 6-5　对象及引用示例结果图

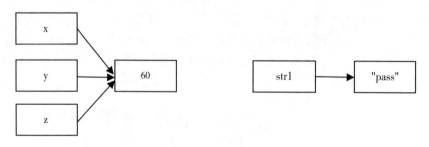

图 6-6　变量引用对象示意图

例如:

```
x = 60
y = x
x = 90
```

在执行上述语句段后, y 指向整型对象 60, x 指向整型对象 90。

Python 参数传递采用的使 "传对象引用" 的方式。如果函数参数接收到的是一个可变对象 (如列表、字典) 的引用, 能修改对象的原始值; 如果函数参数接收到的是一个不可变对象 (如数字、字符串、元组、集合等) 的引用, 不能直接修改对象的原始值。

在 Python 中, 实参指向不可变对象, 参数传递采用的是值传递。在函数内部直接修改形参的值, 实参指向的对象不会发生变化, 例如:

```
def mulByTwo(num):
    num*=2
    print("函数中 num 的值是:",num)

num = 10
mulByTwo(num)
print("主程序中 num 的值是:",num)
```

运行结果如图 6-7 所示。变量存储的是引用 (对象的内存地址), 对变量重新赋值, 相当于修改了变量存储的内存地址, 在函数体之外的变量, 存储的依然是原来的内存地址, 其值不会发生变化。

```
函数中num的值是: 20
主程序中num的值是: 10
```

图 6-7 实参指向不可变对象
示例运行结果图

6.2.2 实参指向可变对象

当函数的实参指向可变对象时, 可以在函数内部修改实参指向的对象。当传递的是列表、字典等时, 如果重新对其进行赋值, 则不会改变函数以外实参的值; 如果使用时对其进行操作, 则实参的值会发生变化。例如:

```
def func1(m,listA):
    m = 60
    listA = [11,22,33,44,55]

def func2(m,listA):
    m = 60
    listA[0] = 100

n = 50
listGrade=[10,20,30,40,50]
func1(n,listGrade)
print(n)
print(listGrade)

n = 50
listGrade=[10,20,30,40,50]
func2(n,listGrade)
print(n)
print(listGrade)
```

程序运行结果如图 6-8 所示。

执行 func1() 后, n 和 listGrade 的值都没有发生任何变化; 执行 func2() 后, n 的值没有发生变化而 listGrade 的值发生了变化。因为 Python 中参数传递采用的是值传递方式, 在执行函数 func1() 时, 先

```
50
[10, 20, 30, 40, 50]
50
[100, 20, 30, 40, 50]
```

图 6-8 实参指向可变对象
示例运行结果图

获取 n 和 listGrade 对象的 id( )值，然后再为形参 m 和 listA 分配存储空间，使 m 和 listA 分别指向整型对象 50 和列表对象[10,20,30,40,50]。语句 m=60 使 m 指向整型对象 60，语句 listA = [11,22,33,44,55]使 listA 指向列表对象[11,22,33,44,55]。这种改变并不会影响到实参 n 和 listGrade，因此在函数 func1( )执行完毕后，n 和 listGrade 没有发生任何变化。

在执行函数 func2( )时，同 func1( )一样，先获取 n 和 listGrade 对象的 id( )值，然后再为形参 m 和 listA 分配存储空间，使 m 和 listA 分别指向整型对象 50 和列表对象[10,20,30,40,50]。语句 m=60 使 m 指向整型对象 60，语句 listA[0] = 100 使 listA[0]指向整型对象 100（listA 和 ListGrade 指向同一段内存空间）。因此对 listA 指向的内存数据进行的任何改变也会影响到 listGrade，因此在函数 func2( )执行完毕后，n 没有变化而 listGrade 发生了改变，如图 6-9 所示。

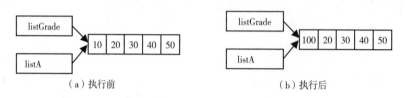

（a）执行前　　　　　　　　　　（b）执行后

图 6-9　函数 func2( )执行前后列表对象变化示意图

【例 6-7】分析以下程序的执行结果。

```
def modifyAge(dInfo):
    dInfo['age'] = 20

stuInfo={'id':'20221001','name':'张小小','age':75,'Sex':'male'}
print(stuInfo)

if stuInfo['age']>=30:
    modifyAge(stuInfo)

print(stuInfo)
```

函数 modifyAge( )是对字典中的 age 健的值进行修改。主程序中，stuInfo 指向了字典对象{'id':'20221001','name':'张小小','age':75,'Sex':'male'}，分支结构对字典中 age 健的值进行判断，如果 age 值大于等于 30，调用函数 modifyAge( )。当调用 modifyAge( )时，stuInfo 和 dInfo 共享一段内存空间，因此对 dInfo 中 age 的修改，会影响 stuInfo 的值。根据分析，在调用 modifyAge( )后，stuInfo 的值为：{'id':'20221001','name':'张小小','age':20,'Sex':'male'}。

运行该程序，执行结果如图 6-10 所示。分析与执行结果相同。

```
{'id': '20221001', 'name': '张小小', 'age': 75, 'Sex': 'male'}
{'id': '20221001', 'name': '张小小', 'age': 20, 'Sex': 'male'}
```

图 6-10　例 6-7 运行结果图

6.2.3　参数的类型

参数类型可以分为位置参数、关键字参数、默认参数、不定长参数。以下分别讲述。

1. 位置参数

调用函数时，编译器会将函数的实际参数按照位置顺序依次传递给形式参数，即将第 1 个实参传递给第 1 个形参，将第 2 个实参传递给第 2 个形参，以此类推。

定义一个求两个数差的函数 sub( )，代码如下：

```
def sub(x,y):
    result = x - y
    return result
```

使用以下语句调用 sub( )函数：

```
sub(5,2)  #位置参数传递
```

调用函数 sub( )时，传入实参 5 和 2，根据实参和形参的位置关系，5 传递给形参 x，2 传递给形参 y，如图 6-11 所示。

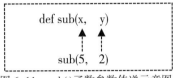

图 6-11　sub( )函数参数传递示意图

2. 关键字参数

使用位置参数传递时，如果函数中存在多个参数，记住每个参数的位置及其含义是一件不容易的事，此时可以使用关键字参数进行传递。关键字参数通过"形式参数=实际参数"的格式将实际参数与形式参数相关联，根据形参的名称进行参数传递。

关键字参数和函数调用关系紧密，函数调用使用关键字参数来确定传入的参数值。使用关键字参数允许函数调用时参数的顺序与声明时不一致，这是由于 Python 解释器能够用参数名匹配参数值。

stuInfo( )函数有 4 个参数，代码如下：

```
def stuInfo(stuId,name, age, major):
    print("学号:",stuId)
    print("姓名:",name)
    print("年龄:",age)
    print("专业:",major)
```

当调用 stuInfo( )函数时，通过关键字为不同的参数传值，代码如下：

```
stuInfo(name="王舒昆",major="会计学",stuId="20221008",age=17)
```

程序的运行结果如图 6-12 所示。

```
学号: 20221008
姓名: 王舒昆
年龄: 17
专业: 会计学
```

图 6-12　关键字参数
示例运行结果图

3. 默认参数

调用函数时，如果没有传递参数，则会使用默认参数。例如：

```
def func(name,age=25):
    print("name:",name)
    print("age:",age)

func('Wang',32)
func('Tang')
```

运行结果如图 6-13 所示。

默认值参数必须放在必选参数之后，即当函数的参数有多个时，默认值参数必须放在后面，非默认值参数放在前面，一旦出现了带默认值的参数，后面的参数都必须带默认值。有多个默认参数时，调用时，即可以按顺序提供默认参数，也可以不按顺序提供默认参数。

```
name: Wang
age: 32
name: Tang
age: 25
```

图 6-13　默认参数实例运行结果图

例如：

```
def stuInfo(stuId,name,age=17,major):
```

```
        print("学号:",stuId)
        print("姓名:",name)
        print("年龄:",age)
        print("专业:",major)

stuInfo("20221008","王舒昆",18,"会计学")
```

在程序执行时，出现如图 6-14 所示的错误。

```
def stuInfo(stuId, name, age=17, major):
    print("学号:", stuId)
    print("姓名:", name)
    print("年龄:", age)
    print("专业:", major)

stuInfo("20221008","王舒昆",18,"会计学")
```

```
SyntaxError                           ×

⊗  non-default argument follows default argument

                                  确定
```

图 6-14　默认值参数后出现非默认值参数错误示例图

4. 不定长参数

可能需要一个函数能处理比当初声明时更多的参数，这些参数称为不定长参数，和上述参数不同，声明时不会命名。对于不定长的参数，使用*和**两个符号来表示，两者都表示任意数目参数收集。其中*表示用元组的形式收集不匹配的位置参数，**表示用字典的形式收集不匹配的位置参数。例如：

```
def func1(a,*args):
    print(args)

def func2(**kargs):
    print(kargs)

def func3(a,*args,**kwargs):
    print(a,args,kwargs)

func1(1,2,3,4)
func2(a=1,b=2)
func3(1,2,3,x=4,y=5)
```

程序运行结果如图 6-15 所示。

上面是在函数定义的时候写的*和**形式，那反过来，如果*和**语法出现在函数调用中系统会解包参数的集合。例如，在调用函数时能够使用*语法，在这种情况下，它与函数定义的意思相反，便会解包参数的集合，而不是创建参数的集合。例如通过一个元组给一个函数传递四个参数，并且让 Python 将它们解包成不同的参数。在函数调用时，**会以键/值对的形式解包一个字典，使其成为独立的关键字参数。

```
(2, 3, 4)
{'a': 1, 'b': 2}
1 (2, 3) {'x': 4, 'y': 5}
```

图 6-15　不定长参数实例运行结果图

例如：

```
def func(a,b,c,d):
    print(a,b,c,d)

args={1,2,3,4}
func(*args)

kargs={'a':1,'b':2,'c':3,'d':4}
func(**kargs)
```

程序运行结果如图 6-16 所示。

```
1 2 3 4
1 2 3 4
```

图 6-16　解包参数集合实例运行结果图

6.3 函数的返回值

在 Python 中，函数需要先定义后调用，用 def 语句定义函数，函数体中 return 语句的结果就是返回值，该返回值可以是任意类型。需要注意的是，return 语句在同一函数中可以出现多次，但只要有一个得到执行，就会直接结束函数的执行。如果一个函数没有 return 语句，其实它有一个隐含的 return 语句，返回值是 None，类型是"NoneType"。

函数中，使用 return 语句的语法格式如下：

```
return [返回值]
```

其中，返回值参数可以指定，也可以省略不写（将返回空值 None）。

由此可以看出，return 语句的作用有两个：结束函数调用和返回值。

6.3.1 指定返回值与隐含返回值

函数体中 return 语句有指定返回值时返回的就是其值。函数体中没有 return 语句时，函数运行结束会隐含返回一个 None 作为返回值，类型是 NoneType，与 return、return None 等效，都是返回 None。

【例 6-8】指定 return 返回值函数举例。

程序代码如下：

```
def printAndAdd(x):
    print(x)
    return  x+3

num=printAndAdd(6)
add=num+2
print(add)
```

在函数 printAndAdd(x)中仅有一个 return 语句，返回(x+3)。调用时，printAndAdd(6)将实参 6 传递给形参 x，先打印 6，再计算(x+3)=6+3=9 并返回，此时主程序中的 num 值为 9，然后将 num+2 的值即 9+2=11 赋值给 add，再输出 add 的值。程序运行结果如图 6-17 所示。

```
6
11
```

图 6-17　例 6-8 运行结果图

【例 6-9】隐含 return None 举例。

程序源代码如下：

```
def printAndAdd(x):
    print(x)

num=printAndAdd(6)
print(num)
print(type(num))
```

函数 printAndAdd( )语句体中没有 return 语句，因此函数运行结束会隐含返回一个 None 作为返回值，类型是 NoneType。在调用 printAndAdd(6)将实参 6 传递给形参 x，输出一个 6，因 printAndAdd( )没有 return 语句，因此 num 的值为 None，用 type( )函数可以返回对象类型，应为"NoneType"。程序运行结果如图 6-18 所示。

```
6
None
<class 'NoneType'>
```

图 6-18　例 6-9 运行结果图

6.3.2 return 语句位置与多条 return 语句

一个函数可以存在多条 return 语句，但只有一条可以被执行，如果没有一条 return 语句被执

行，同样会隐式调用 return None 作为返回值。如果有必要，可以显式调用 return None 明确返回一个 None（空值对象）作为返回值，可以简写为 return，不过 Python 中一般能不写就不写。如果函数执行了 return 语句，函数会立刻返回，结束调用，return 之后的其他语句都不会被执行。

【例 6-10】分析以下程序的执行结果。

```
def printAndAdd(x):
    print(x)
    return x+3
    return x+6

print(printAndAdd(6))
```

分析：函数 printAndAdd() 中有两条 return 语句，仅第 1 条 return x+3 会被执行，而第 2 条 return x+6 不会被执行。调用该函数时，实参为 6，因此先输出 6，再计算 6+3 即 9 并返回，因此调用结束再输出 9。

该程序在计算机上运行，结果如图 6-19 所示，同分析完全一致。

【例 6-11】分析以下程序的执行结果。

```
def Judge(x):
    if x>10 :
        return "x>10"
    else :
        return "x<=10"

print(Judge(35))
print(Judge(5))
```

分析：Judge() 函数有两个 return 语句，但是这两个 return 语句不会都执行，而是在不同的条件下，即 x>10 或者 x<=10 时，仅执行其中的一个。在执行 print(Judge(35)) 时，形参 35 传递给 x，因 35>10，因此返回 "x>=10" 并输出；在执行 print(Judge(5)) 时，形参 5 传递给 x，因 5<10，因此返回 "x<0" 并输出。

该程序在计算机上运行，结果如图 6-20 所示，同分析完全一致。

如果 for 语句段的内容正常循环结果才会执行 else 段的语句，如果 for 在循环过程中时被 break 或者 return 语句意外终止循环，就不会执行 else 段中的语句。

【例 6-12】分析以下程序的执行结果。

```
def fn(x):
    for i in range(x):
        if i>3:
            return i
        else:
            print("{} is not greater than 3".format(x))

print(fn(2))
print(fn(6))
```

分析：当执行 print(fn(2)) 时，先将实参 2 传递给 x，由于 x<3，输出 "2 is not greater than 3"，因无后续语句，返回 None，输出 "None"；当执行 print(fn(6)) 时，先将实参 6 传递给 x，当 i=4 时，返回 4 并输出。

该程序在计算机上运行，结果如图 6-21 所示，同分析完全一致。

```
6
9
```
图 6-19　例 6-10 运行结果图

```
x>10
x<=10
```
图 6-20　例 6-11 运行结果图

```
2 is not greater than 3
None
4
```
图 6-21　例 6-12 运行结果图

6.3.3 返回值类型

无论定义的是返回什么类型，return 只能返回单值，但值可以存在多个元素。return [1,3,5] 是指返回一个列表，是一个列表对象，1,3,5 分别是这个列表的元素。return 1,3,5 看似返回多个值，隐式地被 Python 封装成了一个元组返回。

【例 6-13】分析以下程序的执行结果。

```
def fn1():
    return 3

print(fn1())
print(type(fn1()))
```

分析：函数 fn1()是一个无参函数，使用 return 返回 3，因此执行 print(fn1())时，输出 3；使用 type()函数测试 fn1()对象类型，3 是 int 类型。

该程序在计算机上运行结果如图 6-22 所示，同分析一致。

```
3
<class 'int'>
```
图 6-22　例 6-13 运行结果图

【例 6-14】分析以下程序的执行结果。

```
def fn2():
    return [1,3,5]

print(fn2())
print(type(fn2()))
```

分析：函数 fn2()是一个无参函数，使用 return 返回[1,3,5]，因此执行 print(fn2())时，输出 [1,3,5]；使用 type()函数测试 fn2()对象类型，[1,3,5]是 list 类型。

该程序在计算机上运行，结果如图 6-23 所示，同分析完全一致。

【例 6-15】分析以下程序的执行结果。

```
def fn3():
    return (2,4,6)

print(fn3())
print(type(fn3()))
```

分析：函数 fn3()是一个无参函数，使用 return 返回(2,4,6)，因此执行 print(fn3())时，输出 (2,4,6)；使用 type()函数测试 fn3()对象类型，(2,4,6)是 tuple 类型。

该程序在计算机上运行，结果如图 6-24 所示，同分析完全一致。

【例 6-16】分析以下程序的执行结果。

```
def fn4():
    return 2,4,6

print(fn4())
print(type(fn4()))
```

分析：函数 fn4()是一个无参函数，使用 return 返回 2,4,6，这是一个多值。因此执行 print(fn4())时，输出(2,4,6)；使用 type()函数测试 fn4()对象类型，(2,4,6)是 tuple 类型。

该程序在计算机上运行，结果如图 6-25 所示，同分析完全一致。

```
[1, 3, 5]
<class 'list'>
```
图 6-23　例 6-14 运行结果图

```
(2, 4, 6)
<class 'tuple'>
```
图 6-24　例 6-15 运行结果图

```
(2, 4, 6)
<class 'tuple'>
```
图 6-25　例 6-16 运行结果图

6.4 变量的作用域

作用域是变量的有效范围，即变量可以在哪个范围内使用。有些变量可以在整段代码的任意位置使用，有些变量只能在函数内部使用，有些变量只能在 for 循环内部使用。

变量的作用域由变量的定义位置决定，在不同位置定义的变量，它的作用域是不一样的。本节讲解两种变量：局部变量和全局变量。

6.4.1 Python 的局部变量

在函数内部定义的变量，它的作用域也仅限于函数内部，出了函数就不能使用了，将这样的变量称为局部变量（Local Variable）。

当函数被执行时，Python 会为其分配一块临时的存储空间，所有在函数内部定义的变量，都会存储在这块空间中。而在函数执行完毕后，这块临时存储空间随即会被释放并回收，该空间中存储的变量自然也就无法再被使用。

例如：

```
def demo():
    a="变量作用域测试"
    print(a)

demo()
print(a)
```

当调用 demo( ) 时，在 demo( ) 中的变量 a，值为"变量作用域测试"，因此输出"变量作用域测试"，而在主程序中，并没有定义 a，因此将输出以下内容：

```
Traceback (most recent call last):
  File "*(此处*为文件存储路径)/06-SCOPE1.py", line 6, in <module>
    print(a)
NameError: name 'a' is not defined
```

由此可以看出，如果试图在函数外部访问其内部定义的变量，Python 解释器会报 NameError 错误，并提示没有定义要访问的变量，这也证实了当函数执行完毕后，其内部定义的变量会被销毁并回收。

函数的参数也属于局部变量，只能在函数内部使用。例如：

```
def demo(name):
    print("demo()函数内部 name =",name)

demo("Python 程序设计")
print("demo()函数外部 name =",name)
```

当调用 demo( ) 时，在 demo( ) 中的实参"Python 程序设计"传递给形参 name，因此 demo( ) 函数中的 print( ) 语句输出为"demo()函数内部 name = Python 程序设计"。而在主程序中，并没有定义 name，因此将输出以下内容：

```
Traceback (most recent call last):
  File"*(此处*为文件存储路径)/06-SCOPE2.py", line 7, in <module>
    print("demo()函数外部 name =",name)
NameError: name 'name' is not defined
```

由于 Python 解释器是逐行运行程序代码，因此这里仅提示"name 没有定义"。实际上，如果 demo( ) 有多个参数，在函数外部访问其他变量也会报同样的错误。

6.4.2 Python 的全局变量

除了在函数内部定义变量，Python 还允许在所有函数的外部定义变量，这样的变量称为全局变量（Global Variable）。和局部变量不同，全局变量的默认作用域是整个程序，即全局变量既可以在各个函数的外部使用，也可以在各函数内部使用。

定义全局变量的方式有两种方式，以下分别介绍。

① 在函数体外定义的变量，一定是全局变量，例如：

```python
url="http://www.zzuli.edu.cn"
def address():
    print("address()函数体内访问: ",url)

address()
print("address()函数体外访问: ",url)
```

程序运行结果如下：

```
address()函数体内访问: http://www.zzuli.edu.cn
address()函数体外访问: http://www.zzuli.edu.cn
```

② 在函数体内定义全局变量，即使用 global 关键字对变量进行修饰后，该变量就会变为全局变量。例如：

```python
def scope():
    global url
    url="http://www.zzuli.edu.cn"
    print("scope()函数体内访问: ",url)

scope()
print("scope()函数体外访问: ",url)
```

运行结果为：

```
scope()函数体内访问: http://www.zzuli.edu.cn
scope()函数体外访问: http://www.zzuli.edu.cn
```

在使用 global 关键字修饰变量名时，不能直接给变量赋初值，否则会引发语法错误。

6.4.3 获取指定作用域范围中的变量

在一些特定场景中，可能需要获取某个作用域内（全局范围内或者局部范围内）所有的变量，Python 提供了两种方式。

（1）globals()函数

globals()函数为 Python 的内置函数，它可以返回一个包含全局范围内所有变量的字典。该字典中的每个键值对，键为变量名，值为该变量的值。

【例6-17】globals()函数与全局变量应用举例。

```python
name="郑州轻工业大学"
url="http://www.zzuli.edu.cn"
def combine():
    nameL="工程训练中心"
    urlL= "http://etc.zzuli.edu.cn/"

print(globals())
```

程序运行结果如下：

```
{...,'name': '郑州轻工业大学', 'url': 'http://www.zzuli.edu.cn',...>}
```

请注意：globals()函数返回的字典中，会默认包含有很多变量，这些都是 Python 主程序内置的，暂时不用理会它们。通过调用 globals()函数，可以得到一个包含所有全局变量的字典，并且通过该字典，还可以访问指定变量，甚至如果需要，还可以修改它的值。如对例 6-18 程序做如下修改：

```
name="郑州轻工业大学"
url="http://www.zzuli.edu.cn"
def combine():
    nameL="工程训练中心"
    urlL="http://etc.zzuli.edu.cn/"

print(globals()['name'])
globals()['name']="郑州轻工业大学工程训练中心"
print(name)
```

程序运行结果如图 6-26 所示。

（2）locals( )函数

郑州轻工业大学
郑州轻工业大学工程训练中心

图 6-26　修改后的例 6-17 运行结果图

locals( )函数是 Python 内置函数之一。通过调用该函数，可以得到一个包含当前作用域内所有变量的字典。这里所谓的"当前作用域"指的是，在函数内部调用 locals( )函数会获得包含所有局部变量的字典；而在全局范文内调用 locals( )函数，其功能和 globals( )函数相同。

【例 6-18】locals( )函数与局部变量应用举例。

```
name="郑州轻工业大学"
url="http://www.zzuli.edu.cn"
def combine():
    nameL="工程训练中心"
    urlL="http://etc.zzuli.edu.cn/"
    print("combine()函数内部的 locals:")
    print(locals())

combine()
print("----------")
print("combine()函数外部的 locals:")
print(locals())
```

程序的运行结果如下：

```
combine()函数内部的 locals:
{'nameL': '工程训练中心', 'urlL': 'http://etc.zzuli.edu.cn/'}
----------
combine()函数外部的 locals:
{..., 'name': '郑州轻工业大学', 'url': 'http://www.zzuli.edu.cn', ...}
```

当使用 locals( )函数获取所有全局变量时，和 globals( )函数一样，其返回的字典中会默认包含有很多变量，这些都是 Python 主程序内置的，暂时不用理会。

当使用 locals( )函数获得所有局部变量组成的字典时，可以向 globals( )函数那样，通过指定键访问对应的变量值，但无法对变量值做修改。对例 6-18 修改如下：

```
name="郑州轻工业大学"
url="http://www.zzuli.edu.cn"
def combine():
    nameL="工程训练中心"
    urlL="http://etc.zzuli.edu.cn/"
    print(locals()['nameL'])
    locals()['nameL']="计算机基础教学部"
    print(nameL)

combine()
```

程序运行结果如图 6-27 所示。

从运行结果可以看出：locals( )返回的局部变量组成的字典，可以用来访问变量，但无法修改变量的值。

工程训练中心
工程训练中心

图 6-27 修改后的例 6-18 运行结果图

6.5 递 归 函 数

利用递归思想可以把一个复杂的问题转化为一个与原问题相似的简单问题来求解。递归算法只需少量的程序就可描述出解题过程所需要的多次重复计算，大大地减少了程序的代码量。用递归思想写出的程序通常简洁易懂。

下面先通过一个计算 $n!$ 的例子来了解递归函数的设计思想。$n!$ 这一数学问题，可以递归定义如下：

$$n! = \begin{cases} n \times (n-1)! & （n>1） \\ 1 & （n=0,1） \end{cases}$$

根据这个关于阶乘的递归公式，不难得到如下递归函数：

```python
def factor(n):
    if(n<=1):
        return 1
    else:
        return n*factor(n-1)
```

若主程序中有如下调用：

```python
print(factor(3))
```

则函数递归求解的工作过程如图 6-28 所示。

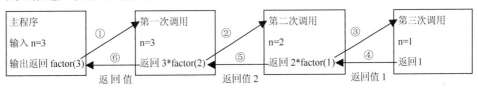

图 6-28 递归函数 factor(4)的实现过程

在递归调用中，调用函数又是被调用函数，执行递归函数将反复调用其自身。每调用一次递归函数，系统就在栈区为该函数的相关数据分配相应的存储空间，这一操作称为进入新的一层（这个层次的概念来自栈区中的层次概念）。为了防止递归调用无终止地进行，必须在函数内有终止递归调用的手段和递归出口，即到何时不再递归调用下去。在上例中就是当 n<=1 时直接得到解，不再递归。

任何一个递归调用程序必须包括两部分：

① 递归循环继续的过程。

② 递归调用结束的过程。

递归函数的形式一般如下：

```python
if(递归终止条件成立):
    return  递归公式的初值
else:
    return  递归函数调用返回的结果值
```

递归程序设计是一个非常有用的方法，可以解决一些用其他方法很难解决的问题。

但递归程序设计的技巧性要求比较高，对于一个具体问题，要想归纳出递归式有时是很困难的，并不是每个问题都像 factor( )函数那样简单。

在递归程序设计中，千万不要把眼光局限于实现细节，否则很难理出头绪。编写的程序只给出运算规律，具体实现细节应该让计算机去处理。在复杂递归问题中，找出递归式是关键，不要陷入实现细节的泥沼中。

【例 6-19】利用辗转相除法求两个正整数的最大公约数。

两个正整数的最大公约数是能够整除这两个整数的最大整数。求最大公约数的最经典算法是欧几里得算法，又称辗转相除法。

假设两个整数为 a 和 b（a>=b），利用辗转相除法求 a 和 b 的最大公约数的步骤如下：

① 用 a 除以 b，余数假设为 r，则：r=a%b。

② 若 r=0，则 a 和 b 的最大公约数就是 b。

③ 若 r≠0，则把 b 的值给 a，r 的值给 b。

④ 继续求 a 除以 b 的余数，重复步骤③直至余数 r=0，得到最大公约数。

如果用 gcd(a,b)表示两个整数 a 和 b 的最大公约数，用递归的思想实现辗转相除法的算法描述如下：

① 当 a%b=0 时，gcd(a,b)=b。

② 当 a%b≠0 时，gcd(a,b)=gcd(b,a % b)。

程序代码如下：

```
def gcd(m,n):
    if (m<n):
        m,n=n,m
    if(m % n==0):
        return n
    else:
        return gcd(n,m%n)

x=eval(input("请输入第一个整数: "))
y=eval(input("请输入第二个整数: "))

print("{:d}和{:d}的最大公约数是{:d}".format(x,y,gcd(x,y)))
```

程序运行结果如图 6-29 所示。

```
请输入第一个整数: 24        请输入第一个整数: 36
请输入第二个整数: 18        请输入第二个整数: 64
24和18的最大公约数是6       36和64的最大公约数是4
```

图 6-29 例 6-19 运行结果图

【例 6-20】求 a^n（a、n 值由键盘自行输入）。

在数学上一般把 n 个相同的因数 a 相乘的积记做 a^n。这种求几个相同因数的积的运算称为乘方，乘方的结果称为幂。利用递归思想可以非常方便地进行幂计算。

根据递归思想可以把 a^n 转化为 $a \cdot a^{n-1}$，a^{n-1} 转化为 $a \cdot a^{n-2}$，…，a^1 转化为 $a \cdot a^0$。由于 a^0 为 1，此时得到递归的终止条件。

程序代码如下：

```
def power(a,n):
    if(n==0):
        return 1;
    else:
```

```
        return a*power(a,n-1)

x=eval(input("请输入要计算的底数: "))
y=eval(input("请输入要计算的指数: "))

print("{:d}^{:d}={:d}".format(x,y,power(x,y)))
```

图6-30 例6-20执行结果图

程序运行结果如图6-30所示。

6.6 高 阶 函 数

6.6.1 高阶函数的概念

Python 是面向对象的程序设计语言，对象名可以指向函数。高阶函数（Higher-order Function）是能够接收将函数名称作为参数传递的函数，这里函数对象名称的类型是函数而不是字符串。

请看下面这段程序：

```
def func(x,y,f):
    return f(x)+f(y)
```

如果传入 abs 作为参数 f 的值：

```
func(-5,-9,abs)
```

根据函数的定义，上述函数实际执行的是：

```
abs(-5)+abs(-9)
```

【例6-21】高阶函数示例。

```
def add(x,y):
    return x+y
def sub(x,y):
    return x-y
def myFunc(x,y,f):      #形参f的类型为函数对象
    return f(x,y)

m=10
n=3

method = add
print("%s:参数1的值为:%d,参数2的值为:%d,运算结果为:%d."%(method,m,n,myFunc(m,
n,method)))

method = sub
print("%s:参数1的值为:%d,参数2的值为:%d,运算结果为:%d."%(method,m,n,myFunc(m,
n,method)))
```

程序运行结果如图6-31所示。

```
<function add at 0x00000183428FE8C0>:参数1的值为:10,参数2的值为:3,运算结果为:13.
<function sub at 0x00000183428FE950>:参数1的值为:10,参数2的值为:3,运算结果为:7.
```

图6-31 实例6-21运行结果图

6.6.2 常用的高阶函数

Python中内置的常用高阶函数有：map( )函数、reduce( )函数、filter( )函数、zip( )函数、sorted( )函数等。

1. map( )函数

map 函数的原型是：

```
map(function, iterable, …)
```

参数 function 传的是一个函数名，可以是 Python 的内置函数，也可以是用户自定义函数；参数 iterable 传的是一个可以迭代的对象，如：列表，元组，字符串等。返回结果是一个可迭代对象。

该函数作用是将 function 应用于 iterable 的每一个元素，结果以可迭代对象的形式返回。注意，iterable 后面还有省略号，意思就是可以传很多个 iterable，如果有额外的 iterable 参数，并行的从这些参数中取元素，并调用 function。如果一个 iterable 参数比另外的 iterable 参数要短，将以 None 扩展该参数元素。

对于 listA=[1,2,3,4,5,6,7,8,9,10]，若要求 listA 中每一个元素的平方，可以使用 map( ) 函数，此时需要编写求取平方的函数，然后传入即可。可使用如下代码：

```
def pow2(x):
    return x*x

listA=[1,2,3,4,5,6,7,8,9,10]
result = map(pow2,listA)
print(list(result))
```

程序运行结果如图 6-32 所示。

```
[1, 4, 9, 16, 25, 36, 49, 64, 81, 100]
```

图 6-32　求取列表元素的平方运行结果图

需要注意的是，map( ) 函数不改变原有的迭代对象的值，而是返回一个新的迭代对象，因此计算的结果需要经过转换后才能看到结果。

【例 6-22】map( ) 函数多迭代对象示例。

```
def add(x,y,z):
    return x+y+z

listA=[1,2,3]
listB=[1,2,3]
listC=[1,2,3]

result=map(add,listA,listB,listC)
print(list(result))
```

该程序并行从三个列表中各自取出元素然后运行 add( ) 函数，运行结果为：[3, 6, 9]

如果三个列表长度不一样，对于短的 iterable 参数会用 None 填补。对于上面的例子，如果三个列表的长度不一样，在运行 add( ) 函数的时候长度短的列表的元素会用 None 填补，但是 None 和 int 类型的数是不能相加的。也就是说，除非参数 function 支持 None 的运算，否则根本没意义。将上述程序修改为：

```
def add(x,y,z):
    return x+y+z

listA=[1,2,3,4,5]
listB=[1,2,3,4]
listC=[1,2,3]

result=map(add,listA,listB,listC)
print(list(result))
```

程序运行结果为：[3, 6, 9]

2. reduce( )函数

reduce( )函数的原型是：

```
reduce(function, iterable[, initializer])
```

参数 function 传的是一个函数名，可以是 Python 的内置函数，也可以是用户自定义函数；参数 iterable 传的是一个可以迭代的对象。initializer 是可选参数，初始参数。返回函数计算结果。

reduce( )函数将一个可迭代对象中的所有数据进行下列操作：用传给 reduce( )中的函数 function（有两个参数）先对集合中的第 1、2 个元素进行操作，得到的结果再与第三个数据用 function 函数运算，最后得到一个结果。

Python 3.X 中 reduce( )已经被移到 functools 模块里，如果要使用该函数，需要引入 functools 模块来调用 reduce( )函数：

```
from functools import reduce
```

【例6-23】reduce( )函数示例。

```
from functools import reduce
def add(x,y):
    return x+y


result = reduce(add,[1,2,3,4,5])
print(result)
```

该程序运行结果为 15。调用 reduce(add,[1,2,3,4,5])时，reduce( )函数做如下计算：

① 先对列表第一个元素 1 和第二个元素 2 进行 add( )计算，结果为 3；

② 用①计算的结果 3 和列表的第三个元素 3 进行 add( )计算，结果为 6；

③ 用②计算的结果 6 和列表的第四个元素 4 进行 add( )计算，结果为 10；

④ 用③计算的结果 10 和列表的第五个元素 5 进行 add( )计算，结果为 15。

reduce( )函数还可以接收第三个可选参数，作为计算的初始值，将

```
result = reduce(add,[1,2,3,4,5])
```

修改为：

```
result = reduce(add,[1,2,3,4,5], 100)
```

计算结果为：115。

3. filter( )函数

filter( )函数原型为：

```
filter(function, iterable)
```

用 iterable 中的函数 function（该函数为判断函数，返回值为 True 或 False）返回 True 的那些元素，构建一个新的迭代器。iterable 可以是一个序列，一个支持迭代的容器，或一个迭代器。如果 function 是 None，则会假设它是一个身份函数，即 iterable 中所有返回 False 的元素会被移除。

【例6-24】将列表 listA=[2,43,51,78,65,88]中的偶数删除，只保留奇数。

分析：先编写一个判断一个整数是否为奇数的函数，然后使用 filter( )函数过滤掉偶数。

```
def isOdd(x):
    if x%2 != 0:
        return True
    else:
        return False


listA = [2,43,51,78,65,88]
result = filter(isOdd,listA)
```

```
print(list(result))
```
运行结果如图 6-33 所示。

$$[43, 51, 65]$$

图 6-33　例 6-24 运行结果图

4. zip( )函数

zip( )函数原型为：

```
zip(*iterables[, strict=False])
```

在多个迭代对象 iterables 上并行迭代，从每个迭代器返回一个数据项组成 zip 对象。可选参数 strict 用于判断迭代器的长度是否相同。

例如：

```
listA=[1,2,3]
listB=['apple','bread','icecream']
print(tuple(zip(listA,listB)))
```

运行结果为：

```
((1, 'apple'), (2, 'bread'), (3, 'icecream'))
```

需要注意的是，传给 zip() 的可迭代对象可能长度不同；有时是有意为之，有时是因为准备这些对象的代码存在错误。Python 提供了三种不同的处理方案：

① 默认情况下，zip()在最短的迭代完成后停止。较长可迭代对象中的剩余项将被忽略，结果会裁切至最短可迭代对象的长度：

```
listA=[1,2,3,4,5]
listB=['apple','bread','icecream']
print(tuple(zip(listA,listB)))
```

运行结果为：

```
((1, 'apple'), (2, 'bread'), (3, 'icecream'))
```

② 通常 zip( )用于可迭代对象等长的情况下。这时建议用 strict=True 的选项。输出与普通的 zip( )相同：

```
listA=[1,2,3]
listB=['apple','bread','icecream']
print(tuple(zip(listA,listB,strict=True)))
```

与默认行为不同的是，它会检查可迭代对象的长度是否相同，如果不相同则触 ValueError。例如：

```
listA=[1,2,3,4,5]
listB=['apple','bread','icecream']
print(tuple(zip(listA,listB,strict=True)))
```

在运行该程序时，将会出现如下错误信息：

```
print(tuple(zip(listA,listB,strict=True)))
ValueError: zip() argument 2 is shorter than argument 1
```

如果未指定 strict=True 参数，所有导致可迭代对象长度不同的错误都会被抑制，这可能会在程序的其他地方表现为难以发现的错误。

③ 为了让所有的可迭代对象具有相同的长度，长度较短的可用常量进行填充。

5. sorted( )函数

sorted( )函数原型为：

```
sorted(iterable, [key=None][, reverse=False])
```

根据 iterable 中的项返回一个新的已排序列表。具有两个可选参数，它们都必须指定为关键字参数：key 指定带有单个参数的函数，用于从 iterable 的每个元素中提取用于比较的键（例如 key=abs）。默认值为 None（直接比较元素）；reverse 为一个布尔值，如果设为 reverse=True，则每个列表元素将按降序排序，默认情况为 reverse=False，每个列表元素将按升序排序。

如对列表 listA=[2,26,-6,54,-12]进行升序排序，可使用以下程序：

```
listA=[2,26,-6,54,-12]
result=sorted(listA)
print(result)
```

运行结果为：[-12, -6, 2, 26, 54]。

如对列表 listA=[2,26,-6,54,-12]按照各元素的绝对值升序排序，在使用 sorted( )函数时，可将第二个参数 key，设置为 key=abs，程序改写如下：

```
listA=[2,26,-6,54,-12]
result=sorted(listA,key=abs)
print(result)
```

运行结果为：[2, -6, -12, 26, 54]。

如对列表 listA=[2,26,-6,54,-12]按照各元素的绝对值降序排序，在使用 sorted( )函数时，可将第三个参数 reverse，设置为 reverse=True，程序改写如下：

```
listA=[2,26,-6,54,-12]
result=sorted(listA,key=abs,reverse=True)
print(result)
```

运行结果为：[54, 26, -12, -6, 2]。

6.7 Python 模块及导入方法

模块可有逻辑地组织 Python 代码段。把相关的代码放置在一个模块中，使代码易懂易用。Python 程序每个.py 文件都可以视为一个模块。一个空的 Python 文件也可以称为模块。多数情况下，一个 Python 文件包含变量、函数和其他的内容，这些内容可以被其他代码使用。通过在当前.py 文件可导入其他.py 文件，可以使用被导入文件中定义的内容，如变量、函数等。

Python 中的模块可分为三类：内置模块、第三方模块和自定义模块。

内置模块是 Python 内置标准库中的模块，也是 Python 的官方模块，可直接导入程序供开发人员使用。

第三方模块是由非官方制作发布的、供给用户使用的 Python 模块，在使用之前需要开发人员先自行安装。

自定义模块是开发人员在程序编写的过程中自行编写的、存放功能性代码的.py 文件。

使用模块的最简单方法就是"import 模块名"。下面在当前目录下创建一个文件 myLib.py，内容如下：

```
name="郑州轻工业大学"

def combine():
    url="http://www.zzuli.edu.cn"
    print(name+url)

def unit():
    print("工程训练中心")
```

要使用该模块，最简单的方法就是使用 import 导入该模块，然后就可以使用该文件中定义的变量、函数等资源。使用时带上模块名，如 myLib.name 表示属于模块 myLib 的变量 name。

如果不希望将某个文件中所有的内容都引入进来，如只希望引入 combine( )函数，则可以使用下面的语句：

```
from myLib import combine
```

这样 myLib 模块下的 combine( )函数就被引入当前空间,这时不再需要使用 myLib.combine( ),而应该使用 combine( )。

如果不希望每次访问某个模块的资源都带上模块名,可以使用下面的方法:

```
from 模块名 import *
```

这样指定模块的内容都被加载到了当前空间,使用时便不需要再带上模块名。

如果同时使用这两种方式,是否会发生冲突呢?答案是不会的。因为这两份资源共存,而且相互不影响。

在当前目录下创建一个文件,为何要在当前目录下呢?其他的目录可不可以呢?答案是不可以,因为只有某些特定目录下的文件才会被引入。

6.8 代码复用与模块化设计

可以把编写的代码当作一种资源,并且对这种资源进一步抽象,实现代码的资源化和抽象化。代码资源化指的是程序代码本身也是一种表达计算的资源;代码抽象化指的是使用函数等方法对代码赋了更高级别的定义。对同一份代码在需要时被重复使用就构成了代码复用,而代码复用是需要将代码进行抽象才能达到的效果。

在不同的程序设计语言中,都有代码复用的相关功能。一般来说,我们使用函数和对象这两种方法来实现代码复用。可以认为这两种方法是实现代码复用的方法,也可以认为这两种方法是对代码进行抽象的不同级别。函数能够命名一段代码,在代码层面建立初步抽象,但这种抽象级别比较低,因为它只是将代码变成了一个功能组。对象通过属性和方法,能够将一组变量甚至一组函数进一步进行抽象。

在代码复用的基础上,我们可以开展模块化设计。模块化设计是基于一种逻辑的设计思维,它的含义是通过封装函数或对象将程序划分为模块以及模块之间的表达。对于要实现的算法,如果设定了功能模块并且在功能模块之间建立关系,那么一个程序就能够被表达清楚。

在模块化设计的思想中,需要关注一个程序的主程序、子程序和子程序之间的关系。我们一般将子程序看作模块,主程序看作模块与模块之间的关系。可以认为模块化设计是一种分而治之、分层抽象、体系化的设计思想。

模块化设计有两个基本概念:紧耦合和松耦合。紧耦合是指两个部分之间交流很多,无法独立存在;松耦合指的是两个部分之间交流很少,它们之间有非常清晰简单的接口,可以独立存在。

一般编写程序时,通过函数将一段代码与代码的其他部分分开,那么函数的输入参数和返回值就是这段函数与其他代码之间的交流通道,这样的交流通道越少越清晰,那么定义的函数复用可能性就越高。所以在模块化设计过程中,对于模块内部,也就是函数内部,尽可能地紧耦合,它们之间通过局部变量可以进行大量的数据传输。但是在模块之间,也就是函数与函数之间要尽可能减少它们的传递参数和返回值,让它们之间以松耦合的形式进行组织,这样每一个函数才有可能被更多的函数调用,它的代码才能更多地被复用。

6.9 函数式编程

所谓函数式编程,是指代码中每一块均不可变,由纯函数的形式组成。这里的纯函数是指函数本身相互独立、互不影响，对于相同的输入，总会有相同的输出，没有任何副作用。

例如：

```
def multiply2(listX):
    for index in range(0,len(listX)):
        listX[index] *=2
    return listX
```

这段代码就不是一个纯函数的形式，因为列表中元素的值被改变了，如果多次调用 multiply2( )这个函数，那么每次得到的结果都不一样。若想让它成为一个纯函数的形式，就得写成下面这种形式，重新创建一个新的列表并返回。

```
def multiply2(listX):
    myList = [ ]
    for item in listX:
        myList.append(item*2)
    return myList
```

【例 6-25】计算列表 listA=[23,-6,7,-12,-24,69,-60]中所有正数的和，用函数式编程方式实现。

分析：可先使用 filter( )函数将负数过滤掉，使用 filter( )前需要先定义判断正数的函数；然后再使用 reduce( )函数实现求和运算，使用 reduce( )前需要先定义计算两个数的和的函数。

```
from functools import reduce

def isPositive(x):
    if x>=0:
        return True
    else:
        return False

def add(x,y):
    return x+y

listA=[23,-6,7,-12,-24,69,-60]
newList = filter(isPositive,listA)
result = reduce(add,newList)
print(result)
```

程序运行结果为：99。

函数式编程的优点主要在于其纯函数和不可变的特性使程序更加健壮,易于调试和测试。

 习 题

一、单项选择题

1. 以下选项中，不属于函数的作用的是（ ）。
   A. 提高代码执行速度　　　　　　　　　B. 增强代码可读性
   C. 降低编程复杂度　　　　　　　　　　D. 复用代码

2. 在 Python 中，关于函数的描述，以下选项中正确的是（ ）。
   A. 函数 eval( )可以用于数值表达式求值，例如 eval("2*3+1")
   B. Python 函数定义中没有对参数指定类型，这说明参数在函数中可以当作任意类型使用

C. 一个函数中只允许有一条 return 语句

D. Python 中，def 和 return 是函数必须使用的保留字

3. 关于 return 语句，以下选项中描述正确的是（　　　）。

A. 函数必须有一个 return 语句　　　　　B. 函数中最多只有一个 return 语句

C. return 只能返回一个值　　　　　　　D. 函数可以没有 return 语句

4. 关于函数，以下选项中描述错误的是（　　　）。

A. 函数是一段具有特定功能的、可重用的语句组

B. Python 使用 del 保留字定义一个函数

C. 函数能完成特定的功能，对函数的使用不需要了解函数内部实现原理，只要了解函数的输入输出方式即可

D. 使用函数的主要目的是降低编程难度和代码重用

5. 下面代码实现的功能描述为（　　　）。

```
def fact(n):
    if n==0:
        return 1
    else:
        return n*fact(n-1)

num=eval(input("请输入一个整数: "))
print(fact(abs(int(num))))
```

A. 接收用户输入的整数 num，输出 num 的阶乘值

B. 接收用户输入的整数 num，判断 num 是不是素数并输出结论

C. 接收用户输入的整数 num，判断 num 是不是水仙花数

D. 接收用户输入的整数 num，判断 num 是不是完数并输出结论

6. 关于函数的参数传递，以下选项中描述错误的是（　　　）。

A. 实际参数是函数调用时提供的参数

B. 函数调用时，需要将形式参数传递给实际参数

C. Python 参数传递时不构造新数据对象，而是让形式参数和实际参数共享同一对象

D. 形式参数是函数定义时提供的参数

7. 关于形参和实参的描述，以下选项中正确的是（　　　）。

A. 参数列表中给出要传入函数内部的参数，这类参数称为形式参数，简称形参

B. 程序在调用时，将形参复制给函数的实参

C. 函数定义中参数列表里面的参数是实际参数，简称实参

D. 程序在调用时，将实参复制给函数的形参

8. 关于函数的参数，以下选项中描述错误的是（　　　）。

A. 在定义函数时，如果有些参数存在默认值，可以在定义函数时直接为这些参数指定默认值

B. 在定义函数时，可以设计可变数量参数，通过在参数前增加星号（*）实现

C. 可选参数可以定义在非可选参数的前面

D. 一个元组可以传递给带有星号的可变参数

9. 以下选项中，对于函数的定义错误的是（　　　）。

A. def vfunc(a,b=2):　　　　　　　　B. def vfunc(*a,b):

C. def vfunc(a,b):　　　　　　　　　　　　D. def vfunc(a,*b):

10. 关于 lambda 函数，以下选项中描述错误的是（　　　）。

    A. lambda 不是 Python 的保留字

    B. 定义了一种特殊的函数

    C. lambda 函数也称为匿名函数

    D. lambda 函数将函数名作为函数结果返回

11. 关于递归函数的描述，以下选项中正确的是（　　　）。

    A. 函数名称作为返回值　　　　　　　　B. 包含一个循环结构

    C. 函数比较复杂　　　　　　　　　　　D. 函数内部包含对本函数的再次调用

12. 给出如下代码：

```
def func(a,b):
    c=a**2+b
    b=a
    return c

b=100 a=10
c=func(a,b)+a
```

以下选项中描述错误的是（　　　）。

    A. 执行该函数后，变量 a 的值为 10　　　B. 执行该函数后，变量 b 的值为 100

    C. 执行该函数后，变量 c 的值为 200　　　D. 该函数名称为 func

13. 在 Python 中，关于全局变量和局部变量，以下选项中描述不正确的是（　　　）。

    A. 一个程序中的变量包含两类：全局变量和局部变量

    B. 全局变量不能和局部变量重名

    C. 全局变量在程序执行的全过程有效

    D. 全局变量一般没有缩进

14. 关于 Python 的全局变量和局部变量，以下选项中描述错误的是（　　　）。

    A. 使用 global 保留字声明简单数据类型变量后，该变量作为全局变量使用

    B. 简单数据类型变量无论是否与全局变量重名，仅在函数内部创建和使用，函数退出后变量被释放

    C. 全局变量指在函数之外定义的变量，一般没有缩进，在程序执行全过程有效

    D. 局部变量指在函数内部使用的变量，当函数退出时，变量依然存在，下次函数调用可以继续使用

15. 关于函数的返回值，以下选项中描述错误的是（　　　）。

    A. 函数可以返回 0 个或多个结果

    B. 函数必须有返回值

    C. 函数可以有 return，也可以没有

    D. return 可以传递 0 个返回值，也可以传递任意多个返回值

二、填空题

1. Python 中使用保留字＿＿＿＿＿＿＿＿定义函数。

2. ＿＿＿＿＿＿＿＿表达式，又称匿名函数，能接收任何数量（可以是 0 个）的参数，但只能返回一个表达式的值。

3. _____ 是在定义函数名和函数体时使用的参数，目的是接收调用该函数传递的参数。

4. 函数参数类型可以分为必需参数、关键字类型、默认参数、_____。

5. 如果一个函数没有 return 语句，其实它有一个隐含的 return 语句，返回值是_____，类型是_____。

三、程序设计题

1. 编写函数 isOdd( )，参数为整数，如果整数为奇数，返回 True，否则返回 False。

2. 设计一个函数，判断一个整数是否为素数，如果为素数，则返回 1，否则返回 0。调用此函数找出 500~1 200 之间的所有素数。

3. 设计一个函数，求如下数列的和，输入 n 的值调用该函数，并输出结果。

$$S = 1 + \frac{1}{1+2} + \frac{1}{1+2+3} + \cdots + \frac{1}{1+2+\ldots+n}$$

4. 编写函数 fun(n)，n 为一个 3 位自然数，判断 n 是否为水仙花数，若是返回 1，否则返回 0。输入一个 3 位自然数，调用函数 fun(num)，并输出判断结果。水仙花数是指一个 n 位数(n≥3)，它的每个位上的数字的 n 次幂之和等于它本身（例如，$1^3+5^3+3^3=153$，所以 153 是水仙花数）。

5. 闰年是为了补偿因人为历法规定造成的年度天数与地球实际公转周期的时间差而设立的。公历闰年的简单计算方法（符合以下条件之一的年份即为闰年）：

① 能被 4 整除而不能被 100 整除。

② 能被 400 整除。

编写函数，计算该日是本年的第几天，输入年月日，调用该函数，并输出结果。

6. 设计一个函数，计算数列第 n 项的值。已知这个数列的前三项分别为 0、1、1，以后的各项都是其相邻的前 3 项之和。调用该函数并计算当 n 为 20、60、80 时数列的和。

7. 编写函数实现将 3 个整数按从大到小的顺序排序。通过键盘输入 3 个整数，调用该函数对这 3 个数排序，并分别输出排序前后的值。

8. 斐波那契数列以兔子繁殖为例而引入，故又称"兔子数列"。其指的是这样一个数列：1,1,2,3,5,8,13,21,34,… 在数学上，斐波纳契数列以如下递推的方法定义：$f(1)=1$，$f(2)=1$，$f(n)=f(n-1)+f(n-2)$（ n≥3 ）。

使用递归函数实现求斐波那契数列第 n 项的值。调用该函数并计算该数列前 30 项的和。

9. 设计一个函数，实现将两个整数交换的功能，从键盘输入两个整数，调用此函数，输出调用前后的这两个整数。

10. 编写函数 multi( )，参数个数不限，返回所有参数的乘积。

11. 使用 filter( ) 函数筛选出回文数。回文数是指正序(从左向右)和倒序(从右向左)读都是一样的整数。如 12321、101 等。

12. 某成绩列表由学号和姓名构成：

grade=[('2022001',78),('2022001',45),('2022003',98),('2022004',82),('2022005',36),('2022006',65)]。使用 sorted( ) 函数，对该成绩列表按成绩降序排序。

## 第 7 章

字符串与正则表达式 《《《

计算机除了对数值进行运算之外，文本信息在计算机中存储和操作也很重要。实际上，个人计算机最常用的功能之一就是处理文字。在第二章中，我们学习了如何在计算机中表示字符串以及一些字符串的简单应用。本章将介绍如何处理文本信息。

【本章知识点】

- 了解几种特殊字符和字符串
- 熟悉通过内置函数和字符串方法对字符串执行的各种操作
- 了解正则表达式能够构造基本的正则表达式
- 熟悉 re 库，利用 re 库函数进行字符数据匹配

7.1 字 符 串

在第 2 章中介绍了字符串的创建索引和几个基本函数和字符串对象的方法。在本小节中，介绍几个特殊的字符和字符串，字符串的常用方法以及函数对字符串的操作。

7.1.1 特殊字符和字符串

1. 转义字符

在字符串中，某些字符前带有斜杠，那么这个字符不再是原来的字符，不代表字符的原来意义，而是被计算机赋予了其他含义。在程序运行时，这些斜杠字符被解释为其他含义。在计算机中我们通常把前面带有斜杠的字符称为转义符。常见的转义字符见表 7-1。

表 7-1 常见的转义字符

转 义 字 符	含　　义	转 义 字 符	含　　义
\b	退格	\v	垂直制表符
\n	换行符	\\	一条斜线\
\r	回车	\ooo	3 位八进制数对应的字符
\t	水平制表符	\uhhhh	4 位十六进制数表示的 Unicode 字符

举例如下：（在 IDLE 中运行）

```
>>> print('hello\nworld!')
hello
world!
>>> print('\101')
A
>>> print('\u6574')
```

整

2. 原始字符串

因为转义符的存在，在某些字符串中，比如路径里需要将路径分隔符都写成双斜线，否则会导致错误。

例如：（在 IDLE 中运行）

```
>>> b = 'C:\Windows\nest\test\vist'  #路径分隔符为单斜线，和后面的字符组成转义符
>>> b
'C:\\Windows\nest\test\x0bist'
>>> print(b)
C:\Windows
est	est
ist
>>> b2 = 'C:\\Windows\\nest\\test\\vist'   #将路径分隔符都以双斜线表示，则可输出正确结果。
>>> b2
'C:\\Windows\\nest\\test\\vist'
>>> print(b2)
C:\Windows\nest\test\vist
```

将每个路径都用双斜线表示，在实际编程中过于烦琐。这时可以使用原始字符串。在字符串前加上字母"r"，则字符串中的字符都是字符本身的表示，不再转义。

例如：（在 IDLE 中运行）

```
>>> b3 = r'C:\Windows\nest\test\vist'
>>> b3
'C:\\Windows\\nest\\test\\vist'
>>> print(b3)
C:\Windows\nest\test\vist
```

3. U 字符串

若字符串前面有字母 u，则表示这个字符串的存储格式为 Unicode。不是仅仅是针对中文，可以针对任何的字符串，代表是对字符串进行 Unicode 编码。一般英文字符在使用各种编码下，基本都可以正常解析，所以一般不带 u；但是中文，需要表明所需编码，否则一旦编码转换就会出现乱码。

例如：（在 IDLE 中运行）

```
>>> u_Str = u'\u6ce8\u91ca'      #创建一个 u 字符串。
>>> u_Str                        #查看变量内容
'注释'                            #经过转码输出汉字
>>> print(u_Str)                 #输出变量值
注释
>>> type(u_Str)                  #查看变量类型为字符串类型。
<class 'str'>
```

字符串前面加字母 u 表示该字符串的编码格式为 Unicode 编码，若当前程序文件或文本内容为 unicode 编码，可以在文件开头进行统一设定。

例如，utf-8 编码则在文件第一行加上如下语句：

```
# -*- coding: utf-8 -*-
```

若文件是 gbk 编码，则在文件第一行加上如下语句：

```
# -*- coding: gbk -*-
```

7.1.2　内置函数对字符串的操作

除了第 2 章介绍的 len()、str()、chr()、ord()函数，Python 解释器中还有一些内置函数可以对字符串进行操作，见表 7-2。

表 7-2 可对字符串进行操作的内置函数

函　数	功　能
max(x)	返回字符串 x 中编码的最大字符
min(x)	返回字符串 x 中编码的最小字符
hex(x)	返回整数 x 对应的十六进制的小写形式的字符串
oct(x)	返回整数 x 对应的八进制的小写形式的字符串。

举例说明：（在 IDLE 中运行）

```
>>> x = "abcd1234"
>>> max(x)                    #返回字符中编码最大的字符
'd'
>>> min(x)                    #返回字符中编码最小的字符
'1'
>>> max('Python 语言程序设计')
'语'
>>> hex(x)
'0x10'
```

7.1.3　字符串的遍历与切片

1．字符串的遍历

字符串也是序列类型，可以使用 for 循环进行遍历。

【例 7-1】输出字符串的每一个字符。程序代码如下：

```
#例7-1 输出字符串的每一个字符。
s1 = input("请输入任意字符: ")
for i in s1:
    print(i)
```

程序运行结果如图 7-1 所示。

【例 7-2】将例 7.1 改写，先求字符串的长度，然后利用索引输出每一个字符，字符和字符之间使用的"，"间隔。程序代码如下：

图 7-1　例 7.1 运行结果

```
#例7-2 改编例7-1。
s1 = input("请输入任意字符串: ")
l = len(s1)
for i in range(l):
    print(s1[i],end=",")
```

程序运行结果如下：

```
请输入任意字符串: 一起学习 Python
一,起,学,习,P,y,t,h,o,n,
```

2．字符串的切片

字符串对象和列表等序列类型，都可以进行切片操作，提取部分内容。

（1）设有一个字符串对象 s，切片操作的语法是：s[start : end]。start 表示的是字符串切片的开始下标，end 表示终止的字符串结束的前一个位置。

例如：

```
>>> s = 'spam'
>>> s[0], s[-2]
('s', 'a')
>>> s[1:3], s[1:], s[:-1]
```

```
('pa', 'pam', 'spa')
>>>
```

（2）如果从开头切片到某个特定的位置可以用 s[:end]来表示。

```
>>> s = 'abcdefghijklmnop'
>>> s[:8]
'abcdefgh'
```

如果从某一位开始切片到最后一位可以用 s[start :]来表示。

```
>>> s[8:]
'ijklmnop'
```

（3）在 Python 中字符串的索引还可以是反向的。那么字符串切片还可以进行如下操作：

```
>>> s[-1]
'p'
>>> s[-5]
'l'
```

（4）另外的一种切片方式就是，首先还是定义一格字符串的变量，然后间隔的取出字符串中的字符。

语法格式：

```
s[start: end: stride]
```

同样这里取出来的字符串的结束字符是 end 结束的前一个字符，stride 表示的是间隔的长度。

```
>>> s = 'abcdefghijklmnop'
>>> s[1:10:2]
'bdfhj'
>>> s[::2]
'acegikmo'
>>> s[::-1]
'ponmlkjihgfedcba'
>>> s[::-2]      #间隔两个字符逆向切片
'pnljhfdb'
>>> s = 'abcdefghijklmnop'
>>> s[-1:-8:-1]
'ponmlkj'
>>> s[-1:3:-2]
'pnljhf'
>>> s[10:1:-3]
'khe'
```

【例 7-3】回文字符串的判断。

一个字符串，如果按从左至右的顺序读和按从右至左的顺序读是相同的，那么这个字符串是回文字符串，如"黄山落叶松叶落山黄"。用户输入一个字符串，判断该字符串是否为回文字符串，如果是，则输出"True"，否则输出"False"。

分析：输入字符串后，可以利用切片的方法得到该字符串的反转字符串，若输入的字符串为 rs，则反转字符串为 rs[::-1]，将两个字符串进行比较即可。参考程序如下：

```
#判断一个字符串是否为回文串
rs = input("请输入一个字符串: ")
if rs == rs[::-1]:
    print('True')
else:
    print('False')
```

也可以使用这个方法来判断一个数是否为回文数。

7.1.4 字符串对象的常用方法

通常我们说，在 Python 语言中"一切皆对象"。字符串就是一个类，每一个字符串就是一个对象。类中定义了一些函数，这些函数就被称为"方法"。字符串对象的常用方法见表7-3。

表7-3 字符串对象的常用方法

方 法	说 明
str.upper()	返回原字符串 str 的副本，其中所有区分大小写的字符均转换为大写
str.lower()	返回原字符串 str 的副本，其中所有区分大小写的字符转换为小写
str.swapcase()	返回原字符串 str 的副本，转换大小写
str.title()	返回原字符串 str 的标题版本，其中每个单词第一个字母为大写，其余字母为小写
str.istitle()	字符串首字母是否是大写，是则返回 true，否则返回 false
str.isdigit()	若字符串 str 中的字符都是数字，则返回 True，否则返回 False
str.isalpha()	若字符串 str 中的字符都是字母，则返回 True，否则返回 False
str.isspace()	若字符串 str 中的字符都是空白字符，则返回 True，否则返回 False
str.startswith(prefix[,start[,end]])	str[start:end]切片中以 prefix 开头返回 True，否则返回 False
str.endswith(suffix[,start[,end]])	str[start:end] 切片中以 suffix 开头返回 True，否则返回 False
str.find(sub[,start[,end]])	返回子字符串 sub 在 str[start:end]切片内被找到的最小索引
str.center(width[,fillchar])	返回长度为 width 的字符串，原字符串在其正中。使用指定的 fillchar 填充两边的空位
str.join(iterable)	返回一个由 iterable 中的字符串拼接而成的字符串
str.replace(oldstr,newstr[,count])	返回字符串的副本，其中出现的所有子字符串 oldstr 都将被替换为 newstr
str.split(sep=None,maxsplit=- 1)	返回一个由字符串内单词组成的列表，使用 sep 作为分隔字符串
str.strip([chars])	返回原字符串的副本，移除其中的前导和末尾字符。chars 参数为指定要移除字符的字符串。默认空白符
str.zfill(width)	返回原字符串的副本，在左边填充'0'使其长度变为 width

表7-3中字符串的常用方法在实际应用中使用频率很高，且非常好用。使用示例如下：

1. str.upper()

将字符串中的字母全部转换成大写字母。例如：

```
>>> sample_a = 'abcD'              #将字符串中的字母全部转为大写
>>> print(sample_a.upper())
ABCD
```

2. str.lower()

将字符串中的字母全部转换成小写字母。例如：

```
>>> sample_2 = 'aAbB'              #将字符串中的字母全部转换为小写
>>> print(sample_2.lower())
aabb
```

3. str.swapcase()

返回原字符串 str 的副本，转换大小写

```
>>> sample_3 = 'aAbB'              #将字符串中的字母大写转换为小写，小写转换为大写
>>> print(sample_3.swapcase())
AaBb
```

4. str.title()

每个单词第一个字母为大写，其余字母为小写。

```
>>> sample_4 = 'abcdRRF'       #将字符串中每一个单词的第一个字母大写，其余小写
>>> print(sample_4.title())
```

```
Abcdrrf
```

5. str.istitle()

字符串中每个英文单词首字母是否是大写，是则返回 true，否则返回 false。例如：

```
>>> sample_5a = 'Abc'              #字符串首字母大写
>>> sample_5b = 'aAbc'             #字符串首字母不是大写
>>> print(sample_5a.istitle())
True
>>> print(sample_5b.istitle())
False
```

6. str.isdigit()

字符串是否全是由数字组成，是则返回 true，否则返回 false。例如：

```
>>> sample_6a= 'abc23'             #字符串中不只是有数字
>>> sample_6b = '23'               #字符串中只是有数字
>>> print(sample_6a.isdigit())
False
>>> print(sample_6b.isdigit())
True
```

7. str.isalpha()

字符串是否全是由字母组成的，是返回 true，否则返回 false。例如：

```
>>> sample_7a = 'abc123'               #字符串中不只是有字母
>>> sample_7b = 'abc'                  #字符串中全是字母
>>> print(sample_7a.isalpha())
False
>>> print(sample_7b.isalpha())
True
```

8. str.isspace()

字符串是否全是由空格组成的，是则返回 true，否则返回 false。例如：

```
>>> sample_8a = ' abc'                 #字符串中不只有空格
>>> sample_8b = '     '                #字符串中只有空格
>>> print(sample_8a.isspace())
False
>>> print(sample_8b.isspace())
True
```

9. str.startswith(sub[,start[,end]])

判断字符串在指定范围[start:end]内是否以 sub 开头，默认范围是整个字符串。例如：

```
>>> sample_9 = '12abcdef'
>>> print(sample_9.startswith('12',0,5))     #范围内是否是以'12'开头
True
```

10. str.endswith(sub[,start[,end]])

判断字符串在指定范围内是否是以 sub 结尾，默认范围是整个字符串。例如：

```
>>> sample_10 = 'abcdef12'
>>> print(sample_10.endswith('12'))        #指定范围内是否是以'12'结尾
True
```

11. str.find('str',start,end)

查找并返回子字符串在 start 到 end 范围内的位置，默认范围是从父字符串的头开始到尾结束，

例如:

```
>>> sample_aa = '0123156'
>>> print(sample_aa.find('5'))            #查找子字符串'5'在sample_aa中的位置
5
>>> print(sample_aa.find('5',1,4))        #指定范围内没有该字符串默认返回-1
-1
>>> print(sample_aa.find('1'))            #多个字符串返回第一次出现时候的顺序
1
```

12. str.center(width[,fillchar])

返回长度为 width 的字符串, 原字符串在其正中。使用指定的 fillchar 填充两边的空位。例如:

```
>>> simple_12 = "happy"
>>> print(simple_12.center(15,'*'))
*****happy*****
```

13. str.join(iterable)

返回一个由 iterable 中的字符串拼接而成的字符串

```
>>> test = ['a','e','i','o','u','!']
>>> print(''.join(test))
aeiou!
>>> print('.'.join(test))
a.e.i.o.u.!
```

14. str.replace(oldstr, newstr,count)

将旧的子字符串替换为新的子字符串, 若不指定替换次数 count 默认全部替换。例如:

```
>>> sample_fun4 = 'ab12cd3412cd'
>>> print(sample_fun4.replace('12','00'))    #不指定替换次数count
    ab00cd3400cd
>>> print(sample_fun4.replace('12','00',1))  #指定替换次数count
    ab00cd3412cd
```

15. str.split(sep=None,maxsplit=-1)

将字符串按照指定的 sep 字符进行分割, maxsplit 是指定需要分割的次数, 若不指定 sep 默认是按字符串中的空格进行分割。例如:

```
>>> sample_fun5 = 'abacdaef'
>>> print(sample_fun5.split('a'))        #指定分割字符串, 按'a'对字符串进行分割
['', 'b', 'cd', 'ef']
>>> print(sample_fun5.split())           #不指定分割字符串, 按空格进行分割, 而 sample_fun5
字符串中没有空格, 所以不分割
['abacdaef']
>>> print(sample_fun5.split('a',1))      #指定分割次数
['', 'bacdaef']
```

16. str.strip([chars])

若方法里面的 chars 不指定默认去掉字符串的首、尾空格或者换行符, 但是如果指定了 chars, 那么会删除首尾的 chars 例如:

```
>>> sample_fun6 = '  Hello world^#'
>>> print(sample_fun6.strip())           #默认去掉首尾空格
Hello world^#
>>> print(sample_fun6.strip('#'))        #指定首尾需要删除的字符
Hello world^
```

```
>>> print(sample_fun6.strip('^#'))
Hello world
```

17．zfill(width)

返回原字符串的副本，在左边填充'0'，使其长度变为 width。

```
>>> sample_fun7 = 'abc123'
>>> print(sample_fun7.zfill(10))
0000abc123
```

7.1.5 字符串常量

字符串常量定义在 string 模块中。常用的字符串常量有：

1．string.ascii_lowercase

小写字母：'abcdefghijklmnopqrstuvwxyz'。

2．string.ascii_uppercase

大写字母：'ABCDEFGHIJKLMNOPQRSTUVWXYZ'。

3．string.digits

字符串：'0123456789'。

4．string.hexdigits

字符串：'0123456789abcdefABCDEF'。

5．string.octdigits

字符串：'01234567'。

6．string.punctuation

ASCII 标点符号的字符所组成的字符串: '!"#$%&'()*+,-./:;<=>?@[\]^_`{|}~.'。

7．string.printable

digits，ascii_letters，punctuation 和 whitespace 的总和。

8．string.whitespace

包括空格、制表、换行、回车、进纸和纵向制表符。

使用示例下所示：

```
>>> import string
>>> string.ascii_lowercase
'abcdefghijklmnopqrstuvwxyz'
>>> string.ascii_uppercase
'ABCDEFGHIJKLMNOPQRSTUVWXYZ'
>>> string.digits
'0123456789'
>>> string.hexdigits
'0123456789abcdefABCDEF'
>>> string.whitespace
' \t\n\r\x0b\x0c'
>>> string.punctuation
'!"#$%&\'()*+,-./:;<=>?@[\\]^_`{|}~'
```

7.1.6 字符串应用举例

【例 7-4】输入一行英文语句，统计其中有多少个单词，单词和单词之间以空格隔开。如：

输入：There are 3 person in this room.

输出：这句话中有 7 个单词。

分析：首先使用 input( )函数获取一行英文语句，然后使用字符串的 split( )方法对字符串按空格拆分，拆分结果是一个列表，获取列表元素个数就是该语句的单词个数。

参考程序如下：

```
in_str = input("请输入英文语句: ")          #输入语句
words = in_str.split(' ')                 #使用字符串的split方法对字符串按空格拆分
print(words)                             #输出拆分后获得的列表
word_num = len(words)                    #计算列表元素个数
print("这句话中有%d个单词。"%(word_num))    #输出语句
```

【例 7-5】将语句中的敏感词语使用*替换。

分析：首先构建敏感词库，为了避免有重复词语，可以使用集合。使用 input( )函数输入一段话，将敏感词库中的词语依次在输入的语句中进行判断是否存在，若存在就用*号替换。

参考程序如下：

```
sensitive_words = {'敏感1','敏感2','敏感3','敏感4','敏感5','敏感6' }
# 使用集合构建敏感词库
test_sentence = input('请输入一段话:')          #由用户输入测试语句
for line in sensitive_words:                  #遍历敏感词库
    if line in test_sentence:    #判断输入的语句是否包含敏感词，如果包含则用*号替换
        test_sentence = test_sentence.replace(line, '*')
print(test_sentence)
```

假设输入"它是敏感 1"这句话，程序运行结果如下：

```
请输入一段话:它是敏感1
它是*
```

【例 7-6】输入一个字符串，编写程序完成如下功能。

① 求出字符串中字符的个数。

② 将字符串中的大写字母改为小写字母、小写字母改为大写字母。

③ 将字符串中的数字取出，将取出的字符串构建成一个新的字符串。

参考程序如下：

```
in_str = input("请输入一个字符串: ")

#①求字符串中字符的个数
print("字符串中的字符个数是: " , len(in_str))

#②将字符串串中的大写字母改为小写字母、小写字母改为大写字母
print("大小写转换后的字符串为: " , in_str.swapcase())

#③将字符串中的数字取出，将取出的字符串构建称一个新的字符串
digit_str = ''
for i in in_str:
    if i.isdigit():
        digit_str += i

if digit_str:
    print("构建的数字字符串为: ", digit_str)
else:
```

```
print("原字符串中不包含数字")
```

程序运行结果如下：

```
请输入一个字符串: There are 5 apple, 6 banana in this bag.
字符串中的字符个数是: 40
大小写转换后的字符串为: tHERE ARE 5 APPLE, 6 BANANA IN THIS BAG.
构建的数字字符串为: 56
```

【例7-7】制作包含五个字符的验证码，不区分大小写，包含数字。在登录网络账号时，为了安全考虑，在用户输入完用户名和密码后，还需要用户输入验证码。这道题就是模拟验证码的产生和对比。

分析：验证码包含五个字符，可以是大写字母，小写字母和数字。这五个字符随机产生。输出后由用户输入，然后进行对比。

参考程序如下：

```
import random
import string
pool = string.ascii_letters + string.digits
#构建字符池，包括英文大小写字符和数字
samples = random.sample(pool, 5)
#从字符池中随机选取五个字符, samples 结果为列表
test = ''.join(samples)
#将列表中的字符进行连接。使用字符串 join 方法，无连接符
print(test)                          #输出验证码
user_in = input("请输入验证码: ")       #用户进行输入
if user_in.lower() == test.lower():  #将验证码和用户输入都转为小写字母进行对比
    print("正确")
else:
    print("错误")
```

7.2 正则表达式

正则表达式，又称规则表达式。（英语：Regular Expression，在代码中常简写为 regex、regexp 或 RE），正则表达式是计算机科学的一个概念。正则表达式通常被用来检索、替换那些符合某个模式（规则）的文本。

许多程序设计语言都支持利用正则表达式进行字符串操作。

7.2.1 正则表达式语言概述

正则表达式是对字符串（包括普通字符（例如，a 到 z 之间的字母）和特殊字符（称为"元字符"）操作的一种逻辑公式，就是用事先定义好的一些特定字符及这些特定字符的组合，组成一个"规则字符串"，这个"规则字符串"用来表达对字符串的一种过滤逻辑。正则表达式是一种文本模式，该模式描述在搜索文本时要匹配的一个或多个字符串。

1. 使用正则表达式的目的：

① 给定的字符串是否符合正则表达式的过滤逻辑（称作"匹配"）。

② 可以通过正则表达式，从字符串中获取我们想要的特定部分。

2. 正则表达式的特点：

① 灵活性、逻辑性和功能性非常强。

② 可以迅速地用极简单的方式达到对字符串的查找、替换等处理要求，在文本编辑与处理、

网页爬虫之类的场合中有重要应用。

③ 对于初学者来说，有一定难度。

由于正则表达式主要应用对象是文本，因此它在各种文本编辑器场合都有应用，小到著名编辑器 EditPlus，大到 Microsoft Word、Visual Studio 等大型编辑器，都可以使用正则表达式来处理文本内容。Python 从 1.5 版本开始加入了正则表达式模块 re 模块。

7.2.2　正则表达式元字符

正则表达式由一些普通字符和一些元字符（metacharacters）组成。普通字符包括大小写的字母和数字，而元字符则具有特殊的含义。

在最简单的情况下，一个正则表达式看上去就是一个普通的查找串。例如，正则表达式"testing"中没有包含任何元字符，它可以匹配"testing"和"testing123"等字符串，但是不能匹配"Testing"。

利用正则表达式对字符串的匹配通常分为精确匹配和贪婪匹配两种。在正则表达式中，默认是贪婪匹配模式。如果直接给出字符，则为精确匹配。

要想真正的用好正则表达式，正确的理解元字符非常重要。表 7-4 列出了常用的元字符及其功能。

表 7-4　元字符及其功能说明表

元　字　符	功　能　说　明
\	反斜线被用作元字符的转义字符。它也可被用于转义非元字符。
.	匹配除换行符以外的任意单个字符
*	匹配位于*之前的字符或子模式任意次
+	匹配位于+之前的字符或子模式的 1 次或多次出现
–	在[]之内用来表示范围
|	匹配位于|之前或之后的字符串
^	匹配行首，匹配以^后面的字符开头的字符串
$	匹配行尾，匹配以$之前的字符结束的字符串
?	匹配位于?之前的 0 个或 1 个字符。当此字符紧随任何其他限定符（ *、+、?、{n}、{n,}、{n,m}）之后时，匹配模式是"非贪心的"。"非贪心的"模式匹配搜索到的、尽可能短的字符串，而默认的"贪心的"模式匹配搜索到的、尽可能长的字符串。例如，在字符串"oooo"中，"o+?"只匹配单个"o"，而"o+"匹配所有"o"
()	将位于()内的内容作为一个整体来对待
{m,n}	{}前的字符或子模式重复至少 m 次，至多 n 次
[]	表示范围，匹配位于[]中的任意一个字符

1. 点字符 "."

点字符 "."可匹配包括字母、数字、下划线、空白符（除换行符\n）等任意的单个字符。

使用方法如下：

① A.s：匹配以字母 A 开头，以字母 s 结尾，中间为任意一个字符的字符串，匹配结果可以是 Abs、Aos、A3s、A@s 等。

② ..：匹配任意两个字符，可以匹配 43、ff、tt、sa 等。也可以理解为有 n 个点字符就可以匹配长度为 n 的字符串。

③ .n：匹配任意字母开头，以 n 结尾的字符串。如：in、an、en、on、@n、4n 等。

2. 插入字符 "^" 和美元符 "$"

插入字符 "^" 匹配行首。美元符 "$" 匹配行尾。

使用方法如下：

① ^ab：只能匹配行首出现的 ab，如 abc、abs、abstract、abandon 等。

② ab$：只能匹配行尾出现的 ab，如 grab、lab 等。

③ ^ab$：匹配只有 ab 两个字符的行。

④ ab：匹配在行中任意位置出现的 ab。

⑤ ^$：插入字符和美元符连在一起表示匹配空行。

3. 连接符 "|"

连接符 "|" 可将多个不同的子表达式进行逻辑连接，可简单地将 "|" 理解为逻辑运算符中的 "或" 运算符，匹配结果为与任意一个子表达式模式相同的字符串。

使用方法如下：

① alelilolu：匹配字符 a、e、i、o、u 中的任意一个。

② 黑|白：匹配黑或白。

4. 字符组 "[ ]"

正则表达式中使用一对方括号 "[ ]" 标记字符组，字符组的功能是匹配其中的任意一个字符。方括号在正则表达式中也有 "或" 的功能。但是方括号只能匹配单个字符。而连接符 "|" 既可以匹配单个字符，也可以匹配字符串。

使用方法如下：

① bu[vs]：匹配以 bu 开头，以字符 v 或 s 结尾的字符串。匹配结果是 buv 或者 bus。

② [C|c]hina：匹配以字符 C 或者字符 c 开头，以 hina 结尾的字符串。匹配结果是 China 或者 china。

③ [!?^&]：匹配方括号中四个符号中的任意一个。

在字符组 "[]" 外的字符按从左到右的顺序进行匹配，而方括号内的字符为统计匹配，无先后顺序，匹配结果至多只选择方括号内的一个字符。如 bu[vs]，在方括号外，先匹配 b，再匹配 u。方括号内，v 和 s 是同级的。

5. 连字符 "-"

连字符 "-" 一般在字符组 "[ ]" 中使用，表示一个范围，一个区间。

使用方法如下：

① [0-9]：表示匹配 0、1、2、3、4、5、6、7、8、9 之间的任意一个数字字符。

② [a-z]：表示匹配任意一个小写英文字母。

6. 匹配符 "?"

元字符 "?" 表示匹配其前面的元素 0 次或 1 次。

使用方法如下：

① ad?：匹配 ad 或 a。

② se?d：匹配 sed 或 sd。

③ 张明?：匹配张明或张。

7. 量词

正则表达式中使用 "*"、"+" 和 "{}" 符号来限定其前导元素的重复次数，即量词。使用

方法如下：

① ht*p：匹配字符"t"零次或多次，匹配结果可以是 hp、htp、http、htttp 等。

② ht+p：匹配字符"t"一次或多次，匹配结果可以是 htp、http、htttp，但不可能是 hp。

③ ht{2}p：匹配字符"t"2 次，匹配结果为 http。

④ ht{2,4}p：匹配字符"t"2-4 次，匹配结果可以是 http、htttp 和 httttp。

8. 分组

正则表达式中使用"()"可以对一组字符串中的某些字符进行分组。

使用方法如下：

① Mon(day)?：可以匹配分组"day"0 次或 1 次，匹配结果是 Mon 或者 Monday。

② (Moon)? light：可以匹配分组"Moon"0 次或 1 次，匹配结果是 light 或者 Moonlight。

7.2.3 预定义字符集

正则表达式中预定义了一些字符集，使用字符集能以简洁的方式表示一些由元字符和普通字符表示的匹配规则。常见的预定义字符集如表 7-5 所示。

表 7-5　预定义字符集

字　符	说　明
\f	匹配换页符
\n	匹配换行符
\r	匹配一个回车符
\b	匹配单词头或单词尾
\B	与\b 含义相反，匹配不出现在单词头部或尾部的字符
\d	匹配数字，相当于[0-9]
\D	与\d 含义相反，等同于[^0-9]
\s	匹配任何空白字符，包括空格、制表符、换页符，与 [\f\n\r\t\v] 等效
\S	与\s 含义相反
\w	匹配任何字母、数字以及下划线，相当于[a-zA-Z0-9_]
\W	与\w 含义相反，匹配特殊字符
\A	仅匹配字符串的开头，相当于^
\Z	仅匹配字符串的结尾，相当于$

7.2.4 常用的正则表达式

在这一小节，介绍一些常用的正则表达式。

1. 功能相同的不同符号书写

（1）"?"等价于匹配长度"{0,1}"

（2）"*"等价于匹配长度"{0,}"

（3）"+"等价于匹配长度"{1,}"

（4）"\d"等价于"[0-9]"

（5）"\D"等价于"[^0-9]"

（6）"\w"等价于"[A-Za-z_0-9]"

（7）"\W"等价于"[^A-Za-z_0-9]"。

2. 常用的表达式

（1）"^[0-9]*$"：仅匹配数字。

（2）"^\d{n}$"：匹配 n 位数字。

（3）"^\d{n,}$"：匹配至少 n 位数字。

（4）"^\d{m,n}$"：匹配 m~n 位数字。

（5）"^\+?[1-9][0-9]*$"：匹配非零的正整数。

（6）"^\-[1-9][0-9]*$"：匹配非零的负整数。

（7）"^.{3}$"：匹配长度为 3 的字符。

（8）"^[A-Za-z]+$"：匹配由 26 个英文字母组成的字符串。

（9）"^[A-Z]+$"：匹配由 26 个大写英文字母组成的字符串。

（10）"^[a-z]+$"：匹配由 26 个小写英文字母组成的字符串。

（11）"\n\s*\r"：匹配空白行。

（12）"^[\u4e00-\u9fa5]{0,}$"：匹配汉字。

（13）匹配电话号码：（"^(\d{3,4}-)\d{7,8}$"）正确格式：xxx/xxxx-xxxxxxx/xxxxxxxx。

（14）匹配手机号码（包含虚拟号码和新号码段）："^1([38][0-9]|4[5-9]|5[0-3,5-9]|66|7[0-8]|9[89])[0-9]{8}$"。

7.2.5　正则表达式模块 re

Python 从 1.5 版本开始加入了处理正则表达式的 re 模块。re 模块提供了处理正则表达式需要的功能。如文本匹配查找、文本替换、文本分割等功能。表 7-6 列出了 re 模块的常用函数。

表 7-6　re 模块常用函数

函　　数	功　　能
re. compile(pattern[, flags])	创建模式对象，即对正则表达式进行预编译，返回一个 Pattern 对象
re. match(pattern, string[, flags])	从字符串的开始处匹配模式 pattern，返回 match 对象或 None
re. search(pattern, string[, flags])	在整个字符串中寻找模式 pattern，返回 match 对象或 None
re. split(pattern, string[, maxsplit=0])	根据模式匹配项分隔字符串
re. sub(pattern, repl, string[, count=0])	将字符串中所有与 pattern 匹配的项用 repl 替换，返回新字符串，repl 可以是字符串或返回字符串的可调用对象，作用于每个匹配的 match 对象
re. subn(pattern, repl, string[, count=0])	将字符串中所有 pattern 的匹配项用 repl 替换，返回包含新字符串和替换次数的二元元组 repl 可以是字符串或返回字符串的可调用对象，作用于每个匹配的 match 对象
re. findall(pattern, string[, flags])	返回包含字符串中所有与给定模式匹配的项的列表

1. 预编译函数 re.compile()

如果需要重复使用一个正则表达式，那么可以使用 re.compile( )函数对其进行预编译，以避免每次编译正则表达式的对系统环境和资源的消耗。

re.compile( )函数语法格式如下：

```
re.compile(pattern, flags=0)
```

参数说明：

pattern：表示一个正则表达式。

flags：用于指定正则匹配的模式，常见取值见表 7-7。

表 7-7　flags 参数

flags 参数	说　明
re.I	忽略大小写
re.X	忽略空格
re.S	用'.'匹配的任意字符包括换行符
re.M	多行模式
re.L	使用本地系统语言字符集中\w、\W、\b、\B、\s、\S
re.U	使用 Unicode 字符集中\w、\W、\b、\B、\s、\S

re.compile( )函数用法示例如下：

【例 7-8】对正则表达式进行预编译，创建正则对象，匹配字符串中的数字。

```
import re                                #导入 re 模块
re_obj = re.compile(r'\d')               #创建模式对象
sentence = "今天是 2022 年 6 月 3 日，端午节！"
print(re_obj.findall(sentence))
```

程序运行结果如下：

```
['2', '0', '2', '2', '6', '3']
```

在【例 7-8】中，第二行代码，是使用 re.compile( )函数将正则表达式 "r'\d'" 预编译为正则模式对象 re_obj，第四行代码使用正则模式对象的 findall( )方法查找所有的匹配结果。匹配结果存放在列表中。正则模式对象的常用方法见表 7-8。

表 7-8　正则模式对象的常用方法

方法/属性–正则模式对象.方法名( )	功　能
match('字符串'[,起始位置[,结束位置]])	从字符串开头开始匹配，返回匹配对象
search('字符串'[,起始位置[,结束位置]])	找到第一个匹配成功的子字符串，返回匹配对象
findall('字符串'[,起始位置[,结束位置]])	找到并用列表返回所有匹配的子字符串
finditer('字符串'[,起始位置[,结束位置]])	找到并返回所有匹配成功的匹配对象的 iterator
split('字符串',最大分割数=0)	在正则模式对象匹配的所有位置将其拆分为列表
sub('表达式','字符串',替换次数=0)	替换匹配到的位置，默认替换所有
subn('表达式','字符串',替换次数=0)	与 sub( )相同，但返回新字符串和替换次数

注意：观察表 7-6 和表 7-8，我们可以看到 re 模块的常用函数和正则模式对象的方法是对应的。模块级函数允许同时传入正则表达式和要匹配的字符串，模块级函数只需把正则表达式作为第一个参数即可，在其他方面是相同的，它的返回值和 re.compile( )编译后的正则模式对象方法的返回值相同。但是如果需要多次匹配，且正则表达式相同，那么 re 模块函数则会进行多次编译。因此，可以根据具体情况，选择不同的方式解决问题。在本章中主要介绍模块函数。

【例 7-9】对正则表达式进行预编译，创建正则对象，匹配字符串中的英文单词。

```
import re                                #导入 re 模块
re_obj = re.compile(r'[a-z]+',re.I)      #创建模式对象
```

```
sentence = "欢迎一起来学习 Python 语言程序设计! print( 'Hello World!' )"
print(re_obj.findall(sentence))
```

程序运行结果如下：

```
['Python', 'print', 'Hello', 'World']
```

在【例 7-9】中，r'[a–z]+'表示至少匹配一次小写英文字母，当 flags 参数设置为 re.I 后，匹配模式就会忽略英文字母的大小写，匹配结果会包含所有的英文字母。

2. 匹配函数 re.match( )

re.match( )是用来进行正则匹配检查的方法，若字符串匹配正则表达式，则 match( )方法返回匹配对象（re.Match 对象），否则返回 None。匹配对象 re.Macth 对象具有 group( )方法，用来返回字符串的匹配部分。

re.match( )函数语法格式如下：

```
re.match(pattern, string, flags=0)
```

参数说明：

pattern：表示要传入的正则表达式。

string：表示待匹配的目标文本。

flags：表示使用的匹配模式。

使用 re.match( )函数对指定的字符串进行匹配，例如：

```
import re                                      #导入 re 包
sample_rea = re.match('Python','Python12')     #从头查找匹配字符串
print(sample_rea)                              #输出匹配结果
print(sample_rea.span())                       #输出包含匹配(start, end)位置的元组
print(sample_rea.group())                      #输出匹配的字符串
```

程序运行结果如下：

```
<re.Match object; span=(0, 6), match='Python'>
(0, 6)
Python
```

在上面的例子中，我们可以看到，re.match 对象包括 span( )方法和 group( )方法，其中 span( )方法表示匹配对象在文本中出现的位置范围。group( )方法表示匹配对象的内容。若仅想输出匹配对象内容，可以使用 re.match 对象的 group( )方法。

【例 7-10】匹配字符串是否以数字开头。

```
import re                                      #导入 re 模块
sample_one = 'No.23 too great!'
sample_two = '23 apples'
print(re.match(r"\d", sample_one))             #输出匹配结果
print(re.match(r"\d", sample_two))             #输出匹配结果
```

程序运行结果如下：

```
None
<re.Match object; span=(0, 1), match='2'>
```

3. 匹配函数 re.search( )

re.search( )方法和 re.match( )方法相似，也是用来对正则匹配检查的方法，但不同的是 search( )方法是在字符串的头开始一直到尾进行查找，若正则表达式与字符串匹配成功，那么就返回匹配对象，否则返回 None。re.search( )函数语法格式如下：

```
re.search(pattern, string, flags = 0)
```

re.search( )函数中参数的功能和 re.match( )相同，不再重复介绍。

例如：

```
import re
sample_re2 = re.search('Python','354Python12')  #依次匹配字符串
print(sample_re2)
print(sample_re2.group())
```

程序运行结果如下：

```
<re.Match object; span=(3, 9), match='Python'>
Python
```

虽然 re.match( )和 re.search( )方法都是指定的正则表达式与字符串进行匹配，但是 re.match( )是从字符串的开始位置进行匹配，若匹配成功，则返回匹配对象，否则返回 None。而 re.search( )方法却是从字符串的全局进行扫描，若匹配成功就返回匹配对象，否则返回 None。例如：

```
import re
sample_result3 = re.match('abc','abcdef1234')   #match 只能够匹配头
sample_result4 = re.match('1234','abcdef1234')
print(sample_result3.group())
print(sample_result4)
sample_result5 = re.search('abc','abcdef1234')  #search 匹配全体字符
sample_result6 = re.search('1234','abcdef1234')
print(sample_result5.group())
print(sample_result6.group())
```

程序运行结果如下：

```
abc
None
abc
1234
```

4. 匹配对象

在使用 re.match( )和 re.search( )函数进行匹配时，若匹配成功都将返回一个匹配对象 re.Match Object，例如：

```
import re
sample_rea = re.match('Python','Python12')       #从头查找匹配字符串
print(sample_rea)                                #输出匹配结果
sample_re2 = re.search('Python','354Python12')   #依次匹配字符串
print(sample_re2)
```

程序运行结果如下：

```
<re.Match object; span=(0, 6), match='2'>
<re.Match object; span=(3, 9), match='Python'>
```

运行结果返回的是 match 对象，主要包含 span 和 match 两项内容。匹配对象的方法见表 7-9。

group( )方法返回正则匹配的子字符串。start( )方法和 end( )方法返回匹配的起始和结束索引。span( )方法在单个元组中返回开始和结束索引。

由于 match( )函数只检查正则是否在字符串的开头匹配，所以 start( )的返回结果将始终为零。

表 7-9   re.match 对象的方法

方法 / 属性	说明
group( )	返回正则匹配的字符串
start( )	返回匹配的开始位置
end( )	返回匹配的结束位置
span( )	返回包含匹配(start, end)位置的元组

但是，search( )函数会扫描字符串，因此在这种情况下匹配可能不会从零开始。

5. 分割函数 re.split( )

re 模块中提供的 split( )函数可以在正则匹配的任何地方拆分字符串，返回一个列表。类似于字符串对象的 split( )方法，但在分隔符的分隔符中提供了更多的通用性；字符串对象的 split( )方法仅支持按空格或固定字符串进行拆分。而 re.split( )函数可以按照匹配的正则表达式进行区分。re.split( )函数的语法格式如下：

```
re.split(pattern, string, maxsplit=0, flags=0)
```

参数说明：

pattern：表示要传入的正则表达式。

string：表示待匹配的目标文本。

maxsplit：最大拆分次数，默认为 0 次。

flags：表示使用的匹配模式。

可以通过传递 maxsplit 的值来限制分割的数量。当 maxsplit 非零时，将最多进行 maxsplit 次拆分，并且字符串的其余部分将作为列表的最后一个元素返回。在以下示例中，分隔符是任何非字母数字字符序列。

```
import re
sample_a = re.split(r'\W+','This is a test, short and sweet, of split().')
sample_b =re.split(r'\W+','This is a test, short and sweet, of split().',3)
print(sample_a)
print(sample_b)
```

程序运行结果如下：

```
['This', 'is', 'a', 'test', 'short', 'and', 'sweet', 'of', 'split', '']
['This', 'is', 'a', 'test, short and sweet, of split().']
```

6. 替换函数 re.sub()和 re.subn()

re 模块提供了用于替换目标文本中匹配内容的函数 re.sub( )和 re.subn( )。这两个函数的语法格式如下：

```
re.sub(pattern, repl, string, count=0,flags=0)
re.subn(pattern, repl, string, count=0,flags=0)
```

参数说明：

pattern：表示要传入的正则表达式。

repl：表示用于替换的字符串。

string：表示待匹配的目标文本。

count：表示替换次数，默认为 0 次。

flags：表示使用的匹配模式。

re.sub( )函数和 re.subn( )函数都能完成替换，不同的是返回结果。re.sub( )函数返回替换后的字符串，而 re.subn( )函数返回的是包含替换结果和替换次数的元组。示例如下：

```
import re
sample_a = re.sub(r'blue|white|red','颜色','I have red pen and white paper.')
#使用汉字"颜色"替换字符串中出现的blue、white和red。
sample_b = re.subn(r'blue|white|red','颜色','I have red pen and white paper.')
print(sample_a)
print(sample_b)
```

程序运行结果如下：

```
I have 颜色 pen and 颜色 paper.
```

```
('I have 颜色 pen and 颜色 paper.', 2)
```

7. 匹配函数 re.findall( )

在前面介绍的匹配函数中，re.match( )函数只检测正则表达式是不是在待匹配的字符串的开始位置匹配，re.search( )函数会扫描整个待匹配的字符串查找匹配，但是只返回第一个匹配到的结果。如果希望得到待匹配字符串的全部匹配结果，那么就使用 re.findall( )函数。re.findall( )函数语法格式如下：

```
re.findall(pattern, string, flags=0)
```

参数说明：

pattern：表示要传入的正则表达式。

string：表示待匹配的目标文本。

flages：表示使用的匹配模式。

从左到右扫描待匹配字符串，并按找到的顺序返回匹配项。结果中包含空匹配项。示例如下：

```
import re
sample_a = re.findall(r'\bf[a-z]*', 'which foot or hand fell fastest')
#匹配以字母 f 开头的单词
sample_b = re.findall(r'(\w+)=(\d+)', 'set width=20 and height=10')
#匹配等号左侧和右侧的内容
print(sample_a)
print(sample_b)
```

程序运行结果如下：

```
['foot', 'fell', 'fastest']
[('width', '20'), ('height', '10')]
```

8. 贪婪模式与非贪婪模式

正则表达式一般趋向于最大程度的匹配，总是尝试匹配尽可能多的内容，也就是所谓的贪婪模式。示例如下：

```
import re
match_str = 'abcwellc'              #待匹配字符串
pattern = r'ab.*c'                  #正则表达式，匹配 ab 开头 c 结尾的内容。
match_result = re.match(pattern, match_str)
print(match_result)
```

程序运行结果如下：

```
<re.Match object; span=(0, 9), match='abcwellc'>
```

在这个例子中使用模式 pattern 匹配字符串 match_str，结果就是匹配到：abcwellc。当出现 "c" 时，它还是继续向后找，又找到 "c"，就把中间的 well 当做是（.*）的匹配。

非贪婪匹配就是匹配到结果就停止，总是尝试匹配尽可能少的内容。示例如下：

```
import re
match_str = 'abcwellc'              #待匹配字符串
pattern = r'ab.*?c'                 #正则表达式，匹配 ab 开头 c 结尾的内容。
match_result = re.match(pattern, match_str)
print(match_result)
```

程序运行结果如下：

```
<re.Match object; span=(0, 3), match='abc'>
```

在这个例子中使用模式 pattern 匹配字符串 match_str，结果就是匹配到：abc。当匹配到 "c" 后，它就停止匹配，此时把空字符作为（.*）的匹配。re 模块默认是贪婪模式；但是只要在表示数量的量词后面直接加上一个问号？就是非贪婪模式。

7.3 应用举例

【例 7-11】假设某 E-mail 地址由三部分构成：英文字母或数字（1～10 个字符）、"@"、英文字母或数字（1～10 个字符）、"."，最后以 com 或 org 结束，其正则表达式为：'^[a-zA-Z0-9]{1,10}@[a-zA-Z0-9]{1,10}.(com|org)$'。输入 E-mail 地址的测试字符串，忽略大小写，输出判断是否符合设定规则。

参考程序如下：

方法一：使用 re.compile( )函数

```
import re
p=re.compile('^[a-zA-Z0-9]{1,10}@[a-zA-Z0-9]{1,10}.(com|org)$',re.I)
#使用 re.compile()函数构建正则模式对象 p
while True:
    s=input("请输入测试的 E-mail 地址(输入 '0' 退出程序):\n")
    if s=='0':
        break
    m=p.match(s)    #使用正则模式对象 p 的 match()方法进行匹配
    if m:
        print('{} 符合规则'.format(s))
    else:
        print('{} 不符合规则'.format(s))
```

方法二：使用 re 模块函数 re.match( )函数进行匹配。

```
import re
pattern = r'^[a-zA-Z0-9]{1,10}@[a-zA-Z0-9]{1,10}.(com|org)$'
while True:
    s=input("请输入测试的 E-mail 地址(输入 '0' 退出程序):\n")
    if s=='0':
        break
    m=re.match(pattern, s, re.I)
    #使用 re 模块函数 re.match()函数进行匹配。
    if m:
        print('{} 符合规则'.format(s))
    else:
        print('{} 不符合规则'.format(s))
```

【例 7-12】用正则表达式将字符串 s 中连续的三位数字替换为"***"。

参考程序如下：

方法一：使用 re.compile( )函数

```
import re
p = re.compile(r'[\d]{3}')   #连续的三个数字
s = input("请输入一个字符串: ")
print(p.sub('***',s))
print(p.subn('***',s))
```

程序运行结果如下：

```
请输入一个字符串: 4567asdg123wee22225BCDF
***7asdg***wee***25BCDF
('***7asdg***wee***25BCDF', 3)
```

方法二：使用 re 模块函数 re.sub( )和 re.subn( )函数进行替换。

```
import re
pattern = r'[\d]{3}'   #连续的三个数字
```

```
s = input("请输入一个字符串: ")
print(re.sub(pattern, '***', s))
print(re.subn(pattern, '***', s))
```

【例7-13】模拟新用户注册网站账号过程，由新用户输入注册信息，包括注册账号，登录密码和手机号。网站在接收到用户信息后进行验证，验证账号、密码和手机号的有效性。

要求：

账号：账号长度为6~10个字符，包含汉字、字母、数字、下划线。

密码：长度为6~10个字符，包含大小写字母及下划线，以字母开头。

手机号码：手机号为中国大陆手机号。

参考程序如下：

```
# 验证新用户注册信息
import re
print("新用户注册提示: ")
print("账号长度为6~10个字符，包含汉字、字母、数字、下划线\n"
      "密码长度为6~10个字符，包含大小写字母及下划线，需以字母开头\n"
      "手机号为中国大陆手机号")
user_name = input("请输入账号: ")
user_pwd = input("请输入密码: ")
user_phone_num = input("请输手机号: ")
while True:
    # 账号长度为6~10个字符包含汉字、大小写字母、和下划线
    user_reg = re.compile(r"^[\u4E00-\u9FA5A-Za-z0-9_]{6,10}$")
    # 密码长度为6~10个字符必须以字母开头，包含字母数字下划线
    pwe_reg = re.compile(r"^[a-zA-Z]\w{5,9}$")
    # 手机号码匹配规则
    phone_reg = re.compile(r'^1[03456789]\d{9}$')
    if re.findall(user_reg, user_name):
        if re.findall(pwe_reg, user_pwd):
            if re.findall(phone_reg, user_phone_num):
                print("注册成功")
                break
            else:
                print("手机号码格式不正确")
                user_phone_num = input("请重新输入手机号: ")
        else:
            user_pwd = input("密码不符合要求，请重新输入密码: ")
    else:
        user_name = input("账户名不符合要求，请重新输入账号: ")
```

习　题

一、单项选择题

1. 下列关于正则表达式的说法，错误的是（　　　　）

　　A. 正则表达式由丰富的符号组成

　　B. re 模块中的 compile( )函数会返回一个 Pattern 对象

　　C. 预编译可以减少编译正则表达式的资源开销

　　D. 只有通过预编译的字符串才能使用正则表达式

2. 下列关于元字符功能的说法，错误的是（ 　　 ）

　　A. "." 字符可以匹配任何一个字符，除换行符外字符串的开始

　　B. "A" 字符可以匹配

　　C. "?" 字符表示匹配 0 次或多次 1 次或多次

　　D. "*" 字符表示匹配

3. 下列选项中，说法错误的是（ 　　 ）。

　　A. match( )函数从字符串开始位置检测　　　　B. search( )函数从字符串任意位置检测

　　C. findall( )函数会以列表形式将匹配结果返回　　D. 正则表达式默认是非贪婪匹配

4. 下列函数中，用于文本分割的是（ 　　 ）

　　A. subn( )　　　　　　　B. sub( )　　　　　　　C. split( )　　　　　　　D. compile( )

二、填空题

1. Python 中_____为正则表达式模块。

2. 在 Python 正则模块中_____和_____用于替换目标文本中的匹配项。

3. 正则表达式中有两种匹配方式，分别是贪婪匹配和_____匹配。

三、判断题

1. 在 Python 正则表达式中，\d 等价于[0-9]。　　　　　　　　　　　　　　（　　）

2. 使用 complie( )函数进行预编译会后生成一个 Pattern 对象。　　　　　（　　）

3. 贪婪匹配会尽量多地进行匹配。　　　　　　　　　　　　　　　　　　（　　）

4. match 函教会将所有符合匹配模式的结果返回。　　　　　　　　　　　（　　）

5. split 函数分割的子项会保存到元组中。　　　　　　　　　　　　　　　（　　）

四、请按下列要求写出的语句。

注意：使用字符串对象方法书写语句。对象名.方法名()。例如：第 1 小题答案为：stra.upper( )

1. 将字符串 stra = "abcd"转成大写。

2. 计算字符串 sa = "cd"在字符串 st = "abcd"中出现的位置。

3. 字符串 stra = "a,b,c,d"，请用逗号分割字符串，分割后的结果是什么类型的？

4. stra = "Python is good"，请将字符串里的 Python 替换成 python，并输出替换后的结果。

5. 有一个字符串 stra="python 字符串与正则表达式.html"，请写程序从这个字符串里获得.html 前面的部分。

6. stra = "this is a book"，请将字符串里的 book 替换成 apple。

7. stra = "this is a book"，请用程序判断该字符串是否以 this 开头。

8. stra = "this is a book"，请用程序判断该字符串是否以 apple 结尾。

9. stra = "this is a book\n"，字符串的末尾有一个回车符，请将其删除。

五、程序设计题

1. 获取字符串中汉字的个数。

2. 有一个包含字符串的列表 ts=['hello world', 'today is a good day', 'Happy to meet you']。去掉字符串列表中每个字符串的空格。

3. 输入任意两个字符串，从第一个字符串中删除第二个字符串中的所有字符。如：输入'hello world!'和'aeiou'，输出'hll wrld!'。

4. ipv4 格式的 IP 地址匹配。提示：ip 地址的范围是 0.0.0.0 ~ 255.255.255.255。

第 8 章

错误和异常处理 «‹

在运行 Python 程序时，难免会遇到这样或那样的问题，例如，书写程序时没有遵循 Python 的语法规则、运算时出现除数为零等，这个时候程序将无法继续运行。为此，Python 专门提供了一个异常处理机制，对可能出现的错误进行处理，使得有些错误可以在程序中及时得到修复，对于不能及时修复的错误，也可以提供错误信息，帮助程序员尽快解决问题。

【本章知识点】

- 程序的错误类型
- try…except 语句的使用
- raise 语句
- assert 断言

8.1 程序的错误

Python 程序在编写和运行时可能出现的错误有很多，主要有三类：语法错误、运行错误和逻辑错误。

8.1.1 语法错误

书写程序时，如果没有遵循 Python 语言的解释器和编译器所要求的语法规则，将会导致程序编译时报错。

例如，字符串后面没带引号：

```
>>> print('hello)
```

程序运行结果如下：

```
SyntaxError: EOL while scanning string literal
```

又例如，for 循环结构缺少冒号：

```
>>> for i in range(5)
```

程序运行结果如下：

```
SyntaxError: invalid syntax
```

这一类书写不规范的情况还有很多，比如需要英文符号的地方输入了中文符号，变量、函数名不符合标识符规范，函数的参数顺序不符合要求等。发生这种错误将提示 SyntaxError 异常。这类错误比较容易识别，也必须改正，否则程序无法运行。

8.1.2 运行错误

运行错误是指程序在执行过程中产生错误。

例如，程序中出现了分母为 0 的零除错误：

```
>>> a=3/0
```

程序运行结果：

```
Traceback(most recent call last):
  File "<pyshell#8>", line 1, in <module>
    a=3/0
ZeroDivisionError: division by zero
```

出现零除错误，将提示 ZeroDivisionError 异常。

又例如，使用 random 函数前未导入相应模块：

```
>>> a=random.randint(1,60)
```

程序运行结果：

```
Traceback(most recent call last):
  File "<pyshell#0>", line 1, in <module>
    a=random.randint(1,60)
NameError: name 'random' is not defined
```

这时将提示 NameError 异常。

还有整数与字符串比较大小、调用没有定义的函数等，这一类错误在运行时才报错，相比第一种错误不易识别。

8.1.3 逻辑错误

逻辑错误则是程序可以执行，但执行结果不正确，这时 Python 解释器不会报错，需要程序员根据结果发现逻辑错误。

例如，输出 10 以内的奇数，代码如下：

```
for i in range(10):
    if(i%2==0):
        print(i)
```

运行程序后，输出了 10 以内的偶数，此时没有错误提示，只是说明程序没有语法错误和运行错误，但因为逻辑上的错误，导致输出结果不正确。

对比这三种错误，可以看出 Python 解释器只能发现语法错误和运行错误，不能发现逻辑错误。逻辑错误是这三种错误中最难发现的错误，需要程序员积累一定的经验才能发现。

8.2 异常处理

异常是指程序在执行过程中，因为错误而导致程序无法继续运行。默认情况下，发生异常时，Python 会终止程序，并在控制台打印出异常出现的信息。

但程序执行时会遇到各种问题，并不是所有错误都需要终止程序，比如执行两个数相除，如果用户输入的除数为 0，则可以提示用户除数不能为 0，让用户重新输入，而不是直接终止程序，在控制台出现一堆异常堆栈信息。为了不使程序中断，可以使用异常处理机制来捕捉程序的错误，并处理它，使得异常出现后，程序仍然可以执行。

Python 提供了 try…except 语句进行异常处理，其作用是在程序代码产生异常之处进行捕捉，并使用另一段程序代码进行处理，以避免因异常而导致的程序终止。通常将可能发生异常的代码放在 try 子句中，发生异常后通过 except 子句捕获异常并对它做一些处理。

8.2.1 异常概念

Python 程序执行时，因为一些错误导致程序终止，这就是异常。异常出现时，控制台会打印出 Traceback（回溯）信息，即 Python 的错误信息报告，它定位出在文件第几行代码出现错误，并在最后一行显示是什么类型的异常，以及关于该异常的一些描述信息，这样可以帮助程序员诊断代码中引发异常的原因。如图 8-1 所示，异常类型是"AttributeError"，异常描述信息是"list 对象没有'sorte'这个属性"。

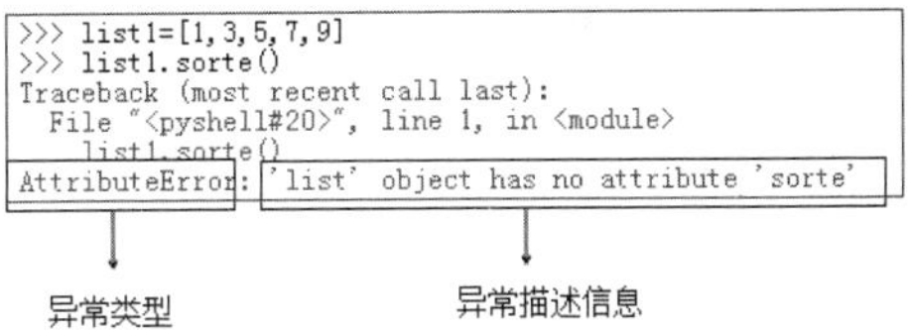

```
>>> list1=[1, 3, 5, 7, 9]
>>> list1.sorte()
Traceback (most recent call last):
  File "<pyshell#20>", line 1, in <module>
    list1.sorte()
AttributeError: 'list' object has no attribute 'sorte'
```

异常类型　　　　　　　　　异常描述信息

图 8-1　异常的 Traceback 信息

在 Python 中，异常的 Traceback 信息由内置异常处理类来提供，BaseException 是所有异常的基类，由其创建多个派生类，其中 Exception 是常规错误的基类。Python 中的标准异常类见表 8-1。

表 8-1　Python 的标准异常类

名　称	说　明	名　称	说　明
BaseException	所有异常的基类	IndexError	序列中没有此索引（Index）
SystemExit	解释器请求退出	KeyError	映射中没有这个键
KeyboardInterrupt	用户中断执行（通常是输入^C）	MemoryError	内存溢出错误（对于 Python 解释器不是致命的）
Exception	常规错误的基类	NameError	未声明/初始化对象（没有属性）
StopIteration	迭代器没有更多的值	UnboundLocalError	访问未初始化的本地变量
GeneratorExit	生成器（Generator）发生异常来通知退出	ReferenceError	弱引用（Weakreference）试图访问已经垃圾回收了的对象
ArithmeticError	所有数值计算错误的基类	RuntimeError	一般的运行时错误
FloatingPointError	浮点计算错误	NotImplementedError	尚未实现的方法
OverflowError	数值运算超出最大限制	SyntaxError	Python 语法错误
ZeroDivisionError	除（或取模）零（所有数据类型）	IndentationError	缩进错误
AssertionError	断言语句失败	SystemError	内部错误
AttributeError	对象没有这个属性	TabError	【Tab】键和空格键混用
EOFError	没有内建输入，到达 EOF 标记	TypeError	对类型无效的操作
EnvironmentError	操作系统错误的基类	ValueError	传入无效的参数
IOError	输入/输出操作失败	UnicodeError	Unicode 相关的错误
OSError	操作系统错误	UnicodeDecodeError	Unicode 解码时的错误
WindowsError	系统调用失败	UnicodeEncodeError	Unicode 编码时错误
ImportError	导入模块/对象失败	UnicodeTranslateError	Unicode 转换时错误
LookupError	无效数据查询的基类		

例如，输出不存在的变量 a，错误信息报告中的异常类型为 NameError。

```
>>> print(a)
```

程序运行结果如下：

```
Traceback (most recent call last):
  File "<pyshell#0>", line 1, in <module>
    print(a)
NameError: name 'a' is not defined
```

常见的还有 Python 语法错误，异常类型是"SyntaxError"；缩进错误，异常类型是

"IndentationError"；序列中没有此索引（Index），异常类型是 IndexError 等。

在编写和执行 Python 程序时，遇到异常查看异常类型和描述信息，积累经验，将会提高运行和维护 Python 程序的能力。

8.2.2　try...except 语句

异常并不是一定会发生，比如两个数相除，只有除数为 0 时才发生异常。若想使程序发生异常时不停止运行，只需在 try...except 语句中捕捉并处理它。

1. try...except 语句的语法

try...except 语句首先检测 try 子句中的代码，如果出现异常就会在 except 子句捕捉异常信息并处理它。

其语法格式如下：

```
try:
    可能发生异常的程序代码
except [异常类型]:
    如果出现异常执行的代码
[except [异常类型]:
    如果出现异常执行的代码]
[else:
    没有异常出现时 0 的代码]
[finally:
    无论是否异常都要执行的代码]
```

try...except 语句中的 except 子句至少有一个，也可以有多个，分别来处理不同的异常，但最多只有一个被执行；else 子句最多只能有一个，finally 子句最多只能有一个。

2. try...except 语句的执行流程

try...except 语句的执行流程为：

① 执行 try 子句，即 try 和 except 之间的程序代码。

② 如果没有异常发生，忽略 except 子句，执行 else 子句（如果有 else 子句）。

③ 如果执行 try 子句的过程中发生了异常，try 子句余下部分将被忽略，执行 except 子句，这时有两种情况：如果发生的异常类型与 except 后指定的异常类型一致，则执行 except 子句；如果发生的异常类型与 except 后指定的异常类型不一致，异常将被提交到上一级代码处理。如果没有得到处理，就会使用默认的异常处理方式：终止程序，并显示出错信息。

④ 不论是否发生异常，finally 子句一定会被执行（如果有 finally 子句）。

3. try...except 语句的常见形式

（1）捕获所有异常

在 try...except 语句中，except 后不带异常类型，这种形式的 try...except 语句可以捕获所有异常，但不利于程序员识别出具体的异常信息。

【例 8-1】捕捉所有异常。

程序代码如下：

```
try:
    print('aaa'+18)
except:
    print("出现错误")
print("执行完成")
```

程序运行结果如图 8-2 所示。

出现错误
执行完成
>>>

这段程序首先执行 try 子句，因为字符串和数字不能相加，发

生异常，将执行 except 子句，输出字符串"出现错误"。try…except 　图 8-2　例 8-1 程序运行结果

语句执行完后，程序没有停止，继续向下运行，输出字符串"执行完成"。

（2）捕获指定异常

在 try…except 语句中，except 后带异常类型，可以捕获指定异常。

【例 8-2】捕捉指定异常。

程序代码如下：

```
list1=[1,3,5]
try:
    print(list1[4])
except IndexError:
    print('索引超范围')
```

程序运行结果如图 8-3 所示。

索引超范围

在这段代码中，except 后的异常类型为 IndexError。程序执行　图 8-3　例 8-2 程序运行结果

时，首先执行 try 子句，出现异常，接下来执行 except 子句，首

先捕获异常类型为 IndexError，与指定异常类型一致，执行 print("索引超范围")语句，输出"索

引超范围"。

（3）捕获多个指定异常

try…except 语句中的 except 子句可以有多个，分别用来处理不同的异常，但最多只有一

个被执行。

【例 8-3】多个 except 子句捕获异常。

程序代码如下：

```
try:
    x=int(input("输入第一个数据: "))
    y=int(input("输入第二个数据: "))
    z=x/y
except ZeroDivisionError:
    print("0 除错误")
except ValueError:
    print("应输入数字")
else:
    print("没有错误")
```

程序运行时，如果输入 45、0 和字符 a，运行结果如图 8-4 所示。

（a）运行结果 1　　　　　　　　　　　　　（b）运行结果 2

图 8-4　例 8-3 程序运行结果

这段程序根据不同的错误，可以捕获两种异常。

① try…except…else 语句。代码中当执行 try 子句时未发生异常，接下来将执行 else 子句，

而不执行 except 子句。

【例 8-4】包含 else 子句的异常处理。

程序代码如下：

```
list1=[1,3,5]
```

```
try:
    print(list1[2])
except IndexError:
    print("索引超范围")
else:
    print("程序无异常")
```

运行结果如图 8-5 所示。

可以看出，当 try 子句时未发生异常时，else 部分的代码被执行。

② try…except…finally 语句。不管 try 子句是否发生异常，finally 子句都会执行，可以使用 finally 子句定义终止行为。

【例 8-5】 包含 else、finally 子句的异常处理。

程序代码如下：

```
x=int(input("input x:"))
try:
    100/x
except ZeroDivisionError:
    print("0 除错误")
else:
    print("正常")
finally:
    print("执行完成")
```

```
5
程序无异常
后续语句
```

图 8-5　例 8-4 程序运行结果

分别输入 20 和 0，程序运行结果如图 8-6 所示。

可以看到在执行完 try…except 语句后，总会执行 finally 语句，所以 finally 语句常用来做一些清理工作，以释放 try 子句中申请的资源。

使用 try…except 语句，即使 try 子句的代码出现异常，程序也不会终止，可以继续向下执行，从而增强了程序的健壮性。

【例 8-6】 try…except 语句的应用。

程序代码如下：

```
def spam(diby):
    try:
        return 20/diby
    except ZeroDivisionError:
        print("error:参数有误")
print(spam(4))
print(spam(0))
print(spam(20))
```

```
input x:20       input x:0
正常             0除错误
执行完成          执行完成
>>>              >>>
```
（a）运行结果 1　　（b）运行结果 2

图 8-6　例 8-5 程序运行结果

程序运行结果如图 8-7 所示。

上面代码段将 try…except 语句放到了函数 spam() 中，下面 3 次调用 spam() 函数。第 1 次调用输出 5.0；第 2 次调用时参数为 0，try 子句代码出现异常，程序没有停止，而是立即转到 except 子句执行；在执行 except 子句后，程序继续执行，第 3 次调用了 spam() 函数，输出 1.0。

可以看出，try…except 语句能帮助程序检测错误，处理它，然后继续运行。

异常处理并不仅处理那些直接发生在 try 子句中的异常，它还能处理子句中调用的函数（甚至间接调用的函数）里抛出的异常。例如：

```
def test1():
    x=1/0
try:
    test1()
except ZeroDivisionError as err:
    print("Handling run-time error:", err)
```

程序运行结果如图 8-8 所示。

```
5.0
error:参数有误
None
1.0
>>>
```

图 8-7　例 8-6 程序运行结果

```
Handling run-time error: division by zero
>>>
```

图 8-8　程序运行结果

8.2.3　try…except 语句的嵌套

Python 允许在 try…except 语句的内部嵌套另一个 try…except 语句。这样发生异常时，内层没有捕捉的异常可以被外层捕捉处理。

【例 8-7】try…except 语句的嵌套。

程序代码如下：

```python
list1=[1,3,5,7]
try:
    try:
        list1[1]/0
    except ZeroDivisionError:
        print("内层除 0 异常")
        list1[5]/10
except IndexError:
    print("外层索引越界")
```

程序运行结果如图 8-9 所示。

8.2.4　使用 as 获取异常信息提示

```
内层除0异常
外层索引越界
```

图 8-9　例 8-7 程序运行结果

try…except 可以在 except 语句中使用元组同时指定多种异常类型，以便使用相同的异常处理代码进行统一处理。

【例 8-8】以元组形式捕获多个异常。

程序代码如下：

```python
try:
    x=int(input("输入第一个数据: "))
    y=int(input("输入第二个数据: "))
    z=x/y
except(ZeroDivisionError,ValueError):
    print("有错误")
else:
    print("没有错误")
```

如果输入字符 y，程序运行结果如图 8-10 所示。

以上形式能捕捉多个异常，但除非确定要捕获的多个异常可

```
输入第一个数据：y
有错误
>>>
```

图 8-10　例 8-8 程序运行结果

以使用同一段代码来处理，一般并不建议这样做，因为得到的反馈错误信息不够清晰完整，不利于程序员了解程序运行情况，这时可以使用 as 获取系统反馈的异常信息。

as 语法格式如下：

```python
try:
    可能发生异常的程序代码
except 异常类名 as 别名:
    出现异常执行的代码
[else:
    未出现异常执行的代码]
```

```
[finally:
    无论是否异常都要执行的代码]
```
例如：
```
try:
    100+'a'
except Exception as err:
    print('error:',err)
```
程序运行结果如图 8-11 所示。

```
error: unsupported operand type(s) for +: 'int' and 'str'
>>>
```
图 8-11　as 语句举例运行结果

这段代码中，执行 try 子句，出现异常，所以执行 except 子句，输出字符串 "unsupported operand type(s) for +: 'int' and 'str'"，这个字符串是系统反馈的异常信息。

此处能自动显示系统反馈的异常信息，是因为 except 后的异常类型为 Exception，Python 中的 Exception 是常规错误的基类，使用 as 语句给予异常类型 Exception 别名 err，如有异常发生，输出 err，就可以得到系统反馈的异常信息。

【例 8-9】as 语句捕获异常信息。

程序代码如下：
```
try:
    x=int(input('输入第一个数据: '))
    y=int(input('输入第二个数据: '))
    z=x/y
except Exception as err:
    print('错误提示',err)
else:
    print('没有错误')
```
如果输入数据 45 和 0，程序运行结果如图 8-12 所示。

如果输入数据 45 和 a，程序运行结果如图 8-13 所示。

```
输入第一个数据: 45
输入第二个数据: 0
错误提示 division by zero
>>>
```
图 8-12　例 8-9 程序运行结果 1

```
输入第一个数据: 45
输入第二个数据: a
错误提示 invalid literal for int() with base 10: 'a'
>>>
```
图 8-13　例 8-9 程序运行结果 2

【例 8-10】请编写程序将用户输入的华氏温度转换为摄氏温度，或将输入的摄氏温度转换为华氏温度（保留小数点后两位小数）。输入采用大写字母 C、F 或小写字母 c、f 结尾（C、c 表示摄氏度、F、f 表示华氏度）。

转换算法如下：$C = (F - 32) / 1.8$

$F = C * 1.8 + 32$

分析：考虑异常输入的问题，如输入数据未以大写字母 C、F 或小写字母 c、f 结尾、输入的是字符或字符串等则出现异常。程序代码如下：
```
try:
    Temp=input()
    if Temp[-1] in ['F', 'f']:
        C=(eval(Temp[0:-1])-32)/1.8
        print("{:.2f}C".format(C))
    elif Temp[-1] in ['C', 'c']:
        F=1.8 * eval(Temp[0:-1])+32
```

```
        print("{:.2f}F".format(F))
    else:
        print("输入错误, 末位只能是'C','c','F','f'")
except NameError:
    print('变量名不存在')
except SyntaxError:
    print('语法错误')
except Exception as e:
    print(e)
```

分别输入 36F、45C、ada、aF，程序运行结果如图 8-14 所示。

```
36F
2.22C
>>>
```
（a）程序运行结果 1

```
45C
113.00F
>>>
```
（b）程序运行结果 2

```
ada
输入错误, 末位只能是'C','c','F','f'
>>>
```
（c）程序运行结果 3

```
aF
变量名不存在
>>>
```
（d）程序运行结果 4

图 8-14 例 8-10 程序运行结果

还有多种输入错误的情况，此处不再一一举例，灵活利用 try...except 语句可以捕获可能出现的错误。

8.2.5 使用 raise 语句抛出异常

除了程序中的错误可以引发异常，Python 还可以使用 raise 语句主动抛出异常，让程序进入异常状态。比如当程序调用函数层数较深时，如果向主调函数传递错误信息，要多次利用 return 语句，比较麻烦，人为抛出异常，可以直接传递错误信息。

其语法格式如下：

```
raise [ExceptionName[(reasons)]]
```

[]括起来的就是要抛出的异常，其作用是指定抛出的异常名称，以及异常信息的描述。这个要被抛出的异常，必须是一个异常的实例或者是异常的类，也就是 Exception 的子类。

其常用格式如下：

（1）raise 异常类名称

例如：

```
>>> raise IndexError
```

程序运行结果如下：

```
Traceback(most recent call last):
  File "<pyshell#19>", line 1, in <module>
    raise IndexError
IndexError
```

（2）raise 异常类名称（描述信息）

例如：

```
>>> raise Exception("数字输入错误")
```

程序运行结果为：

```
Traceback(most recent call last):
  File "<pyshell#20>", line 1, in <module>
    raise Exception("数字输入错误")
Exception: 数字输入错误
```

（3）单独一个 raise

例如：

```
>>> raise
```

程序运行结果为：

```
Traceback(most recent call last):
  File "<pyshell#4>", line 1, in <module>
    raise
RuntimeError: No active exception to reraise
```

8.3 断 言 处 理

除了 raise 语句可以抛出异常，Python 还允许在代码中使用 assert 语句主动引发异常。

8.3.1 断言处理概述

断言的含义是：断言这个条件为真，如果不为真，程序中就存在一个错误。断言针对的是程序员的错误，而不是用户的错误。对于那些可恢复的错误，如用户输入了无效的数据或文件未找到等，就抛出异常。可以使用 try…except 语句处理它，但 assert 语句不应该用 try…except 语句处理，如果 assert 失败，程序就应该终止执行，这样做是为了减少寻找导致该错误的代码的代码量。

8.3.2 assert 语句和 AssertionError 类

assert 语句用于判断一个表达式的真假。如果表达式为 True，不做任何操作，否则会引发 AssertionError 异常。

assert 语句的语法格式如下：

```
assert 条件[,参数]
```

它包含四个部分：assert 关键字、条件、逗号和参数。其中条件是 assert 语句的判断对象，是值为 True 或 False 的表达式；参数通常是一个字符串，是自定义异常参数，用于显示异常的描述信息。例如：

```
>>> s='c'
>>> assert s=='a','s need to be a'
```

程序运行结果：

```
Traceback(most recent call last):
  File "<pyshell#13>", line 1, in <module>
    assert s=='a','s need to be a'
AssertionError: s need to be a
```

代码第 1 行中 s 的值为'b'，所以第 2 行中 assert 后面的条件表达式 s=='a'值为 False，引发 AssertionError 异常，传进去的参数会作为异常类的实例的具体信息存在，输出's need to be a'。

assert 语句的逗号和参数可以省略，例如：

```
>>> list1=[1,2,3]
>>> assert list1[3]
```

程序运行结果：

```
Traceback(most recent call last):
  File "<pyshell#1>", line 1, in <module>
    assert list1[3]
IndexError: list index out of range
```

【例 8-11】一个网吧管理系统，要求顾客的年龄必须是 18 岁以上。

程序代码如下：

```
>>> age=10
>>> assert age>=18,'顾客的年龄必须是 18 岁以上'
```

程序运行结果如下：

```
Traceback(most recent call last):
  File "<pyshell#22>", line 1, in <module>
    assert age>=18,"顾客的年龄必须是 18 岁以上"
AssertionError: 顾客的年龄必须是 18 岁以上
```

代码中 age>=18 是 assert 语句要断言的表达式,"顾客的年龄必须是 18 岁以上"是断言的异常参数,程序运行时,由于 age=10,断言表达式的值为 False,所以系统抛出了 AssertionError 异常,并在异常后显示了自定义的异常信息。

assert 语句多用于程序的开发测试阶段,如果开发人员能确保程序正确,可以不再使用 assert 语句抛出异常。

 习　　题

一、程序设计题

1. 编写程序,用户输入一个 3 位以上的整数,使用整除运算输出其百位以上的数字。例如用户输入 1234,则程序输出 12。

2. 编写一个输入年龄的程序,当年龄不是数字时,捕获这个错误,并输出"您输入的不是数字,请再次输入"。

3. 互联网上的每台计算机都有一个唯一的 IP 地址,合法的 IP 地址是由"."分隔开的 4个数字组成,每个数字的取值范围是 0~255。现在用户输入一个 IP 地址（不含空白符,不含前导 0,如 001 直接输入 1）,请判断用户输入的地址是否为合法 IP,若是,输出"合法",否则输出"不合法"。例如用户输入为 202.196.6.10,则输出合法；当用户输入 202.196.6,则输出不合法。

二、简答题

下面各组代码是否产生异常,如果产生异常,请写出异常的名称。

1.
```
list1=[1,3,5,7,,]
```

2.
```
list1=[1,3,5,7,9]
print(list1[len(list1)])
```

3.
```
'2'+2
```

4.
```
dict1={'name':zhangsan,'age':18}
```

5.
```
dict1={'name':'zhangsan','age':18}
print(dict1['id'])
```

## 第 9 章

文件及目录操作 «‹‹

Python 可以处理操作系统下的文件结构，并对文本文件、二进制文件及其他类型的文件，如电子表格文件等进行输入和输出操作。另外，Python 还可以管理文件和文件夹。

【本章知识点】

- 掌握 Python 的文本文件的操作方法
- 熟悉 Python 的二进制文件的操作方法
- 掌握 Python 的 CSV 文件的操作方法
- 掌握 os 模块中对文件和文件夹的操作方法

9.1 文件概述

要把数据永久保存下来，需要存储在文件中。文件是存储在外部介质上的数据集合，与文件名相关联。按文件中数据的组织形式，文件可以分为文本文件和二进制文件两类。文本文件存储的是常规字符串，由文本行组成，通常以换行符 "\n" 结尾，Python 默认为 Unicode 字符集（两个字节表示一个字符），只能读/写常规字符串，能够用字处理软件（如记事本）进行编辑。二进制文件按照对象在内存中的内容以字节串（bytes）进行存储，不能用字处理软件进行编辑，常见的有：MP4 视频文件、MP3 音频文件、JPG 图片、doc 文档等。

9.2 文件的打开与关闭

对文件的访问是指对文件的读/写操作，在 Python 中对文件的操作通常按照以下三个步骤进行：

① 使用 open( )函数打开（或建立）文件，返回一个 file 对象。

② 使用 file 对象的读/写方法对文件进行读/写操作。其中，将数据从外存传输到内存的过程称为读操作，将数据从内存传输到外存的过程称为写操作。

③ 使用 file 对象的 close( )方法关闭文件。

9.2.1 打开文件

在 Python 中访问文件，首先要使用内置函数 open( )打开文件，创建文件对象，再利用该文件对象执行读/写操作。

一旦成功创建文件对象，该对象便会记住文件的当前位置，以便执行读/写操作。这个位置称为文件的指针。凡是以 r、r+、rb+的读文件方式，或以 w、w+、wb+的写文件方式打开的文件，初始时，文件的指针均指向文件的开始位置。

open( )函数用来打开文件。open( )函数需要一个字符串路径，表明希望打开的文件，语法格式如下：

```
fileObj=open(fileName, mode='r', buffering=-1, encoding=None, errors=None,
    newline=None, closefd=True, opener=None)
```

格式说明：

① fileName 是表示文件名的字符串，是必写参数，它可以是绝对路径，也可以是相对路径。

② mode 为打开模式，指定了打开文件后的处理方式，是指明文件类型和操作方式的字符串。

③ buffering 缓冲区指定了读/写文件的缓存模式。0 表示不缓存，1 表示缓存，如大于 1 则表示缓冲区的大小。默认值是缓存模式。

④ encoding 指定对文本进行编码和解码的方式，只适用于文本模式，可以使用 Python 支持的任何格式，如 GBK、UTF-8、CP936 等。

⑤ open( )函数返回一个文件对象 fileobj，该对象可以对文件进行各种操作。

open( )函数中 mode 参数常用值见表 9-1。

表 9-1　mode 参数常用值

模　　式	描　　　述
r	以只读方式打开文件。文件的指针将会放在文件的开头。这是默认模式
rb	以二进制格式打开一个文件用于只读。文件指针将会放在文件的开头。这是默认模式
r+	打开一个文件用于读/写。文件指针将会放在文件的开头
rb+	以二进制格式打开一个文件用于读/写。文件指针将会放在文件的开头
w	打开一个文件只用于写入。如果该文件已存在则将其覆盖。如果该文件不存在，创建新文件
wb	以二进制格式打开一个文件只用于写入。如果该文件已存在则将其覆盖。如果该文件不存在，创建新文件
w+	打开一个文件用于读/写。如果该文件已存在则将其覆盖。如果该文件不存在，创建新文件
wb+	以二进制格式打开一个文件用于读/写。如果该文件已存在则将其覆盖。如果该文件不存在，创建新文件
a	打开一个文件用于追加。如果该文件已存在，文件指针将会放在文件的结尾。也就是说，新的内容将会被写入已有内容之后。如果该文件不存在，创建新文件进行写入
ab	以二进制格式打开一个文件用于追加。如果该文件已存在，文件指针将会放在文件的结尾。也就是说，新的内容将会被写入已有内容之后。如果该文件不存在，创建新文件进行写入
a+	打开一个文件用于读/写。如果该文件已存在，文件指针将会放在文件的结尾。文件打开时会是追加模式。如果该文件不存在，创建新文件用于读/写
ab+	以二进制格式打开一个文件用于追加。如果该文件已存在，文件指针将会放在文件的结尾。如果该文件不存在，创建新文件用于读/写

说明：

当 mode 参数省略时，默认为读模式，即'r'，是 mode 参数的默认值。

'+'参数指明读和写都是允许的。

'b'参数用来处理二进制文件，如声音文件或图像文件。Python 默认处理的是文本文件。

open( )函数的第三个参数 buffering 控制缓冲。当参数为 0 或 False 时，输入/输出（I/O）是无缓冲的，读/写操作直接针对硬盘。当参数为 1 或 True 时，I/O 有缓冲，此时 Python 使用内存代替硬盘，使程序运行速度更快，只有使用 flush 或 close 时才会将数据写入硬盘。当参数大于 1 时，表示缓冲区的大小，以字节为单位，负数表示使用默认缓冲区大小。

下面举例说明 open( )函数的使用。

先用记事本创建一个文本文件，取名 hello.txt。输入以下内容并保存在 d:\python 下。

```
Hello!
My Python!
```

在 IDLE 交互式环境下输入以下代码：

```
>>> myFile=open("d:\\python\\hello.txt",'r')
```

这条命令将以读文本文件的方式打开放在 d 盘 python 文件夹下的 hello.txt 文件。这种模式下，只能从文件中读取数据而不能向文件中写入或修改数据。

调用 open()方法后将返回一个文件对象。本例中文件对象保存在 myFile 变量中。打开文件对象时，可以看到文件名，读/写模式和编码格式。cp936 是 Windows 系统里第 936 号编码格式，即 GB 2312 的编码。

```
>>> print(myFile)
<_io.TextIOWrapper name='d:\\python\\hello.txt' mode='r' encoding='cp936'>
```

接下来通过文件对象可以得到与该文件相关的各种信息，也可以调用 myFile 文件对象的方法读取文件中的数据了。表 9-2 所示是与文件对象相关的属性。

表 9-2　文件对象相关属性

属　　性	描　　述
closed	如果文件已被关闭则返回 True，否则返回 False
mode	返回被打开文件的访问模式
name	返回文件的名称
softspace	如果用 print 输出后，必须跟一个空格符，则返回 False，否则返回 True

9.2.2　关闭文件

文件打开并操作完毕，应该关闭文件，以便释放所占的内存空间，或被别的程序打开并使用。

文件对象的 close( )方法用来刷新缓冲区中所有还没有写入的信息，并关闭该文件，之后便不能再执行写入操作。

当一个文件对象的引用被重新指定给另一个文件时，Python 将关闭之前的文件。

close( )方法的语法格式如下：

```
fileObj.close()
```

功能：关闭文件。如果一个文件关闭后还对其进行操作，将产生 ValueError。

例如，关闭打开的文件对象 myFile。

```
myFile.close()
```

9.2.3　上下文关联语句

在实际应用中，读/写文件应优先使用上下文管理语句 with，关键字 with 可以自动管理资源，不论因为什么原因跳出 with 块，总能保证文件被正确关闭，并且可以在代码块执行完毕后自动还原进入代码块时的上下文，常用于文件操作、数据库连接等场合。用于文件读/写时，with 语句的用法如下：

```
with open(fileName,mode,encoding) as fp:
    #这里写通过文件对象 fp 读/写文件内容的语句
```

9.3 文本文件的读/写

9.3.1 读取文本文件

打开的文件在读取时可以一次性全部读入，也可以逐行读入，或读取指定位置的内容。可以调用文件对象的多种方法读取文件内容。

1. read( )方法

不设置参数的 read( )方法将整个文件内容读取为一个字符串。read( )方法一次读取文件的全部内容，性能根据文件大小而变化。

语法格式如下：

```
fileObj.read([size])
```

参数说明：

size：从文件中读取的字节数，缺省时读取文件所有内容。

【例 9-1】 调用 read( )方法读取 hello.txt 文件中的内容。

程序代码如下：

```
myFile=open("d:\\python\\hello.txt",'r')
fileContent=myFile.read()
myFile.close()
print(fileContent)
```

程序运行结果如下：

```
Hello!
My Python!
```

也可以设置最大读入字符数来限制 read( )函数一次返回字符串的大小。

【例 9-2】 设置参数，一次从文件中读取 5 个字符。

程序代码如下：

```
>>> with open("d:\\python\\hello.txt",'r') as fp:
    fileContent=fp.read(5)
>>> fp.close()
>>> print(fileContent)
```

程序运行输出结果如下：

```
Hello
```

2. readline( )方法

readline( )方法从文件中获取一个字符串，这个字符串就是文件中的一行。

语法格式如下：

```
fileObj.readline([size])
```

参数说明：

size：从文件中读取的字节数，最多为一行内容，缺省时读取文件一行内容。

【例 9-3】 调用 readline( )方法读取 hello.txt 文件中的内容。

程序代码如下：

```
myFile=open("d:\\python\\hello.txt",'r')
fileContent=myFile.readline()
myFile.close()
print(fileContent)
```

输出结果：

```
Hello!
```

如果读取到文件结尾，readline( )方法会返回一个空字符串。

3．readlines()方法

readlines( )方法返回一个字符串列表，其中的每一项是文件中每一行的字符串。

语法格式如下：

```
listObj=fileObj.readlines()
```

【例 9-4】调用 readline( )方法读取 hello.txt 文件中的内容。

程序代码如下：

```
myFile=open("d:\\python\\hello.txt",'r')
fileContent=myFile.readlines()
myFile.close()
print(fileContent)
```

程序运行结果如下：

```
['Hello!\n', 'My Python!']
```

readlines( )也可以设置参数，指定一次读取的字符数。

9.3.2　文本文件的写入

写文件与读文件相似，都需要先创建文件对象连接。所不同的是，打开文件时是以写模式或添加模式打开。如果文件不存在，则创建该文件。

与读文件时不能添加或修改数据类似，写文件时也不允许读取数据。写模式打开已有文件时，原有文件内容会清空，从文件头开始进行写入。

Python 提供有 write( )和 writelines( )两种写文件方法。

1．write( )方法

write( )方法将字符串参数写入文件。在文件关闭前或缓冲区刷新前，字符串内容存储在缓冲区中，这时在文件中是看不到写入的内容的。

如果文件打开模式带 b，那写入文件内容时，str(参数)要用 encode 方法转为 bytes 形式，否则报错：TypeError: a bytes-like object is required, not'str'。

语法格式如下：

```
fileObj.write([str])
```

参数说明：

str：要写入文件的字符串。

【例 9-5】调用 write( )方法向文件 hello.txt 中写数据。

程序代码如下：

```
myFile=open("d:\\python\\hello.txt",'w')
myFile.write("This is first line.\nThis is second line.\n")
myFile.close()
myFile=open("d:\\python\\hello.txt",'r')
fileContent=myFile.read()
myFile.close()
print(fileContent)
```

程序运行结果如下：

```
This is first line.
```

```
This is second line.
```

当以写模式打开文件 hello.txt 时，文件原有内容被清空，调用 write( )方法将字符串参数写入文件，这里'\n'代表换行符。关闭文件后，再次用读模式打开文件读取内容并输出，共有两行字符串。这里需要注意的是 write( )方法不能自动在字符串末尾添加换行符，需要手动添加"\n"。

【例9-6】 完成一个自定义函数 copy_file( )，实现文件复制功能。

copy_file( )需要两个参数，指定需要复制的文件 oldFile 和文件的备份 newFile。分别以读模式和写模式打开两个文件，从 oldFile 一次读入 30 个字符并写入 newFile。当读到文件末尾时 fileContent==""成立，退出循环并关闭两个文件。

```
def copy_file(oldFile,newFile):
    oldFile=open(oldFile,"r")
    newFile=open(newFile,"w")
    while True:
        fileContent=oldFile.read(30)
        if fileContent=="":          #读到文件末尾时
            break
        newFile.write(fileContent)
    oldFile.close()
    newFile.close()
    return
copy_file("d:\\python\\hello.txt","d:\\python\\hello1.txt")
```

2. writelines( )方法

writelines( )方法写入字符串序列到文件。该序列可以是任何可迭代的对象产生字符串，字符串为一般列表。没有返回值。如果需要换行则要自己加入换行符。

语法格式如下：

```
fileObj.writelines( sequence )
```

参数说明：

sequence：字符串的序列。

例如：

```
myFile=open("temp.txt","w")
list1=["Henan","Zhengzhou","zzuli"]
myFile.writelines(list1)
myFile.close()
myFile1=open("temp.txt")
fileContent=myFile1.read()
myFile1.close()
print(fileContent)
```

程序运行结果如下：

```
HenanZhengzhouzzuli
```

运行结果是生成一个 temp.txt 文件，内容是"HenanZhengzhouzzuli"，可见没有换行。另外需要注意，writelines( )写入的序列必须是字符串序列，若是整型序列，则会产生错误。

9.3.3 文件内移动

无论读或写文件，Python 都会跟踪文件中的读/写位置。在默认情况下，文件的读/写都是从文件的开始位置进行。Python 使用一些方法或函数跟踪文件的当前位置，使得我们能够改变文件读/写操作发生的位置。

1. tell( )方法

tell( )方法用来计算文件当前位置和开始位置之间的字节偏移量，返回文件指针的当前位置。

语法格式如下：

```
filePos=fileObj.tell()
```

例如：

```
>>> myFile=open("d:\\python\\hello.txt","r")
>>> filecontent=myFile.read(3)
>>> print(filecontent)
Thi
>>> myFile.tell()
3
```

这里 myFile.tell( )函数返回的是一个整数 3，表示文件当前位置和开始位置之间有 3 个字节的偏移量，或者说已经从文件中读取了 3 个字符了。

2. seek( )方法

seek( )方法是将文件当前指针由引用点移动指定的字节数到指定的位置，即设置新的文件当前位置，允许在文件中跳转，实现对文件的随机访问。

语法格式如下：

```
fileObj.seek(offset[,whence])
```

参数说明：

offset：是字节数，表示偏移量；

whence：是引用点，有 3 个取值。

① 0，表示文件开始处，默认值，意味着使用该文件的开始处作为基准位置，此时字节偏移量必须为负。

② 1，表示文件当前位置，意味着使用该文件的当前位置作为基准位置，此时字节偏移量可以为负。

③ 2，表示文件结尾，即该文件的末尾将作为基准位置。

注意：当文件以文本文件方式打开时，只能默认从文件头计算偏移量，即 whence 参数为 1 或 2 时，offset 参数只能取 0，Python 解释器不接受非零偏移量。当文件以二进制方式打开时，可以使用上述参数值进行定位。

例如：

```
>>> myFile.tell()
2
>>> myFile.seek(2,0)
2
>>> myFile.seek(2,1)
Traceback(most recent call last):
  File "<pyshell#15>", line 1, in <module>
    myFile.seek(2,1)
io.UnsupportedOperation: can't do nonzero cur-relative seeks
>>> myFile.seek(2,2)
```

```
Traceback(most recent call last):
  File "<pyshell#16>", line 1, in <module>
    myFile.seek(2,2)
io.UnsupportedOperation: can't do nonzero end-relative seeks
```

当 whence 参数为 1 或 2 时，offset 参数取 2（非零值），Python 解释器会报错。

9.3.4 文本文件与 jieba 库

在自然语言处理领域经常需要对文字进行分词，分词的准确度直接影响了后续文本处理和挖掘算法的最终效果。jieba（结巴）是百度工程师 Sun Junyi 开发的一个开源库，在 GitHub 上很受欢迎，使用频率也很高。Python 扩展库 jieba 很好地支持中文分词，可以使用 pip 命令进行安装（Windows 下命令格式：pip install jieba）。

jieba 最流行的应用是分词，包括介绍页面上也称之为"结巴中文分词"，但除了分词之外，jieba 还可以做关键词抽取、词频统计等。

jieba 支持三种分词模式和自定义词表。三种分词模式分别为：

① 精确模式：也是默认模式，试图将句子最精确地切开，只输出最大概率组合。

② 全模式：把句子中所有的可以成词的词语都扫描出来。

③ 搜索引擎模式：在精确模式基础上，对长词再次切分，提高召回率，适用于搜索引擎分词。

1. 精确模式

句子精确地切开，每个字符只会出现在一个词中，适合文本分析，结果返回一个列表对象。语法格式如下：

```
listObj=jieba.lcut(str)
```

参数说明：

str：字符串。

例如：

```
>>> import jieba
>>> print(jieba.lcut("我来到郑州轻工业大学"))
```

输出结果：

```
['我', '来到', '郑州', '轻工业', '大学']
```

2. 全模式

把句子中所有词都扫描出来，速度非常快，有可能一个字同时分在多个词，返回一个列表对象。

语法格式如下：

```
listObj=jieba.lcut(str, cut_all=True)
```

参数说明：

str：字符串。

cut_all：全模式。

例如：

```
>>> print(jieba.lcut("我来到郑州轻工业大学",cut_all=True))
```

输出结果：

```
['我', '来到', '郑州', '轻工', '轻工业', '工业', '业大', '大学']
```

3. 搜索引擎模式

在精确模式的基础上，对长度大于 2 的词再次切分，召回当中长度为 2 或者 3 的词，从而提高召回率，常用_于搜索引擎。

语法格式如下：

```
listObj=jieba.lcut_for_search(str)
```

参数说明：

str：字符串。

例如：

```
>>> print(jieba.lcut_for_search("我来到郑州轻工业大学"))
```

输出结果：

```
['我', '来到', '郑州', '轻工', '工业', '轻工业', '大学']
```

4. 自定义词表

自定义词表是结巴最大的优势，提高准确率，方便后续扩展。

语法格式如下：

```
jieba.add_word(word)
```

参数说明：

word：新词字符串。

例如：

```
>>> jieba.add_word(u"轻工业大学")
>>> print(jieba.lcut("我来到郑州轻工业大学"))
```

输出结果：

```
['我', '来到', '郑州', '轻工业大学']
```

【例 9-7】读取文本文件，对文本文件的内容进行词频统计。

文本文件内容可以从百度百科中获取，比如三国演义。保存文本文件为"三国演义.txt"。

代码如下：

```
import jieba                          #导入结巴库
txt=open("D:\\python\\三国演义.txt", "r", encoding='utf-8').read()
words=jieba.lcut(txt)                 #使用精确模式对文本进行分词
counts={}                             #通过键值对的形式存储词语及其出现的次数
for word in words:
    if len(word)==1:                  #单个词语不计算在内
        continue
    else:
        counts[word]=counts.get(word, 0)+1
 #遍历所有词语，每出现一次其对应的值加 1
items=list(counts.items())            #将键值对转换成列表
items.sort(key=lambda x: x[1], reverse=True)
#根据词语出现的次数进行从大到小排序
for i in range(15):
    word, count=items[i]
    print("{0:<5}{1:>5}".format(word, count))
```

输出结果如图 9-1 所示。

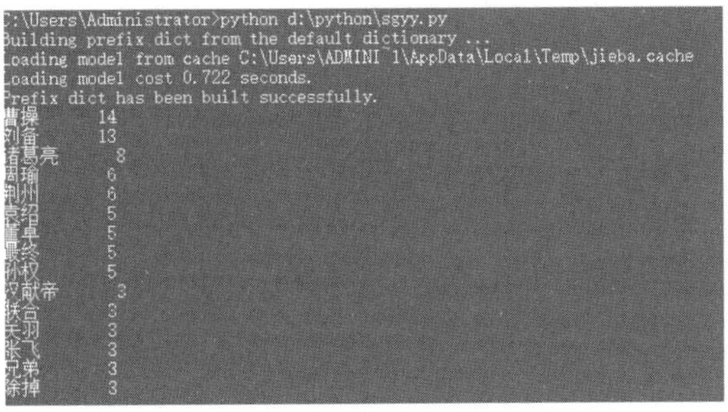

图 9-1　例 9-7 运行结果

后续，还可以和词云库 wordcloud 相结合，进行可视化，生成词云图。

9.4　二进制文件的读/写

Python 没有二进制类型，但是可以用 string（字符串）类型来存储二进制类型数据，因为 string 是以字节为单位的。对于二进制文件，不能使用记事本或其他文本编辑软件正常读/写，也不能通过 Python 的文件对象直接读取和理解二进制文件的内容。必须正确理解二进制文件结构和序列化规则，然后设计正确的反序列化规则，才能准确地理解二进制文件内容。

序列化就是把内存中的数据在不丢失类型信息的情况下转化成二进制形式的过程。对象序列化后的数据经过正确的反序列化过程后能够恢复为原来的对象。Python 中常用的序列化模块有 struct、pickle、shelve、marshal。本节主要介绍 pickle 模块和 struct 模块操作二进制文件的用法，shelve 模块可以像字典读/写一样操作二进制文件，marshal 模块用法与 pickle 类似，具体用法请查阅相关资料。

9.4.1　使用 pickle 模块读/写二进制文件

Python 标准库 pickle 提供的 dump( )方法用于将数据进行序列化并写入文件，而 load( )用于读取二进制文件内容并进行反序列化，还原为原来的信息。

dump( )方法的语法格式：

```
pickle.dump(obj, fileObj)
```

参数说明：

obj：要保存的对象。

fileObj：文件对象

【例 9-8】使用 pickle 模块写二进制文件。

分析：把需要序列化的不同类型数据放入列表中。首先把数据的个数写入二进制文件，然后再遍历列表并依次把每个元素写入二进制文件。

程序代码如下：

```
import pickle
#实际要写入的数据有整数、实数、字符串、列表、元组、集合、字典
i=2400
a=78.56
s='二进制数据'
ls=[1,2,3]
tu1=(4,5,6)
```

```
coll={7,8,9}
dic={'a':'bike','b':'car','c':'plane','d':'ship'}
#把所有要写入的数据对象放入一个元组，以便编写循环代码
data=(i,a,s,ls,tu1,coll,dict)
#wb 表示以写方式打开二进制文件
with open(r'd:\python\pickle_writefile.dat','wb') as f:
    try:
        pickle.dump(len(data),f)        #序列化对象的个数
        for item in data:
            pickle.dump(item,f)         #序列化数据并写入文件
        print("写文件完毕! ")
    except:
        print("写文件异常! ")
```

load( )方法是将文件中的数据解析为一个 Python 对象。

语法格式：

```
obj=pickle.load(fileObj)
```

参数说明：

fileObj：文件对象

【例 9-9】使用 pickle 模块读取上例中二进制文件的内容。

分析：首先读取数据的个数，然后依次读取并反序列化数据。

程序代码如下：

```
import pickle
#rb 表示以读方式打开二进制文件
with open(r'd:\python\pickle_writefile.dat','rb') as f:
    try:
        n=pickle.load(f)              #读出文件中的数据个数
        for i in range(n):
            item=pickle.load(f)       #读取并反序列化每个数据
            print(item)
        print("读文件完毕! ")
    except:
        print("读文件异常! ")
```

程序运行结果如图 9-2 所示。

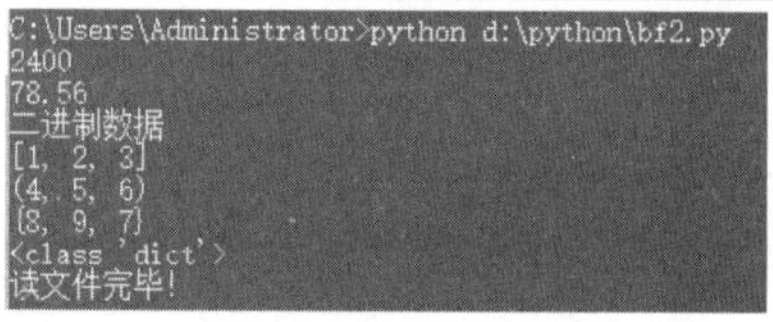

图 9-2　例 9-9 运行结果

9.4.2　使用 struct 模块读/写二进制文件

使用标准模块 struct 读/写二进制文件时，需要使用 pack( )方法把对象按指定的格式进行序列化，然后使用文件对象的 write( )方法将序列化的结果写入二进制文件。读取时需要使用文件对象的 read( )方法读取二进制文件内容，然后再使用 struct 模块的 unpack( )方法反序列化读取的数据得到原来的信息。

pack( )方法用于将 Python 的值根据格式符，转换为字节串。

pack( )方法语法格式：

```
struct.pack(fmt, v1, v2, …)
```

参数说明：

fmt：格式字符串。

v1, v2, …：要转换的 Python 值。

【例9-10】使用struct模块写入二进制文件。

分析：首先使用struct模块的pack()函数把数据按指定格式序列化为字节串，然后把这些字节串写入二进制文件。在序列化时，每种类型的数据所占的字节数量不一样，对序列化得到的字节串使用内置函数len()计算长度即可知道。

程序代码如下：

```
import struct
n=568900
x=34.567
b=True
s='@Python.com'
#序列化: i 表示整数, f 表示实数, ? 表示逻辑值
sn=struct.pack('if?',n,x,b)
with open(r'd:\python\struct_write.dat','wb') as f:
    f.write(sn)
    #字符串方法 encode()默认使用 utf-8 编码
    #字符串 s 需要编码为字节串 (s.encode()) 再写入文件
    f.write(s.encode())
    print("写文件完毕! ")
```

unpack()方法用于将字节流转换成Python数据类型，结果返回一个元组。

unpack()方法语法格式：

```
struct.unpack(fmt, str)
```

参数说明：

fmt：格式字符串。

str：要解包的数据串。

【例9-11】使用struct模块读取上例中二进制文件的内容。

基本思路：需要知道二进制文件中数据点的类型和数量，然后才能读取正确数量的字节并进行反序列化。

程序代码如下：

```
import struct
with open(r'd:\python\struct_write.dat','rb') as f:      #读方式打开二进制文件
    sn=f.read(9)                    #整数和实数各占 4 个字节，逻辑值占 1 个字节，共 9 个字节
    n,x,b1=struct.unpack('if?',sn)  #反序列化: i 表示整数, f 表示实数, ? 表示逻辑值
    print('n=',n,'x=',x,'b1=',b1)
    s=f.read(11).decode()           #字符串'@Python.com'占 11 个字节
    print("s=",s)
```

程序运行结果如图9-3所示。

图9-3 例9-11运行结果

9.5 CSV文件的读/写

9.5.1 CSV文件简介

CSV（逗号分隔符）文件是一种用来存储表格数据（数字和文本）的纯文本文件，通常

是用于存放电子表格或数据的一种文件格式。纯文本意味着该文件是一个字符序列，不包含必须像二进制数据那样被解读的数据。

CSV 文件有任意数目的记录组成，记录间以某种换行符分隔；每条记录由字段组成，字段间的分隔符是其他字符或字符串，最常见的是逗号或制表符。通常，所有记录都有完全相同的字段序列。

CSV 文件可以比较方便地在不同应用之间交换数据，可以将数据批量导出为 CSV 格式，然后导入其他应用程序中。很多应用中需要导出报表，通常采用 CSV 格式，然后用 Excel 工具进行后续编辑。

如下所示是一个 CSV 文件内容。

```
509040101,陈玉,女,1996/12/23,社会保障
509040103,崔淼,男,1996/12/25,社会保障
509040106,杜蓉,男,1997/2/14,社会保障
509040107,杜蕊,男,1997/2/15,社会保障
```

9.5.2 读取 CSV 文件

CSV 模块是 Python 的内置模块，用 import 语句导入后就可以使用。读入 CSV 文件使用的是 CSV 模块中的 reader() 方法。

reader() 方法的语法格式：

```
csv.reader(csvfile,dialect='excel',**fmtparams)
```

功能：读取 CSV 文件。

参数说明：

csvfile：必须是支持迭代（Iterator）的对象，可以是文件（file）对象或者列表（list）对象。

dialect：编码风格，默认为 Excel 的风格，用逗号（，）分隔。dialect 方式也支持自定义，通过调用 register_dialect() 方法来注册。

fmtparams：格式化参数，用来覆盖之前 dialect 对象指定的编码风格。

【例 9-12】读取 CSV 文件并输出内容。

把 9.5.1 中所示的 CSV 文件内容保存为文件名为 D 盘 python 文件夹下 csvfile1.csv 的 CSV 文件，从该文件中读取数据并显示出来。

程序代码如下：

```
import csv
filename="d:\\python\\csvfile1.csv"
#使用 open() 函数打开文件，如果该文件不存在，则报错
with open(filename,'r') as mycsvfile:
    #使用 reader() 方法读整个 CSV 文件到一个列表对象中
    lines=csv.reader(mycsvfile)
    #通过遍历每个列表元素，输出数据
    for line in lines:
        print(line)
```

程序运行结果如图 9-4 所示。

图 9-4　例 9-12 运行结果

9.5.3 写入 CSV 文件

写入 CSV 文件使用的是 CSV 模块中的 writer( )方法生成 CSV 文件写对象，然后可以使用 CSV 文件写对象的 writerow( )方法写入一行数据，也可以使用 CSV 文件写对象的 writerows( ) 方法写入多行数据。

writer( )方法的语法格式：

```
writeObj=csv.writer (csvfile,dialect='excel',**fmtparams)
```

功能：生成 CSV 文件写对象。

参数说明：参数含义同 reader( )方法。

writerow( )方法的语法格式：

```
writeObj.writerow(strList)
```

功能：向 CSV 文件中写入一行数据。

参数说明：

strlist：字符串列表。

writerows( )方法的语法格式：

```
writeObj.writerows(listObj)
```

功能：向 CSV 文件中写入多行数据。

参数说明：

listObj：字符串类型的二维列表。

【例 9-13】写入 CSV 文件。实例代码如下：

```
import csv
mylist=[["509040101","陈玉","女","1996/12/23","社会保障"],["509040103","崔淼","男","1996/12/25","社会保障"]]
filename="d:\\python\\csvfile2.csv"
#使用 open()函数打开文件，如果该文件不存在，创建它
with open(filename,'w',newline='') as mycsvfile:#newline=''可以防止写入空行
    myWriter=csv.writer(mycsvfile)      #创建 CSV 文件写对象
    #调用 writerow 方法，一次写一行，参数必须是一个列表
    myWriter.writerow(["509040106","杜蓉","男","1997/2/14","社会保障"])
    #也可以调用 writerows 方法，一次写入一个列表
    myWriter.writerows(mylist)
```

运行后，用记事本打开文件 csvfile2.csv，文件内容显示如图 9-5 所示。

图 9-5　csvfile2.csv 内容显示

另外，通过 pandas 库的 read_csv( )和 DataFrame 对象的 to_csv( )对 CSV 文件进行读/写操作，具体用法可以查阅相关资料。

9.6 JSON 文件的读/写

9.6.1 JSON 文件简介

JSON（JavaScript Object Notation）即 JavaScript 对象表示法，一种轻量级，通用的文本数

据格式。JSON 语法支持对象（object）、数组（array）、字符串、数字（int/float）以及 true/false 和 null。JSON 拥有严格的格式，主要格式如下：

① 只能用双引号，不能用单引号。

② 元素之间用逗号隔开，最后一个元素不能有逗号。

③ 不支持注释。

④ 中文等特殊字符传输时应确保转为 ASCII 码（\uXXX 格式）。

⑤ 支持多层嵌套 Object 或 Array。

在 Python 中对 JSON 格式的数据进行操作是由 Python 的内置包 JSON 提供的，它可用于对 JSON 的数据进行编码和解码操作。

引用方式如下：

```
import json
```

9.6.2 JSON 数据的编码与解码

JSON 中数据的类型不同，但是可以通过 JSON 库中提供的相应方法与 Python 中数据的类型进行转换。Python 与 JSON 数据转换对照表见表 9-3。

表 9-3 Python 与 JSON 数据转换对照表

JSON	Python	JSON	Python
object	dict	number (real)	float
array	list	true	True
string	str	false	False
number (int)	int	null	None

Python 处理 JSON 文本文件的主要方法见表 9-4。

表 9-4 Python 处理 JSON 文本文件的主要方法

方　　法	作　　用
json.dumps	对数据进行编码，将 Python 中的字典转换为字符串
json.loads	对数据进行解码，将字符串转换为 Python 中的字典
json.dump	将 dict 数据写入 JSON 文件中
json.load	打开 JSON 文件，并把字符串转换为 Python 的 dict 数据

1. json 数据编码（Python 内置类型→JSON 类型）

语法格式如下：

```
json.dump(obj,fp)    //接收一个对象和写文件指针,将 Python 内置类型数据转化为 JSON 类型
数据写到文件对象中
json.dumps(obj)      //将 Python 内置类型转化为 JSON 格式的 str
```

官方文档中格式如下：

```
json.dump(obj, fp, skipkeys=False, ensure_ascii=True, check_circular=True,
allow_nan=True, cls=None, indent=None, separators=None, default=None,sort_ke
ys=False, **kw)
json.dumps(obj, *, skipkeys=False, ensure_ascii=True, check_circular=True,
allow_nan=True, cls=None, indent=None, separators=None, default=None, sort_k
eys=False, **kw)
```

常用参数说明：

skipkey：keys 不是内置数据类型时，该值设置为 False 时将抛出错误，设置为 True 时将跳过，默认 False。

indent：为缩进，默认为空。

sort_keys：设置为 True 时将按 key 值排序，默认为 False。

【例9-14】编写程序把 Python 的字典通过 JSON 的 dump 方法编码，并写入 test.json 文件中。

```python
import json
testdic = {
    'name': 'wang hao',
    'age': 19,
    'score':
        {
            'math': 90,
            'computer': 95
        }
}
with open("test.json", 'w', encoding='utf-8') as fw:
    json.dump(testdic, fw, indent=4, ensure_ascii=False)
                        #indent=4: 缩进，Python 中默认缩进是 4 个
```

运行程序后，生成的 test.json 文件内容如图 9-6 所示。

2. JSON 数据解码（JSON 类型→Python 内置数据类型）

语法格式如下：

```
json.load(fp)      //接收一个读文件指针，将 JSON 文件内容解析为
Python 内置类型数据
json.loads(s)      //接收一个 JSON 格式的 str，解析为 Python
内置类型数据
```

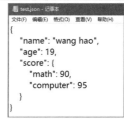

图 9-6　test.json 文件内容

官方文档中格式如下：

```
json.load(fp, cls=None, object_hook=None, parse_float=None, parse_int=None,
parse_constant=None, object_pairs_hook=None, **kw)
json.loads(s, encoding=None, cls=None, object_hook=None, parse_float=None,
parse_int=None, parse_constant=None, object_pairs_hook=None, **kw)
```

常用参数说明：

object_hook：用于定制解码器，默认为 dict 类型的。

【例9-15】编写程序通过 JSON 的 load 方法解码读取的例 9-14 生成的 test.json 文件内容。

```python
import json
with open("test.json", 'r', encoding='utf-8') as fw:
    json_dict=json.load(fw)
print(json_dict)
print(type(json_dict))
```

程序运行结果如下：

```
{'name': 'wang hao', 'age': 19, 'score': {'math': 90, 'computer': 95}}
<class 'dict'>
```

9.7 os 模块

os 模块提供了多数操作系统的功能接口函数。当 os 模块被导入后，它会自适应于不同的操作系统平台，根据不同的平台进行相应的操作。在 Python 编程时，经常和文件、目录打交道，这时就离不了 os 模块。os 模块提供了执行文件处理操作的方法，比如文件重命名和删除文件，以及对文件和文件夹的操作。

9.7.1 常用的 os 模块命令

1. os.name

name 顾名思义就是"名字"，这里的名字是指操作系统的名字，主要作用是判断目前正在使用的平台，并给出操作系统的名字，如 Windows 返回 'nt'；Linux 返回 'posix'。注意该命令不带括号。例如：

```
>>> import os
>>> os.name
'nt'
```

2. os.getcwd( )

getcwd 全称是"get current work directory"，意为获取当前工作的目录。注意该命令带括号，除了第一个命令不带括号外，以下命令基本都带括号。

```
>>> os.getcwd()
'C:\\Users\\Administrator\\AppData\\Local\\Programs\\Python\\Python38'
```

9.7.2 文件重命名与删除

1. os.rename( )重命名文件

语法格式如下：

```
os.rename(oldfilename,newfilename)
```

参数说明：oldfilename 是旧文件名，newfilename 是新文件名。

例如：

```
>>> os.rename("d:\\python\\西游记.txt","d:\\python\\xyj.txt")
```

2. os.remove( )删除文件

语法格式如下：

```
os.remove(filename)
```

参数说明：filename 是要删除的文件名。

例如：

```
>>> os.remove("d:\\python\\xyj.txt")
```

9.7.3 文件夹操作

1. os.listdir(path)

列出 path 目录下所有的文件和目录名。path 参数可以省略。

```
>>> os.listdir("d:\\")
['360安全浏览器下载', '360驱动大师目录', 'AppData', 'Autodesk', 'autoexec.bat',
'Boot', 'config.sys', 'Documents and Settings', 'DownLoadRecord.ini', 'HXREP',
'kingsoft', 'MSOCache', 'pagefile.sys', 'Program Files', 'ProgramData', 'python',
```

'QMDownload', 'SowerEDUMeasureV4', 'SPDll_v7Temp', 'System Volume Information',
'Users', 'Windows']

2. os.mkdir(path)

创建 path 指定的目录，该参数不能省略。

注意：这样只能建立一层，要想递归建立可用 os.makedirs( )。

```
>>> os.mkdir("d:\\python\\file")    #在 D 盘 python 文件夹下建立 file 子文件夹
```

3. os.rmdir(path)

删除 path 指定的目录，该参数不能省略。注意要删除的文件夹必须为空。

```
>>> os.rmdir("d:\\python\\file")    #删除 D 盘 python 文件夹下 file 子文件夹
```

4. os.path.split(path)

返回路径的目录和文件名，即将目录和文件名分开，而不是一个整体。此处只是把前后两部分分开而已。就是找最后一个 '/'、'\' 或 '\\'。

```
>>> os.path.split("d:\\python\\hello.txt")
('d:\\python', 'hello.txt')
```

5. os.chdir(path)

改变目录（change dir）到指定目录。

```
>>> os.chdir("c:\\Users\\Administrator") #改变目录到 c:\Users\Administrator
>>> os.getcwd()      #显示当前目录
'c:\\Users\\Administrator'
```

6. os.path.isdir(path)

判断指定对象是否为目录，是返回 True，否则返回 False。

```
>>> os.listdir()                        #显示当前目录下的文件和文件夹
['3D Objects', 'AppData', 'Application Data', 'Contacts', 'Cookies', 'Desktop',
'Documents', 'Downloads', 'Favorites', 'Links', 'Local Settings', 'ntuser.ini',
'oldresoure.db', 'Pictures']
>>> os.path.isdir("AppData")       #判断 AppData 是否为文件夹
True
```

7. os.walk( )

os.walk()方法是一个简单易用的文件、目录遍历器，用于通过在目录树中游走向上或者向下输出在目录中的文件名，可以帮助我们高效地处理文件、目录方面的问题。

walk()方法语法格式如下：

```
os.walk(top[, topdown=True[, onerror=None[, followlinks=False]]])
```

参数说明：

① top：是所要遍历的目录的地址，返回的是一个三元组（root,dirs,files）。root 指的是当前正在遍历的这个文件夹的本身的地址。dirs 是一个 list，内容是该文件夹中所有的目录的名字（不包括子目录）。files 同样是 list，内容是该文件夹中所有的文件（不包括子目录）。

② topdown：可选，为 True，则优先遍历 top 目录，否则优先遍历 top 的子目录（默认为开启）。如果 topdown 参数为 True，walk 会遍历 top 文件夹，与 top 文件夹中每一个子目录。

③ onerror：可选，需要一个 callable 对象，当 walk 需要异常时，会调用。

④ followlinks：可选，如果为 True，则会遍历目录下的快捷方式（Linux 下是软连接 symbolic link）实际所指的目录（默认关闭）；如果为 False，则优先遍历 top 的子目录。

【例 9-16】显示当前文件夹下所有文件和子文件夹。

程序代码如下：

```
import os
for root, dirs, files in os.walk(".", topdown=False):
    for name in files:        #输出文件的路径和文件名
        print(os.path.join(root, name))
    for name in dirs:         #输出子文件夹的路径和文件夹名
        print(os.path.join(root, name))
```

os 模块的文件和文件夹操作的方法还有很多，大家可以查询相关资料了解详细用法。

9.8 应用举例

【例 9-17】 合并当前文件夹下所有的扩展名为.py 的文件的内容到一个新文件中。

分析：首先要能够找到这些扩展名为.py 文件，就需要遍历每个子文件夹，这里需要用到 os 模块的 walk() 方法，然后对所有找到的文件进行判断，如果文件名最后两个字母是 py 的文件，就按照文本文件的打开方法打开文件，把文件内容全部读出来，写入新文件中。逐个对每个文件进行判断、打开、读出，然后写文件，直到所有文件操作完毕。

程序代码如下：

```
import os
info=os.getcwd()
fout=open('note.py', 'w')                  #合并内容到该文件

def writeintofile(info):
    fin=open(info,encoding='utf-8')        #默认读方式打开文件，设置编码格式为 utf-8
    strinfo=fin.read()                     #读出文件内容
    #利用##作为标签的点缀，你也可以使用其他的
    fout.write('\n##\n')
    fout.write('## '+info+'\n')
    fout.write('\n##\n\n')
    fout.write(strinfo)                    #把读出的文件内容写入新文件中
    fin.close()                            #关闭读出内容的文件

for root, dirs, files in os.walk(info,topdown =True):
#调用 os 模块的 walk() 方法遍历当前文件夹
    for fl in files:
        info="%s\%s" % (root,fl)
        if info[-2:]=='py':                #只将后缀名为 py 的文件内容合并
            writeintofile(info)            #调用自定义函数把当前文件内容写到新文件中
fout.close()
```

【例 9-18】 grade.txt 文件中存储了学生的学号、姓名、Python 的成绩，如图 9-7 所示。

要求：

① 请根据 Python 成绩填写"是否及格"。如果 Python 成绩大于等于 60，则填写"及格"；否则填写"不及格"。

② 请将填写"是否及格"后的数据写入文件"passOrNot.txt"中。

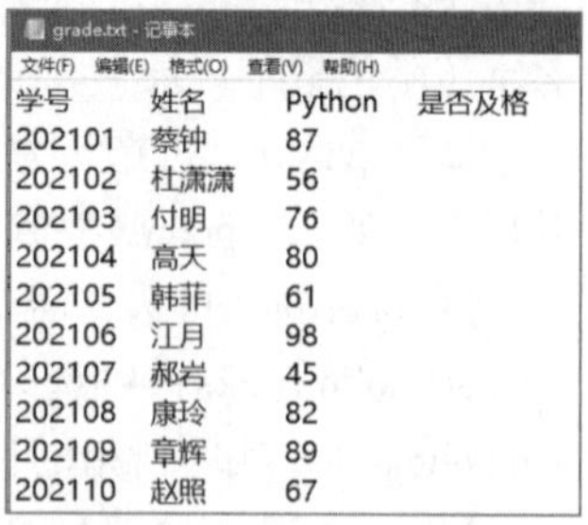

学号	姓名	Python	是否及格
202101	蔡钟	87	
202102	杜潇潇	56	
202103	付明	76	
202104	高天	80	
202105	韩菲	61	
202106	江月	98	
202107	郝岩	45	
202108	康玲	82	
202109	章辉	89	
202110	赵照	67	

图 9-7　grade.txt 文件内容

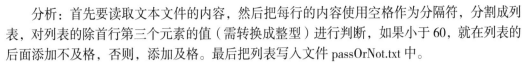

分析：首先要读取文本文件的内容，然后把每行的内容使用空格作为分隔符，分割成列表，对列表的除首行第三个元素的值（需转换成整型）进行判断，如果小于60，就在列表的后面添加不及格，否则，添加及格。最后把列表写入文件 passOrNot.txt 中。

程序代码如下：

```
readFile = open("grade.txt","r",encoding="UTF-8")
writeFile = open("passOrNot.txt","w",encoding="UTF-8")
readFile.readline()
gradeList=[]
count = 0
while True:
    x=readFile.readline().split( )
    if len(x) == 0:
        break
    else:
        count+=1
        if int(x[2]) >= 60:
            x.append("及格")
        else:
            x.append("不及格")
    gradeList.append(x)

writeFile.writelines("学号\t姓名\tPython\t是否及格\n")
for i in range(0,count):
    writeFile.writelines("\t".join(gradeList[i]))
    writeFile.writelines('\n')
readFile.close()
writeFile.close()
```

运行后生成的 passOrNot.txt 文件的内容如图 9-8 所示。

图 9-8　passOrNot.txt 文件内容

学号	姓名	Python	是否及格
202101	蔡钟	87	及格
202102	杜潇潇	56	不及格
202103	付明	76	及格
202104	高天	80	及格
202105	韩菲	61	及格
202106	江月	98	及格
202107	郝岩	45	不及格
202108	康玲	82	及格
202109	章辉	89	及格
202110	赵照	67	及格

习　题

程序设计题

1. 编写程序，把 1 000 以内的所有素数保存在文件中。

2. 编写程序，统计文本文件中 26 个英文字母出现的次数，不区分大小写。

3. 编写程序，检查 D:\文件夹及其子文件夹中是否存在一个名为 temp.txt 的文件。

4. 编写程序，统计西游记第一回中（下载西游记第一回存到文本文件中），出现频率最高的 5 个词。

5. 编写程序，以[学号,姓名,性别,出生日期,电话号码]的格式，把自己宿舍的同学的信息写入 CSV 文件，并读出显示。

6. 编写程序，分别用 pickle 模块和 struct 模块读/写二进制文件。

7. data.txt 中存储了一系列整型数据，请判断这些整型数据是不是素数，请将这些素数写入文件 prime.txt 中。要求：

①请编写判断一个整数是不是素数的函数 isPrime( )，在主程序中调用该函数。

②data.txt 中的数据可能有重复，写入 prime.txt 的数据不能有重复。

Python 的数据库编程 <<<

随着计算机技术与网络技术的飞速发展，数据库技术的应用范围也在逐渐扩大。Python 在数据库方面同样提供了强大的功能以及丰富的工具，利用 Python 可以快捷地开发出数据库应用系统。Python 支持 Sybase、SAP、Oracle、SQL Server、SQLite 等多种数据库。本章主要介绍数据库的基本知识、结构化查询语言（SQL）、Python 自带的关系型数据库 SQLite 的基本操作（创建数据库、数据库访问，增删改查等）。

【本章知识点】

- 数据库基本知识
- SQLite 数据库介绍
- 结构化查询语言 SQL
- Python 中访问 SQLite3

10.1 数据库技术概述

数据库技术是随着数据处理技术的发展而产生的，诞生至今有着坚实的基础和成熟的商业产品，已经成为计算机数据处理与信息管理系统的核心。在学习 Python 访问数据库之前，我们首先介绍一下数据库的基本概念和知识。

10.1.1 数据库基本概念

1. 数据与数据库

信息是社会机体进行活动的纽带，社会越发展，信息的作用就越突出。人们常说的"信息处理"，就是为了产生信息而处理数据，通过处理数据可以获得信息，通过分析和筛选信息可以进行决策。数据（Data）就是用来记录信息的可识别的符号，是信息的载体和具体表现形式，其中，数据是信息的最佳表现形式。这些数据可以记录在纸上，也可以记录在各种存储器中。信息是被加工处理过的数据，数据是信息的符号表示，是信息的载体，可以说，数据是符号化的信息，信息是语义化的数据。

数据库（DataBase，DB）是存储在计算机内，有组织、可共享的数据集合，它将数据按一定的数据模型组织、描述和存储，具有较小的冗余度、较高的数据独立性和易扩展性，可被多个不同的用户共享。形象地说，"数据库"就是为了实现一定的目的按某种规则组织起来的"数据"的"集合"。例如：学校图书馆的所有藏书及借阅情况、公司的人事档案、企业的商务信息、网购平台的商品信息及交易记录等都是"数据库"。

2. 数据库管理系统

数据库中的数据不仅需要合理地存放，还要便于查找和维护。数据库不仅需要供创建者本人使用，还需要供多个用户从不同角度共享，不同的用户可以根据不同的需求，使用不同的语言，通过不同的途径，同时存取数据库，甚至同时读取同一个数据。这就需要专门管理数据库的计算机系统软件。

数据库管理系统（DataBase Management System，DBMS）就是管理数据库资源的系统软件。主要的功能如下：

① 数据定义功能：DBMS 提供数据定义语言（Data Definition Language，DDL），用户通过它可以方便地对数据库中的对象进行定义，比如对数据库、表、视图和索引进行定义。

② 数据操纵功能：DBMS 向用户提供数据操纵语言（Data Manipulation Language，DML），实现对数据库的基本操作，如查询、插入、删除、修改数据库中的数据。

③ 数据库的运行管理：这是 DBMS 的核心部分，包括并发控制、存取控制，安全性检查、完整性约束条件的检查和执行，以及数据库的内部维护等。所有数据库的操作都要在这些控制程序的统一管理之下进行，以保证数据的安全性、完整性和多个用户对数据库的并发操作。

④ 数据通信功能：包括与操作系统的联机处理、分时处理和远程作业传输的相应接口等，这一功能对分布式数据库系统尤为重要。

按照数据模型的特点，将传统的数据库管理系统分为层次数据库管理系统、网状数据库管理系统、关系数据库管理系统以及面向对象数据库管理系统四类。目前来说，数据库管理系统几乎都支持关系模型，SQLite 就是关系型的、轻量级的数据库管理系统。

3. 数据库系统

通常将包含计算机硬件系统、操作系统、数据库管理系统、数据库、数据库应用系统和数据库管理员及用户等元素在内的人机系统称为数据库系统（DataBase System，DBS）。数据库系统的核心是数据库管理系统。数据库系统实现了有组织地、动态地存储大量关联数据，方便了多用户访问计算机软、硬件和数据资源。

10.1.2 关系数据库

1. 关系数据库的概念

按照关系模型组织和建立的数据库称之为关系数据库。关系数据库是目前的主流数据库，比如 Oracle、DB2、PostgreSQL、Microsoft SQL Server、Microsoft Access、MySQL 等。通常，关系数据模型的逻辑结构是一张二维表，由行和列构成，一个关系型数据库可以包含多个数据表，一个数据表又由若干个记录构成，每个记录又是由若干个字段属性加以分类的数据项构成。表 10-1 所示为学生基本信息表，以某高校计算机学院 2021 级学生信息为例。

表 10-1　学生基本信息表

学　号	姓　名	性　别	年　龄	班　级
20211305	包文强	男	18	计算机 21-13
20211306	张欣容	女	19	计算机 21-13
20211407	张留杰	男	18	计算机 21-14
20211408	陈亚楠	女	18	计算机 21-14

2. 关系型数据库常用术语

关系模型中涉及元组、属性、关系、键、主键、外键、域等概念。

① 属性（Attribute）：表格垂直方向的列称为属性，也称字段（Field），每一列对应一个属性，列标题就是属性名，也称字段名。如表 10-1 所示学生信息表中的学生的学号、姓名、性别、年龄等就是属性名。表中行和列交叉位置是属性的值，如"姓名"属性的值有"包文强""陈亚楠"等。

② 元组（Tuple）：表格水平方向的行称为元组，也称记录（Record），一个关系就是若干元组的集合。表 10-1 学生信息表中的一行就是一个元组，也就是一位学生信息的记录。

③ 关系（Relation）：关系概念建立在集合论的基础上。每个关系都是若干该数据项构成的一张表，每个关系都有一个关系名，在关系数据库中，表具有唯一名字。

④ 域（Domain）：是属性的取值范围。域作为属性值的集合，其类型和范围由属性的性质及所表示的意义确定。例如，表 10-1 所示学生信息表中，"学号"的域是{8 位数字集合}，"年龄"的域是整型数据等。同一实体集中各个实体对应的相同属性具有相同的域。

⑤ 关键字（Keyword）：也称候选关键字、键或码，其值能唯一地标识一个元组的属性或属性的组合。关键字可以表示为属性或属性的组合，比如表 10-1 学生信息表中的"学号"可以唯一地标识一条学生的记录，所以"学号"就是该表的关键字。

⑥ 关系模式：表的结构称之为关系模式，是对关系的描述，主要有表名和属性名构成，表 10-1 学生信息表的关系模式可以描述为：

学生信息表（学号、姓名、性别、年龄、班级）

其中，"学号"属性是"学生信息表"关系的主键，加下划线表示。

另外，注意区分关系模式与关系。关系模式和关系是两个密切联系但又相互区别的概念，前者描述了表的格式，也就是关系的数据结构及语义限制，一般相对稳定，后者则是在某一时刻关系模式的"当前值"，是动态变化的。比如表 10-1 中的"学生信息表"关系模式描述了包含学生信息的结构，这是可以一直沿用的，但随着学生的变化，关系的值会经常变化。

10.1.3 Python 的 SQLite3 模块

Python 2.5 之后，内置了 SQLite3，成为内置模块，这就节省了安装的功夫，通过内置的 SQLite3 模块可以直接访问数据库。SQLite3 模块用 C 语言编写，提供了访问和操作 SQLite 数据库的各种功能。

SQLite3 提供的 Python 程序都在一定程度上遵守 Python DB-API 规范。Python DB-API 是为不同的数据库提供的访问接口规范，它定义了一系列必需的对象和数据库存取的方式，以便为各种底层数据库系统和多样的数据库接口程序提供一致的访问接口，使得不同的数据库之间移植代码成为一种可能，强大数据库的支持让 Python 功能更加的强大。

10.2 结构化查询语言 SQL

结构化查询语言（Structured Query Language，SQL）是一种介于关系代数与关系演算之间的语言，是一个通用的、功能极强的关系数据库标准语言。SQL 在关系型数据库中的地位犹如英语在世界上的地位，利用它用户可以用几乎同样的语句在不同的数据库系统上执行同样的操作。

SQL 语言是与数据库管理系统（DBMS）进行通信的一种语言和工具，提供了与关系数据库进行交互的方法，能够实现数据库生命周期中的全部操作，提供数据库定义、数据库操作、数据库查询和数据库控制等功能。

SQL 语言功能丰富、简单易学、风格统一，利用几个简单的英语单词的组合就可以完成所有的功能。SQL 语言中常用的包括以下三类：

① 数据定义语言（Data Definition Language，DDL）：用于定义、修改、删除数据库表结构、视图、索引等。

② 数据操纵语言（Data Manipulation Language，DML）：用于检索查询和更改数据库中的数据。

③ 数据控制语言（Data Control Language，DCL）：用于控制对数据库的访问，包括用户权限管理，控制数据操纵事务的发生时间及其效果，对数据库进行监视等。

关于 SQL 命令的执行，还需要注意几个问题：

① SQL 命令需要在数据库管理系统中运行。

② 在 SQLite 窗口运行 SQL 命令，需要在 SQL 语句后加英文的分号后回车执行。

③ SQL 命令不区分大小写。

10.2.1 数据表的创建、删除和修改

表是数据库应用中最重要的概念，数据库中的数据主要是由表保存，数据库的主要作用是组织和管理表。

1. 创建表（CREATE TABLE 语句）

表的每一行是一条记录，每一列是一个表的一个字段，也就是一项内容。列的定义就决定了表的结构，行是表中的数据。列名不能够重复，可以为表中的列指定数据类型。

CREATE TABLE 语句的功能是创建基本表，即定义基本表的结构。其一般格式为：

```
CREATE TABLE <表名>
(<字段名1><数据类型1>[字段级完整性约束条件1], [,<字段名2><数据类型2>[字段级整性约来
条件2]]…[,,<表级完整性约束条件>]);
```

定义基本表结构，首先必须指定表的名字，表名在一个数据库中应该是唯一的。表可以由一个或者多个属性（字段）组成，属性的类型可以是基本类型，也可以是用户事先定义的域名。

【例 10-1】使用 CREATE TABLE 语句创建一个图书信息表（Book_information），表的结构见表 10-2。

表 10-2 Book_information 结构

列　　名	具 体 信 息	数 据 类 型
Book_Id	图书 ID	char(6)
Book_Name	书名	char(40)
press	出版社	char(30)
Press_Date	出版日期	date
Editor	主编	char(20)
Book_Price	定价	real
Book_Num	册数	int

对应的 SQL 语句为：

```
CREATE TABLE Book_information(Book_Id char(6) primary key,Book_Name char(40),press
char(30),Press_Date DATE,Editor char(20),Book_Price REAL,Book_Num int);
```

在 CREATE TABLE 语句中，用于定义列属性的常用关键字如下：

- PRIMARY KEY：主键。定义为主键的列可以唯一标识表中的每条记录。
- NOT NULL：指定此列不允许为空，NULL 表示允许为空，是默认值。
- DEFAULT：指定此列的默认值。当向表中插入数据时，如果不指定此列的值，那么此列采用默认值。

通过执行下面的语句可以查看图书信息表 Book_information 的结构。

```
SELECT * FROM sqlite_master WHERE type="table" and name="Book_information";
```

2. 删除表（DROP TABLE 语句）

DROP TABLE 语句功能是从数据库中删除指定的表，删除表后，所有属于表的数据、索引、视图和触发器也将自动被删除。其一般的格式为：

```
DROP TABLE <表名>;
```

【例 10-2】要删除"图书信息表（Book_information）"，对应的 SQL 语句为：

```
DROP TABLE Book_information;
```

3. 修改数据表（ALTER TABLE 语句）

ALTER TABLE 语句的功能是修改数据表结构。有时候因为建表初期的时候考虑不周全或者后期需求有变，需要修改已经建好的基本表结构，可以使用 ALTER TABLE 来对字段或完整性约束实现添加、修改或删除等处理。一般格式为：

```
ALTER TABLE <表名>
ADD < 字段名 > < 类型 [ 长度 ] >|
[ NOT NULL ] [constraint < 完整性约束条件 >|
ALTER COLUMN < 字段名 > < 类型 [ 长度 ] > | constraint 多字段约束 |
DROP COLUMN < 字段名 > |
DROP CONSTRAINT < 完整性约束条件 >;
```

其中，<表名>是指待修改的表，ADD 子句用于增加新的字段或新的完整性约束条件，DROP 子句用于删除指定字段或完整性约束，ALTER 子句用于修改原有字段的类型或长度或完整性约束。

【例 10-3】在"图书信息表 Book_information"中增加字段"书架号（Shelf_Mark）"（文本类型，长度为 8），对应的 SQL 语句为：

```
ALTER TABLE Book_information ADD Shelf_Mark char(8);
```

10.2.2 数据更新

数据更新是指对基本表中的数据进行更改，包括向表中插入数据、修改数据以及删除数据等操作。

1. 插入数据（INSERT INTO 语句）

该语句的功能是插入数据，使用 INSERT INTO 语句可以向表中添加记录。语法格式为：

```
INSERT INTO <表名> [ (字段名 1 [,字段名 2[,…] ] ) ]
    VALUES [ ( 字段 1 的值[,字段 2 的值[,…] ] ) ];
```

其中，<表名>是待添加记录的表，表名后的字段名可以省略，但要注意此时需要插入的是表中所有列的数据，需要与表的格式完全一致。VALUES 后面的值是所添加记录对应字段的值。

【例 10-4】将下列数据插入至"图书信息表（Book_information）"中。

[112510，Python 语言程序设计基础，高等教育出版社，2020/12/1，嵩天，39.00，20；

113603，数据库系统概论，2014/9/1，42.00；

114514，大学计算机，中国铁道出版社，2021/9/1，49.00，25]

插入数据的 SQL 语句如下：

```
INSERT INTO Book_information
    VALUES ("112510","Python 语言程序设计基础","高等教育出版社",#2020/12/1#,"嵩天",
39.0,20);
INSERT INTO Book_information (Book_Id,Book_Name,Press_Date,Book_Price)
    VALUES  ("113603","数据库系统概论",#2014/9/1#,42.00);
INSERT INTO Book_information(Book_Id,Book_Name,press,Press_Date, Book_Price,
Book_Num )
    VALUES  ("114514","大学计算机","中国铁道出版社",#2021/9/1#,49.00,25);
```

字符串类型可以使用单引号或者双引号括起来，日期类型可用单引号、双引号或者#号括起来。

2．更新数据（UPDATE 语句）

该语句的功能是更新数据表的记录，用新值替换表中指定字段的值。其语法格式为：

```
UPDATE <表名> [ (字段名1 [,字段名2[,…] ] ) ]
    SET  字段名1=新值1[,字段名2=新值2[,…] ]
[WHERE  <条件>];
```

满足 WHERE 子句条件的行，将相应列的内容用新值替换，如果省略 WHERE 子句，就会默认更新全部记录。

【例 10-5】将"图书信息表（Book_information）"中的"图书 ID（book_Id）"为"112543"的图书的"出版社（press）"修改为"高等教育出版社"。

对应的 SQL 语句如下：

```
UPDATE Book_information SET press="高等教育出版社"
WHERE Book_Id="112543";
```

【例 10-6】将"图书信息表（Book_information）"中的所有"出版社（press）"为"高等教育出版社"的书籍"图书册数（Book_Num）"数量减去 5 册。

对应的 SQL 语句如下：

```
UPDATE Book_information  SET Book_Num=Book_Num-5
WHERE press="高等教育出版社";
```

3．删除数据（DELETE 语句）

使用 DELETE 语句删除表中的记录。其语法格式如下：

```
DELETE FROM  <表名>  [WHERE <条件>];
```

WHERE 用来指定被删除的记录所满足的条件，如果省略 WHERE 子句，那么删除该表中所有的记录。

【例 10-7】将"图书信息表（Book_information）"中的所有"图书册数（Book_Num）"小于 3 本的记录删除。

对应的 SQL 语句如下：

```
DELETE Book_information WHERE Book_Num<3;
```

10.2.3　数据查询

数据查询是数据库中最常用的操作也是核心的操作。SQL 语言提供了 SELECT 语句进行数据库的查询，该语句具有灵活的使用方式和丰富的功能，可以实现各种查询的需求。语法格式如下：

```
SELECT [all|distinct ] < 目标列表达式1 > [,<目标列表达式2>]…
    FROM <表名或视图名 1> [,<表名或视图名 2>]…
[ WHERE < 条件表达式>]
[ GROUP BY < 列名 3 > [ HAVING <组条件表达式>] ]
[ ORDER BY < 列名 4 >[ ASC|DESC ] , … ]
```

各项功能如下：

①　SELECT 子句说明要查询的字段名，如果是*，表示查询表中所有字段。

②　FROM 子句说明要查询的数据来源，如果查询的结果来自多个表，就需要通过 JOIN 选项指明连接条件。

③　WHERE 子句说明查询的筛选条件。多个条件之间可以使用逻辑运算符连接。

④　GROUP BY 子句用于查询结果按照分组字段名分组。HAVING 子句必须跟随 GROUP BY 使用，用来限定分组必须满足的条件。

⑤　ORDER BY 子句用于对查询的结果进行排序。

【例 10-8】查询输出"图书信息表 Book_information"中所有的记录。

```
SELECT *FROM  Book_information;
```

【例 10-9】查询输出"图书信息表 Book_information"中所有图书的书名、出版社、定价、册数，并按照册数从小到大的顺序输出。

```
SELECT Book_Name,press,price,Book_Num  FROM  Book_information
ORDER BY Book_Num ASC;
```

10.3　SQLite 数据库

SQLite 是一个开源的关系数据库，安装和运行都非常简单，在 Python 程序中可以方便地访问 SQLite 数据库。

10.3.1　SQLite 数据库简介

SQLite 数据库是一款非常小巧的嵌入式开源数据库软件，也就是说没有独立的维护进程，所有的维护都来自程序本身。它是遵守 ACID 的关联式数据库管理系统，它的设计目标是嵌入式的，而且目前已经在很多嵌入式产品中使用了它，它占用资源很少，在嵌入式设备中，可能只需要几百 KB 的内存就够了。它能够支持 Windows/Linux/UNIX 等主流的操作系统，同时能够跟很多程序语言相结合，比如 Tcl、C#、PHP、Java 等，还有 ODBC 接口，同样比起 Mysql、PostgreSQL 这两款开源的、著名的数据库管理系统来讲，它的处理速度比较快。SQLite 第一个 Alpha 版本诞生于 2000 年 5 月，至 2022 年已经有 22 个年头，SQLite 也进入了版本 SQLite3 的时代。

SQLite 不需要一个单独的服务器进程或操作系统，也不需要配置。一个完整的 SQLite 数据库存在单一的跨平台磁盘文件中。SQLite 支持 SQL92（SQL2）标准的大多数查询语言的功能，并提供了简单和易于使用的 API。

总体来说，SQLite 的特点：

① 轻量级。使用 SQLite 只需要带一个动态库，就可以享受它的全部功能，而且那个动态库的尺寸相当小。

② 独立性。SQLite 数据库的核心引擎不需要依赖第三方软件，也不需要所谓的"安装"。

③ 隔离性。SQLite 数据库中所有的信息（比如表、视图、触发器等）都包含在一个文件夹内，方便管理和维护。

④ 跨平台。SQLite 目前支持大部分操作系统，不只电脑操作系统，更在众多的手机系统也能运行，比如 Android。

⑤ 多语言接口。SQLite 数据库支持多语言编程接口。

⑥ 安全性。SQLite 数据库通过数据库级上的独占性和共享锁来实现独立事务处理。这意味着多个进程可以在同一时间从同一数据库读取数据，但只能有一个可以写入数据。

10.3.2 SQLite 数据库的安装

SQLite 的一个重要的特性就是零配置的，这意味着不需要复杂的安装或者管理。这里将讲解在 Windows 上的安装设置。读者可以通过访问 SQLite 的官方下载页面 https://www.sqlite.org 进行下载。在图 10-1 所示的界面中找到"Precompiled Binaries for Windows"栏目，如图中虚线框中内容，从 Windows 区下载预编译的二进制文件，需要下载文件格式为 sqlite-tools-win32-*.zip 和 sqlite-dll-win32-*.zip 的压缩文件。创建文件夹 C:\sqlite，并在此文件夹下解压上面两个压缩文件，将得到 sqlite3.def、sqlite3.dll 和 sqlite3.exe 文件，其中 sqlite3.exe 文件就是数据库平台启动文件。

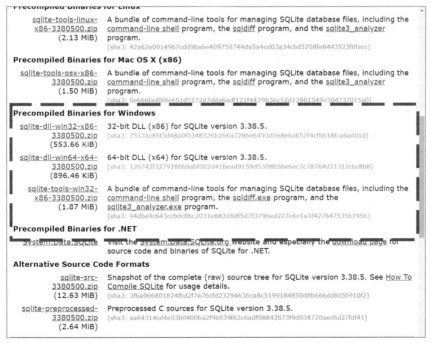

图 10-1 SQLite 下载页面

同时，下载 SQLite 数据库查看工具，在 http://www.sqlitebrowser.org 上下载不同版本的数据库查看工具。

图 10-2　DB Browser for SQLite

创建 SQLite 数据库文件有两种方法：

① 暂时性数据库：程序关闭后数据不保存，一般用于临时的数据验证和测试，不利于数据库分离。具体操作：可以不需要安装，直接运行 sqlite3.exe，就可以打开 SQLite 数据库的命令行窗口，如图 10-3 所示。通过命令行窗口可以建立和管理数据库，建表和查询等。

图 10-3　SQLite 数据库的命令行窗口

② 创建永久性的数据库文件：只要不是人为删除，数据库文件一直保存。具体操作：进入 C:\sqlite 目录并使用 cmd 窗口打开 sqlite3 命令，输入 sqlite3，结果如图 10-4 所示。

图 10-4　输入 sqlite3 结果

使用"sqlite3 数据库名.db"的方式可以打开数据库文件，如果该文件不存在，则会创建一个 study.db 的数据库文件，如输入 sqlite3 study.db。使用.database 可以查看创建的数据库（SQLite 常用命令在 10.3.3 章节中会详细介绍），或者在 C:\sqlite 目录下查看新创建的数据库。

10.3.3 SQLite 数据库的常用命令

SQLite3 的这些命令被称之为 SQLite 的点命令，这些命令的不同之处在于它们不以分号结束。SQLite3 的常用命令可以分为两大类：一类是 SQLite3 交互模式常用的命令（在本章节重点介绍）；一类是操作数据库的 SQL 命令（在 10.2 章节中重点介绍）。SQLite3 部分常用交互模式命令及功能见表 10-3。

表 10-3　SQLite3 部分常用交互模式命令及功能

命　令	功　能	命　令	功　能
.open dbname	若数据库不存在，就创建数据库 dbname	.help	显示消息
.database	显示当前打开的数据库文件	.Schema[tbname]	查看表结构信息
.exit/.quit	退出 SQLite 提示符	.show	显示各种设置的当前值
.tables	查看当前数据库下的所有表		

使用.show 命令可以查看 SQLite 命令提示符的默认设置，如图 10-5 所示。

除表 10-3 中列出的常用交互式命令外，我们可以在 SQLite3 命令窗口中使用.help 命令，将列出交互命令的提示信息，供用户查阅使用。

图 10-5　.show 命令查看默认设置

10.3.4 SQLite3 的存储类

SQLite3 数据库中的数据类型分为整数、小数、字符、日期、时间等类型。SQLite 数据类型是一个用来指定任何对象的数据类型的属性。SQLite 中的每一列，每个变量和表达式都有相关的数据类型。用户可以在创建表的同时使用这些数据类型。SQLite 使用的是动态数据类型系统，数据库管理系统会根据列值自动判断列的数据类型，这一点与大多数 SQL 数据库管理系统使用静态数据类型是不同的，但同时 SQLite3 的动态数据类型能够向后兼容其他数据库普遍使用的静态类型。在 SQLite 中，值的数据类型与值本身是相关的，而不是与它的容器相关。在 SQLite3 中，与其说它是数据类型，更像是存储类，比如：INTERGER 存储类中就包含多种不同长度的整数数据类型。表 10-4 给出了 SQLite3 的存储类及其描述。

表 10-4　SQLite3 的存储类及其描述

存 储 类	描　述
NULL	值是一个 NULL 值
integer	值是一个带符号的整数类型，根据值的大小存储在 1、2、3、4、6 或 8 字节中
real	值是一个浮点值，小数类型，存储为 8 字节的 IEEE 浮点数字
text	值是一个文本字符串，使用数据库编码（UTF-8、UTF-16BE 或 UTF-16LE）存储
blob	值是一个万能的 blob 数据类型，完全根据它的输入存储

同时，SQLite3 支持列的亲和（Affinity）类型概念。任何列仍然可以存储任何类型的数据。当数据插入时，该字段的数据会优先采用亲缘类型作为该值的存储方式，比如使用 INT、

SMALLINT、BIGINT 等创建列时会自动指定到 integer 存储类；使用 VARCHAR(50)、NCHAR(50) 等创建列时会自动指定到 text 存储类。

还要注意，SQLite 没有单独的 Boolean 存储类，相反，布尔值被存储为整数 0（False）和 1（True）。SQLite 也没有一个单独的用于存储日期和/或时间的存储类，但可以将日期时间的子串格式（"YYYY-MM-DD HH:MM:SS.SSS"）存储成 text，或者将日期时间的毫秒数存储成 integer。Date 和 Time 类型存储类及格式见表 10-5。

表 10-5 Date 和 Time 类型存储类及格式

存 储 类	日 期 格 式
text	格式为"YYYY-MM-DD HH:MM:SS.SSS"的日期
real	从公元前 471 年 11 月 24 日格林尼治时间的正午开始算起的天数
integer	从 1970-01-01 00:00:00 UTC 算起的秒数

10.3.5 SQLite3 的常用函数

SQLite 数据库提供了算数、字符串、日期、时间等操作函数，方便用户处理数据库中的数据，而这些函数需要在 SQLite 的命令窗口使用 SELECT 命令运行。常见函数及描述见表 10-6。

表 10-6 SQLite 常用函数及描述

名 称	描 述	名 称	描 述
abs(x)	返回绝对值	upper(x)	小写转大写
max(x,y,z...)	返回最大值	substr(x,y,z)	截取字符串
min(x,y,z...)	返回最小值	like(A,B)	确定给定字符串与指定的模式是否匹配
random(*)	返回随机数	date()	产生日期
round(x,[,y])	四舍五入	datetime()	产生日期和时间
length(x)	返回字符串字符的个数	time()	产生时间
lower(x)	大写转小写	strftime()	把 YYYY-MM-DD HH:MM:SS 格式的日期字符串转换成其他形式的字符串

10.3.6 SQLite3 的运算符

SQLite3 运算符用于指定的 SQLite 语句中的条件，并在语句中连接多个条件，主要包括：算术运算符、比较运算符、逻辑运算符、位运算符，见表 10-7，假设 a=10，b=20。

表 10-7 SQLite 运算符一览表

	运 算 符	描 述	实 例
算术运算符	+	加法，把运算符两边的值相加	a + b 将得到 30
	−	减法，左操作数减去右操作数	a − b 将得到 −10
	*	乘法，把运算符两边的值相乘	a * b 将得到 200
	/	除法，左操作数除以右操作数	b / a 将得到 2
	%	取模，左操作数除以右操作数后得到的余数	b % a 将得到 0

续上表

	运 算 符	描 述	实 例
比较运算符	==	检查两个操作数的值是否相等，如果相等则条件为真	(a == b) 不为真
	=	检查两个操作数的值是否相等，如果相等则条件为真	(a = b) 不为真
	!=	检查两个操作数的值是否相等，如果不相等则条件为真	(a != b) 为真
	<>	检查两个操作数的值是否相等，如果不相等则条件为真	(a <> b) 为真
	>	检查左操作数的值是否大于右操作数的值，如果是则条件为真	(a > b) 不为真
	<	检查左操作数的值是否小于右操作数的值，如果是则条件为真	(a < b) 为真
	>=	检查左操作数的值是否大于等于右操作数的值，如果是则条件为真	(a >= b) 不为真
	<=	检查左操作数的值是否小于等于右操作数的值，如果是则条件为真	(a <= b) 为真
	!<	检查左操作数的值是否不小于右操作数的值，如果是则条件为真	(a !< b) 为假。
	!>	检查左操作数的值是否不大于右操作数的值，如果是则条件为真	(a !> b) 为真
逻辑运算符	AND	AND 运算符允许在一个 SQL 语句的 WHERE 子句中的多个条件的存在	实例见表后
	BETWEEN	BETWEEN 运算符用于在给定最小值和最大值范围内的一系列值中搜索值	
	EXISTS	EXISTS 运算符用于在满足一定条件的指定表中搜索行的存在	
	IN	IN 运算符用于把某个值与一系列指定列表的值进行比较	
	NOT IN	IN 运算符的对立面，用于把某个值与不在一系列指定列表的值进行比较	
	LIKE	LIKE 运算符用于把某个值与使用通配符运算符的相似值进行比较	
	GLOB	GLOB 运算符用于把某个值与使用通配符运算符的相似值进行比较。GLOB 与 LIKE 不同之处在于，它是大小写敏感的	
	NOT	NOT 运算符是所用的逻辑运算符的对立面。比如 NOT EXISTS、NOT BETWEEN、NOT IN，等等。它是否定运算符	
	OR	OR 运算符用于结合一个 SQL 语句的 WHERE 子句中的多个条件	
	IS NULL	NULL 运算符用于把某个值与 NULL 值进行比较	
	IS	IS 运算符与=相似	
	IS NOT	IS NOT 运算符与!=相似	
	||	连接两个不同的字符串，得到一个新的字符串	
	UNIQUE	UNIQUE 运算符搜索指定表中的每一行，确保唯一性（无重复）	
位运算符	&	如果同时存在于两个操作数中，二进制 AND 运算符复制一位到结果中	(A & B)将得到 12，即为 0000 1100
	|	如果存在于任一操作数中，二进制 OR 运算符复制一位到结果中	(A | B)将得到 61，即为 0011 1101
	~	二进制补码运算符是一元运算符，具有"翻转"位效应，即 0 变成 11 变成 0	(~A)将得到-61，即为 1100 0011，一个有符号二进制数的补码形式。
	<<	二进制左移运算符，左操作数的值向左移动右操作数指定的位数	A << 2 将得到 240，即为 1111 0000
	>>	二进制右移运算符，左操作数的值向右移动右操作数指定的位数	A >> 2 将得到 15，即为 0000 1111

表 10-6 中逻辑运算符的实例如下：

【例 10-10】假设有表 SCHOOL，表中记录见表 10-8。

表 10-8　表 SCHOOL 中的记录

ID	NAME	AGE	EDUCATION	MAJOR	TUITION
1	张明	18	本科	计算机	5500
2	李磊	23	本科	美术学	8000
3	王硕	19	专升本	法学	4400
4	赵茜	20	本科	设计学	12000
5	高亢	21	本科	食品科学	5000
6	王珊	23	专升本	烟草	5000

① AGE 大于等于 20 并且学费超过 6000 的所有记录。

```
sqlite> SELECT * FROM  SCHOOL WHERE AGE >=20  AND TUITION >=6000;

ID       NAME       AGE         EDUCATION    MAJOR       TUITION
-----    -----      ------      ---------    ---------   ---------
2        李磊       23          本科         美术学      8000
4        赵茜       20          本科         设计学      12000
```

② AGE 小于等于 20 或者学费超过 10000 的所有记录。

```
sqlite> SELECT * FROM  SCHOOL WHERE AGE <=20  OR  TUITION >=10000;

ID       NAME       AGE         EDUCATION    MAJOR       TUITION
-----    -----      ------      ---------    ---------   ---------
1        张明       18          本科         计算机      5500
3        王硕       19          专升本       法学        4400
4        赵茜       20          本科         设计学      12000
```

③ AGE 不为 NULL 的所有记录。

```
sqlite> SELECT * FROM  SCHOOL WHERE AGE IS NOT NULL;

ID    NAME       AGE    EDUCATION    MAJOR      TUITION
---   -----      ----   ---------    -------    ---------
1     张明       18     本科         计算机     5500
2     李磊       23     本科         美术学     8000
3     王硕       19     专升本       法学       4400
4     赵茜       20     本科         设计学     12000
6     王珊       23     专升本       烟草       5000
```

④ TUITION 的值为 5000 或 5500 的所有记录。

```
sqlite> SELECT * FROM  SCHOOL WHERE TUITION IN(5000,5500);

ID       NAME       AGE         EDUCATION    MAJOR       TUITION
-----    -----      ------      ---------    ---------   ---------
1        张明       18          本科         计算机      5500
5        高亢       21          本科         食品科学    5000
6        王珊       23          专升本       烟草        5000
```

⑤ TUITION 的值既不是 5000 也不是 5500 的所有记录。

```
sqlite> SELECT * FROM  SCHOOL WHERE TUITION NOT IN(5000,5500);

ID    NAME       AGE    EDUCATION   MAJOR       TUITION
```

```
----      -----    ------    --------    -------    --------
2         李磊     23        本科        美术学     8000
3         王硕     19        专升本      法学       4400
4         赵茜     20        本科        设计学     12000
```

⑥ TUITION 的值在 6000 与 10000 之间的所有记录。

```
sqlite> SELECT * FROM  SCHOOL WHERE TUITION BETWEEN 6000 AND 10000;

ID        NAME      AGE       EDUCATION    MAJOR      TUITION
-----     -----     ------    ---------    --------   --------
2         李磊      23        本科         美术学     8000
4         赵茜      20        本科         设计学     12000
```

⑦ SELECT 语句使用 SQL 子查询，子查询查找 TUITION <10000 的带有 AGE 字段的所有记录，后边的 WHERE 子句与 EXISTS 运算符一起使用，列出了外查询中的 AGE 存在于子查询返回的结果中的所有记录。

```
sqlite> SELECT * FROM  SCHOOL
    WHERE EXISTS (SELECT AGE FROM SCHOOL WHERE TUITION < 10000);

 AGE
-----
18
23
19
23
```

10.3.7　SQLite3 模块中的对象

SQLite3 提供了访问和操作 SQLite3 数据库的各种功能。下面给出了使用 dir 命令和 help 命令列出了 SQLite3 模块中的常量、函数和对象等。

- sqlite3.version：常量，SQLit3 模块的版本号，字符串形式。
- sqlite3.sqlite_version：常量，SQLite 数据库的版本号，字符串形式。
- sqlite3.connect：数据库连接对象。
- sqlite3.Cursor：游标对象。
- sqlite3.Row：行对象。
- sqlite3.connect(dbname)：函数，链接到数据库，返回 connect 对象。

10.3.8　SQLite3 创建数据库

SQLite 的 sqlite3 命令被用来创建新的 SQLite 数据库，基本的语法如下：

```
sqlite3 DatabaseName.db
```

通常情况下，数据库名称在 RDBMS 内应该是唯一的，另外，也可以使用.open 来建立新的数据库文件，例如：

```
sqlite>.open test.db
```

通过.open 创建了数据库 test.db，位于 sqlite3 命令同一目录下，打开已经存在的数据库也是使用.open 命令，如果数据库不存在，使用以上的命令同样可以创建数据库。例如：

```
$ sqlite3 test.db
SQLite version 3.7.15.2 2022-05-09 11:53:05
Enter ".help" for instructions
Enter SQL statements terminated with a ";"
sqlite>
```

一旦数据库被创建，用户就可以使用 SQLite 的.database 命令来检查它是否在数据库列表中。例如：

```
sqlite>.databases
seq  name            file
---  --------------- ----------------------
0    main            /home/sqlite/test.db
```

用户可以使用 SQLite 中的.dump 命令来导出完整的数据库在一个文本文件中，例如：

```
$sqlite3 test.db .dump > test.sql
```

通过上面的命令将转换整个 test.db 数据库的内容到 SQLite 的语句中，并将其转存到 ASCII 文本文件 test.sql 中。

最后，用户可以使用 sqlite.quit 命令退出 sqlite 提示符。

10.4　使用 SQLite3 模块访问 SQLite 数据库

Python 3.X 中已经自带了 SQLite3 的模块，如果需要使用 SQLite 数据库，只需要导入 SQLite3 模块就可以直接使用了。图 10-6 展示了操作数据库的流程。

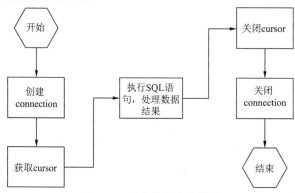

图 10-6　操作数据库流程图

10.4.1　访问 SQLite 数据库的步骤

连接 SQLite 数据库主要分为以下七个步骤：

① 导入 Python SQLite3 数据库模块。

Python 的标准库内置了 SQLite3 模块，可以使用 import 命令导入模块。

```
>>> import sqlite3
```

② 调用 connect( )创建数据库连接，返回 sqlite3.connection 连接对象。

```
>>> dbstr="C:/sqlite/test.db"
>>> con = sqlite3.connect(dbstr)     #连接到数据库，返回连接对象
```

dbstr 是连接字符串。不同的数据库连接对象，连接字符串的格式是不同的，sqlite 的连接字符串为数据库的文件名，比如上述例子中的 "c:/sqlite3/test.db"。在连接数据库的代码中，如果数据库对象 test.db 存在，那么打开数据库；否则就在这个路径下创建 test.db 数据库并打开。

③ 创建游标对象，调用 con.cursor( )方法返回游标。

游标（cursor）是行的集合，使用游标对象能够灵活地操纵表中检索出的数据。游标是一

种能够从包括多条数据记录的结果集中每次提取一条记录的机制。

调用 con.cursor()创建游标对象 cur 的代码如下：

```
>>> cur=con.cursor()
```

④ 使用 cursor 对象的 execute( )方法执行 SQL 命令返回结果集。

cursor 对象的 execute( )、executemany( )、executescript( )等方法可以用来操作或者查询数据库。

- cur.execute(sql)：执行 SQL 语句。
- cur.execute(sql, parameters)：执行带参数的 SQL 语句。
- cur.executemany(sql, seg_of_parameters)：根据参数执行多次 SQL 语句。
- cur.executescript(sql_scripts)：执行 SQL 脚本。

例如：创建一个包含 3 个字段 Stu_Id（借阅学生学号）、BorrowDate（借阅日期），ReturnDate（还书日期），borrow_Book_id（借阅书籍 id）的借阅信息表 t_borrow_st 的代码如下：

```
>>> cur.execute("CREATE table t_borrow_st(Stu_Id varchar(15) primary
key ,BorrowDate integer(4),ReturnDate integer(4),borrow_book_id varchar(15) )")
```

向表中插入一条记录，代码如下：

```
>>> cur.execute("INSERT INTO t_borrow_st values (20211305, '2022/5/11',
'2022/6/1',112543 )")
```

⑤ 调用 cur.fetchall( )、cur.fetchmany( )或 cur.fetchone( )，获取游标的查询结果集。

- cur.fetchall( )：返回结果集的剩余行（Row 对象列表），无数据时，返回空 List。
- cur.fetchmany( )：返回结果集的多行（Row 对象列表），无数据时，返回空 List。
- cur.fetchone( )：返回结果集的下一行（Row 对象），无数据时，返回 None。

例如，查询借阅信息表 t_borrow_st 中的插入记录。

```
>>> cur.execute("SELECT * FROM t_borrow_st")
>>> print(cur.fetchone())
('20211305', '2022/5/11', '2022/6/1','112543')
>>>print(cur.fetchone())
None
>>> cur.execute("SELECT * FROM t_borrow_st2 ")
>>> print(cur.fetchall())
[('20211305', '2022/5/11', '2022/6/1','112543')]
```

⑥ 数据库的提交和回滚。

根据数据库事务隔离级别的不同，可以提交或者回滚事务。

- con.commit( )：事务提交。
- con.rollback( )：事务回滚。

⑦ 关闭 cur 和 con 对象。

最后我们需要使用下面函数关闭 cursor 对象和 connection 对象。

- cur.close( )：关闭 cursor 对象。
- con.close( )：关闭 connection 对象。

10.4.2 使用 SQLite3 模块创建数据库和表

【例 10-11】使用 SQLite3 模块创建数据库图书管理系统 Library_management，包含图书信息表 Book information、借阅信息表 t_borrow_st，要求在该数据库系统中创建读者信息表 Reader_info，表中包含借阅学生学号（Stu_Id）、姓名（Borname）、借书标记（Borflag）、欠费金额（Bormoney），如表 10-9 所示。

表 10-9 读者信息表 Reader_info

列　名	具 体 信 息	数 据 类 型
Stu_Id	借阅学生学号	char(10)
Borname	姓名	char(20)
Borflag	借书标记	char(10)
Bormoney	欠费金额	Float

代码如下:

```
>>> import sqlite3                        #导入SQLite3模块
>>> dbstr="C:/sqlite/Library management.db"
>>> con=sqlite3.connect(dbstr)    #创建SQLite数据库
>>> cur=con.cursor( )
>>> stmt="CREATE table Reader info (Stu Id char(10) primary key,Borname
char(20),Borflag char(10),Bormoney Float)"
>>> con.execute(stmt)
<sqlite3.Cursor object at 0x00000266D4582C40>    #创建表
```

创建完成后如图 10-7 所示。

图 10-7　Library_management.db 数据库及 Reader_info 表创建完毕

10.4.3　数据库的插入、查询、更新和删除操作

在数据库中进行插入、更新和删除记录的操作步骤如下:

① 建立数据库的链接。

② 实现读取 CSV 文件内容并写入 SQLite 数据库,并查询所有性别为"男"的记录。

③ 创建游标对象,使用 cur.execute(sql)方法执行 SQL 的 INSERT、UPDATE、DELETE 等语句,从而完成数据库记录的插入、更新、删除操作。

④ 提交操作。

⑤ 关闭数据库

【例 10-12】在例 10-11 中使用 SQLite3 模块创了建数据库图书管理系统 Library_management,现对该数据库系统中的读者信息表 Reader_info 进行记录的插入、查询、更新和删除操作。代码如下:

```
#例10-12创建数据库及表操作
>>> import sqlite3                        #导入SQLite3模块
>>> import csv                           #导入csv模块
>>> dbstr="C:/sqlite/Library management.db"
>>> con=sqlite3.connect(dbstr)         #创建SQLite数据库
>>> cur=con.cursor( )
```

```
>>> stmt="CREATE table Reader info (Stu Id char(10) primary key,Borname
char(20),gender varchar(2),Borflag char(10),Bormoney Float)"
>>> con.execute(stmt)
#Borflag 为已经借书的本数
#实现读取CSV文件内容并写入SQLite数据库Library management.db，并查询所有性别为男的记录。
>>> filename="C:/sqlite/csvfile1.csv"
#使用 open()函数打开文件，如果该文件不存在，则报错
>>> with open(filename,'r') as mycsvfile:
    #使用 reader()方法读整个 CSV 文件到一个列表对象中
    lines=csv.reader(mycsvfile)
    #通过遍历每个列表元素，输出数据
    for line in lines:
        #在 VALUES()内使用?占位符，然后向 execute 方法提供实际值
        cur.execute("INSERT INTO Reader info values(?,?,?,?,?)",line)
    con.commit()
>>> cur.execute("SELECT * FROM Reader info WHERE gender='男'")
>>> print(cur.fetchall())
[ ('20211305', '包文强', '男', '4', 1.2), ('20211504', '肖玉杰','男', '2', 2.1)]
#插入数据操作
>>>  cur.execute("INSERT  INTO  Reader info  values('20211306',' 张欣容',' 女
','3',0)")
<sqlite3.Cursor object at 0x00000266D4582D40>  #插入一行数据
>>> cur.execute("INSERT INTO Reader info values(?,?,?,?) ",('20211310','陈大
强','男','3',3.2))  #使用占位符"? "表示参数，传递的参数使用元组，插入一行数据
<sqlite3.Cursor object at 0x00000266D4582D40>
>>> para=[(20211511,'张杰','男','4',2.5),(20211508,'张明明','女','1',0)]
>>> cur.executemany("INSERT INTO Reader info values(?,?,?,?) ",para) #插入多
行数据
<sqlite3.Cursor object at 0x00000266D4582D40>
#查询数据
>>> cur.execute("SELECT * FROM Reader info")
<sqlite3.Cursor object at 0x00000231E73AF8F0>
>>> print(cur.fetchall())
[('20211313', '云柯','女', '1', 1.5) ('20211305', '包文强','男', '4', 1.2),
('20211504', '肖玉杰', '男', '4', 2.1),('20211306', '张欣容','女', '3', 0.0),
('20211310','陈大强','男','3',3.2),('20211511','张杰','男','4',2.5)('20211508',
'张明明', '女','1', 0.0)]
#按照欠款升序顺序输出学号信息
>>> cur.execute("SELECT Stu Id FROM Reader info ORDER BY Bormoney ASC")
<sqlite3.Cursor object at 0x00000155A252EF80>
>>> print(cur.fetchall())
[('20211306',),('20211508',),('20211305',), ('20211313',) ,('20211304',),
('2021511',),('2021510',)]
#查询欠款为0元的学生信息
>>> cur.execute("SELECT * FROM Reader info WHERE Bormoney =0")
<sqlite3.Cursor object at 0x00000155A252EF80>
>>> print(cur.fetchall())
[('20211306', '张欣容','女', '3', 0.0), ('20211508', '张明明','女', '1', 0.0)]
#查询借书超过2本(不包括两本)的学生信息
>>> cur.execute("SELECT * FROM Reader info WHERE Borflag >2")
<sqlite3.Cursor object at 0x00000155A252EF80>
>>> print(cur.fetchall())
[('20211306', '张欣容','女', '3', 0.0), ('20211305', '包文强', '男','4', 1.2),
('20211504', ' 肖 玉 杰 ',' 男 ', '4', 2.1),('20211310',' 陈 大 强 ',' 男
','3',3.2),('20211511','张杰','男','4',2.5)]
#使用 max()函数查询欠款最多
>>> cur.execute("SELECT max(Bormoney) FROM Reader info ")
<sqlite3.Cursor object at 0x00000155A252EF80>
```

```
>>> print(cur.fetchall())
[(3.2,)]
#遍历查询数据
>>> cur.execute("SELECT * FROM Reader info ")
<sqlite3.Cursor object at 0x00000231E73AF8F0>
>>> for item in cur.fetchall():
>>> print(item)
('20211313','云柯','女','1', 1.5)
('20211305','包文强','男','4', 1.2)
('20211504','肖玉杰', '男','4', 2.1)
('20211306','张欣容','女','3', 0.0)
('20211310','陈大强','男','3',3.2)
('20211511','张杰','男','4',2.5)
('20211508', '张明明','女','1', 0.0)
```

更新数据，只需要创建一个链接，然后使用该连接创建一个游标对象，最后在 execute( ) 方法中使用 UPDATE 语句。比如，更新 Stu_Id=20211504 的学生的 Borflag 已借书的本数将 "4" 更新为 "2"，使用 WHERE 子句作为选择该学生的条件。代码如下：

```
#更新数据

>>> cur.execute("UPDATE Reader info SET Borflag='2' WHERE  Stu Id=20211504")
<sqlite3.Cursor object at 0x000002D415E2F8F0>
>>> cur.execute("SELECT * FROM Reader info ")
<sqlite3.Cursor object at 0x000002D415E2F8F0>
>>> print(cur.fetchall())
[('20211313', '云柯','女','1', 1.5) ('20211305', '包文强','男', '4', 1.2),
('20211504', '肖玉杰', '男','2', 2.1),('20211306', '张欣容','女', '3', 0.0),
('20211310','陈大强','男','3',3.2),('20211511','张杰','男','4',2.5)('20211508',
'张明明', '女','1', 0.0)]
```

如果要从数据库中获取特定数据，可以使用 WHERE 子句。例如，我们想要获取欠费大于 0 元的学生学号和姓名，具体操作如下：

```
#获取特定数据
>>> cur.execute("SELECT Stu Id,BorName FROM Reader info WHERE Bormoney>0.0 ")
<sqlite3.Cursor object at 0x000002D415E2F8F0>
>>> rows=cur.fetchall()
>>> for row in rows:
>>> print(row)
('20211313', '云柯',)
('20211305', '包文强',)
('20211504', '肖玉杰')
('20211310','陈大强',)
('20211511','张杰',)
```

删除数据库中的某一条记录，在 execute( )方法中使用 DELETE 语句。比如删除 Stu_Id=20211504 的学生的借书记录，使用 WHERE 子句作为选择该学生的条件。具体如下：

```
#删除数据
>>> cur.execute("DELETE FROM Reader info WHERE Stu Id=20211504 ")
<sqlite3.Cursor object at 0x000002D415E2F8F0>
>>> cur.execute("SELECT * FROM Reader info ")
<sqlite3.Cursor object at 0x000002D415E2F8F0>
>>> print(cur.fetchall())
[('20211313', '云柯','女','1', 1.5) ('20211305', '包文强','男','4', 1.2),
('20211306', ' 张 欣 容 ',' 女 ',  '3',  0.0),  ('20211310',' 陈 大 强 ',' 男
','3',3.2),('20211511','张杰','男','4',2.5)('20211508','张明明', '女','1', 0.0)]
#如果使用不带任何条件（WHERE子句）的DELETE语句，将删除表中所有的行。
#删除表
#可以使用drop语句删除表，具体如下：
```

```
>>> cur.execute("DROP table if EXISTS Reader info")
>>> con.commit()
#关闭连接
>>> cur.close()
>>> con.close()
```

习　题

一、单项选择题

1. 在 SQL 语句中，实现分组查询的短语是哪一项？（　　　）
    A. ORDER BY　　　B. GROUP BY　　　C. HAVING　　　　　D. ASC

2. 下列关于 SQL 语句中的短语说法正确的是哪一项？（　　　）
    A. 必须是大写字母　　　　　　　　B. 必须是小写字母
    C. 大小字母均可以　　　　　　　　D. 大小写字母不能混合

3. "DELETE FROM s WHERE age>60"的语句功能是什么？（　　　）
    A. 从 s 表中删除年龄大于 60 岁的记录　　B. 从 S 表中删除年龄大于 60 岁的首条记录
    C. 删除表 s　　　　　　　　　　　　　D. 删除表 s 的年龄列

4. 下列哪项不属于 SQLite 的优点？（　　　）
    A. 重量级　　　　　B. 独立性　　　　　C. 跨平台　　　　　　D. 隔离性

5. 在 Python 中连接 SQLite 的 test 数据库，正确的代码是哪一项？（　　　）
    A. conn=sqlite3.connect("C:\db\test")　　　B. conn=sqlite3.connect("C:/db/test")
    C. conn=sqlite3.Connect("C:\db\test")　　　D. conn=sqlite3.Connect("C:\db\test")

6. 已知 Cursor 对象 cur，使用 Cursor 对象的 execute( )方法可返回结果集，下列命令中不正确的是哪一项？（　　　）
    A. cur.execute( )　　　　　　　　　B. cur.executeQuery( )
    C. cur.executemany( )　　　　　　　D. cur.executescript( )

二、程序设计题

创建数据库企业 MIS（Management Information System），即 MIS.db 系统和 employee 表，根据课本所学内容完成下列的 SQL 命令，初始数据见表 10-10。

表 10-10　employee 表

工号 emp_id	姓名 emp_nam	性别 emp_sex	年龄 emp_age	职位 position	工资 wages	工龄 working_years
1025	张三	男	43	部门总监	9865.5	11
1523	王五	男	38	项目经理	7654.2	7
1905	李四	女	32	职员	5712.3	5
2110	赵六	女	25	职员	4100.5	2

①使用 INSERT INTO 命令向表中插入记录[2201　高七　男　23　职员　3500]。
②使用 DELETE FROM 命令删除表中 emp_id 为 1523 的雇员的记录。
③使用 UPDATE 命令为职称为部门总监的雇员的工资增加 500 元。
④查询雇员中工资大于 5 000 的雇员的姓名和年龄。
⑤查询表中男女雇员的人数及平均工资。

面向对象程序设计 《《《

Python 支持多种类型的编程范式，例如过程式编程、面向对象编程，还可以融合多种类型的范式。也就是说，利用 Python 语言可以设计与运行多种程序。

现在面向对象编程的使用非常广泛，面向对象编程的基本元素就是对象，本章介绍面向对象的基本概念。

Python 从设计之初就是一门面向对象的语言，本章介绍 Python 中的类与对象、属性和方法、继承和多态。

【本章知识点】

- 类与对象
- 属性和方法
- 继承和多态

📚 11.1　面向对象程序设计基础

面向对象编程和函数式编程（面向过程编程）都是程序设计的方法，各有优缺点。

11.1.1　面向过程程序设计与面向对象程序设计

1. 面向过程程序设计

面向过程程序设计也称为结构化程序设计，在面向过程的程序设计中，问题被看作一系列要完成的任务，而函数是用来完成这些任务的，解决问题的焦点主要在于函数。其主要设计思想是自上而下、逐步求精，使用三种基本控制结构：顺序结构、选择结构、循环结构，来构造程序。

面向过程的核心是"过程"，如果要解决一个大的问题，面向过程首先进行总体设计，把这个大的问题分解成很多小问题或子过程，这些子过程在执行的过程中继续分解，直到小问题足够简单到可以在一个小步骤范围内解决，即将程序按功能分成若干模块，然后再进行详细设计完成模块内的设计。

当程序规模不大时，面向过程方法的优势是：程序的流程清楚，可以按照模块与函数的方法进行组织，将一个综合的问题逐层分解成若干个小问题，直到底层的每个小问题都能解决为止，最后将所有已解决的小问题逐层合并，从而将较复杂的综合问题进行解决。

面向过程的缺点是扩展性差。因其是为解决某个问题而设计的过程，如果用来解决另一个问题，整个过程就要进行大的改动。

基于面向过程的特点，它用于解决一些功能一旦实现后就很少需要改动的情况是很适用的。

2. 面向对象程序设计

面向对象程序设计可以看作一种在程序中包含各种独立而又互相调用的对象的思想，这与传统的思想刚好相反。传统的程序设计主张将程序设计好框架，再针对框架制作一系列函数，或者直接就是一系列对计算机下达的指令。而面向对象程序设计先把现实中的事务都抽象成为"对象"，每一个对象都能够接收数据、处理数据并将数据传达给其他对象，这些对象们都可以被看作一个小型的"机器"，然后再把这些对象组合在一起，完成总体任务。

向对象的缺点是编程的复杂度远高于面向过程，在一些扩展性要求低的情况时会增加编程难度。比如管理 Linux 系统的 Shell 脚本程序就不适合用面向对象去设计。

面向对象程序设计的优点是推广了程序的灵活性和可维护性，并且在大型项目设计中被广泛应用。面向对象程序设计要比以往的做法更加便于学习，因为它能够让人们更简单地设计并维护程序，使得程序更加便于分析、设计、理解，在处理变化上比面向过程更灵活。

面向对象不仅指一种程序设计方法，更多意义上是一种程序开发方式。我们必须了解更多关于面向对象系统分析和面向对象设计（Object Oriented Design，OOD）方面的知识。

3．面向过程与面向对象

面向过程其实是最为实际的一种思考方式，就算是面向对象的方法也是含有面向过程的思想。可以说面向过程是一种基础的方法。它考虑的是实际地实现，面向过程最重要的是其模块化的思想方法。

自面向对象（Object Oriented，OO）程序设计一提出，就有太多的两者对比，而且在这样的对比中，面向过程经常被形容成老化、僵硬的设计模式。实际上，面向过程程序设计自上而下、按照功能逐渐细化、实现快速，只是面对变化时相比面向对象显得束手无策，而面向对象具有封装性、重用性、扩展性等一系列优点，更注意对现实问题的非流程的模拟。

简单来说，面向过程编程是由过程、步骤、函数组成，函数是核心。而面向对象思想是以对象为核心，先开发类，得到对象，通过对象之间相互通信实现功能。面向过程先有算法，后有数据结构。面向对象是先有数据结构，然后再有算法。

了解了面向过程和面向对象程序设计的特点，我们可以根据实际需要来选择程序设计方法。当下流行的四种程序设计语言中，只有 C 语言是面向过程的，Python 语言、Java 语言、C++语言等都是面向对象程序设计语言。

11.1.2　面向对象的基本概念

1．对象（Object）

对象是现实世界中可描述的事物，可以是有形的，也可以是无形的。从一件商品到一个商场，从一个整数到一个序列数据，都可以称为对象。

把传统的数据和处理数据的函数封装起来，用对象来表示，数据变成了对象的状态，函数变成了对象的方法（行为）。这对象好比具有了处理问题能力的个体。从程序设计者的角度，对象是一个程序模块；从用户角度，对象为他们提供所希望的行为。它们各尽其责地处理自己的事情，程序处理变成了一个个对象间的相互协作。如果有变化产生，直接找到负责的对象，由它来处理变化。

2．类（Class）

类是面向对象程序设计语言中的一个概念，表示具有相同行为对象的模板。类声明了对象的行为，它描述了该类对象能够做什么以及如何做的方法。一个类的不同对象具有相同的成员（属性、方法等），用类来表示对象的共性。

那么如何来表示变性呢？类之间支持继承，可以用父类和子类来表示这层关系，用自然语言来形容，父类是子类一种更高程度的抽象，比如动物和哺乳动物。子类可以添加新的行为或者重新定义父类的行为来完成变化。允许子类来重定义父类的行为，在对象间的相互协作中尤为重要，可以把不同的子类对象都当作父类对象来看，这样可以屏蔽不同子类对象间的差异。在需求变化时，通过子类对象的替换来在不改变对象协作关系的情况下完成变化，这种特性也被称为多态。封装、继承、多态被称为面向对象技术中的三大机制。

类是具有相同行为对象的模板，通过同一个类创建的不同对象具有相同的行为。对象是类的一个具体例子（实例）。我们面向对象设计程序时，一般从类的设计开始。

3. 抽象（Abstract）

抽象是抽取特定实例的共同特征，形成概念的过程，例如桌子、椅子、柜子等，抽取它们共同特性而得出"家具"这一类，而得出"家具"这个概念的过程，就是一个抽象的过程。抽象为了使复杂度降低，强调主要特征忽略次要特征，得到较简单的概念，而让人们能控制其过程或以综合的角度来了解许多特定的事态。

4. 封装

封装就是隐藏，它将数据和数据处理过程封装成一个整体，以实现独立性很强的模块，避免了外部直接访问对象属性而造成耦合度过高及过度依赖，同时也阻止了外界对对象内部数据的修改而可能引发的不可预知错误。

具备封装性（Encapsulation）的面向对象程序设计的优点：隐藏了某一方法的具体执行步骤，取而代之的是通过消息传递机制传送消息给它。封装可以在不影响使用者的前提下改变对象的内部结构，并保护了数据。良好的封装能够减少耦合，符合程序设计所追求的"高内聚，低耦合"。

封装是通过限制只有特定类的对象可以访问这一特定类的成员，而它们通常利用接口实现消息的传入传出。

5. 继承

继承（Inheritance）是指在某种情况下，一个类会有"子类"。它描述的是类与类之间的关系。子类比原本的类（称为父类）要更加具体化。例如，"植物"这个类可能会有它的子类"树"和"草"。在这种情况下，"松树"可能就是树的一个实例。子类会继承父类的属性和行为，也可包含它们自己的。我们假设"植物"这个类有一个方法（行为）称为"光合作用"和一个属性称为"绿叶"。它的子类（树和草）会继承这些成员。这意味着程序员只需要将相同的代码写一次。

继承增强了代码复用性，提高了开发效率，也为程序的扩充提供了便利。在软件开发中，类的继承性使所建立的软件具有开放性、可扩充性，这是数据组织和分类行之有效的方法，降低了创建对象、类的工作量。

6. 多态

多态（Polymorphism）是指一个事务具有多种形态，还指同一个方法作用在不同的对象上时产生不同的执行结果。在程序中多态是指对不同的类的对象使用同样的操作。由继承而产生的相关的不同的类，其对象对同一消息会做出不同的响应。

使用多态能使代码具备可替换性、灵活性、可扩充性、接口性、简化性等优点。

封装、继承和多态是面向对象程序的三个基本特性。

11.2 类与对象

类是一种用户自定义的数据类型，是对具有共同属性和行为的抽象描述，这个共同属性称为类属性。共同行为是类中的成员函数，也称为成员方法。

类是创建实例的模板，而实例则是一个个具体的对象。各个实例拥有的数据就是属性，它们都是互相独立的。方法就是与实例绑定的函数，它与普通函数不同，方法可以直接访问实例的数据。通过在实例上调用方法，就可以直接操作对象内部的数据，而无须知道方法内部的实现细节。

11.2.1 类的定义

类是具有相同属性和方法的对象的集合，在 Python 中用关键字 class 定义。

格式如下：

```
class 类名(object):
    属性
    方法
```

说明：如果类派生自其他类，则需要将所有基类放到圆括号中。Python 中约定类名以大写字母开头。类体包括属性与方法定义，其中属性类似于前面章节中学习的变量，方法类似于前面章节学习的函数，方法中有一个是指向对象的默认参数 self。属性和方法都是类的成员。类还包括该类的被继承类。如果没有被继承类，就用本类名所代表的类，这个没被继承的类也是所有类都可以继承的类。

类的定义形式多样，既可以直接创建新的类，还可以基于一个或多个已有的类来创建新类，即可以创建一个空类，然后再动态添加属性和方法，也可以在创建类的同时设置属性和方法。

实例如下：

```
class Car():
    wheels=4                #属性
    def drive(self):        #方法
        print('开车方式')
    def stop(self):         #方法
        print('停车方式')
class People:               #定义一个空类
    pass                    #一个空语句，起到占位的作用
```

11.2.2 对象的创建与使用

类定义后不能直接使用，这就相当于画好了一张产品设计图，只有根据图纸生产出产品，才能使用。同样，程序中的类需要实例化后才能实现其意义。对象是类的实例，创建对象就是将类实例化。只有创建对象后，对象的属性才可以使用。

创建对象的格式：

```
对象名=类名(参数列表)
```

实例如下：

```
people1=People()
people2=People()
people3=People()
myCar=Car()
```

说明：一个类可以有多个对象，每次创建对象时，系统都会为对象分配一块内存区域，每次分配的内存区域不同，因而实际运行时会有不同的对象地址。

如果在程序中使用对象，其实就是访问对象的成员，而对象的成员分为属性和方法，它们的访问格式如下：

```
对象名.属性
对象名.方法()
```

实例如下：

```
class Car():
    wheels=4
    def drive(self):
        print('开车方式')
    def stop(self):
        print('停车方式')
myCar=Car()
print(myCar.wheels)
myCar.drive()
```

运行结果：

```
4
开车方式
```

11.3 属　　性

属性是用以描述类和对象的各类数据，所以可分为类属性、对象属性和实例属性，还可分为私有属性和公有属性。

11.3.1　类属性、对象属性和实例属性

1. 类属性

类属性定义在类的内部、方法的外部，它可以由该类的所有对象共享，不属于某一个对象。例如：

```
>>> class People:
        name='ming'
>>> People.name
'ming'
```

2. 对象属性

（1）添加属性

对象属性是描述对象的数据。对象属性可以在类定义中添加，也可以在调用实例时添加。实例如下：

```
>>> class People:
        name='ming'
>>> People.name
'ming'
>>> people=People()
>>> people1=People()
>>> people.name
'ming'
```

```
>>> people1.name
'ming'
>>> people.name='liang'
>>> people1.name='yun'
>>> People.name
'ming'
>>> people.name
'liang'
>>> people1.name
'yun'
>>> People.name='fang'
>>> people.name
'liang'
>>> people1.name
'yun'
>>> people.age=18
>>> People.age
Traceback (most recent call last):
  File "<pyshell#18>", line 1, in <module>
    People.age
AttributeError: type object 'People' has no attribute 'age'
>>> people1.age
Traceback (most recent call last):
  File "<pyshell#19>", line 1, in <module>
    people1.age
AttributeError: 'People' object has no attribute 'age'
>>> People.age=20
>>> people.age
18
>>> people1.age
20
```

说明：由上面程序可以看出，属性具有相对独立性。在类中添加某属性时，则由该类创建的对象也会有某属性。反之，若该类无某属性，而类的对象增加了某属性，则不会使类增加某属性，也不会使类的其他对象增加某属性。属性值的改变也是如此。而实际上，并不止这么简单。这属性支持保护机制，如果设置属性为只读，则无法改变其值，也无法为属性增加与属性同名的新成员，更无法删除对象属性。

（2）删除对象属性

用 del 语句可以将对象的属性删除。

实例如下：

```
>>> del people1.add
>>> people1.add
Traceback (most recent call last):
  File "<pyshell#28>", line 1, in <module>
    people1.add
AttributeError: 'People' object has no attribute 'add'
```

说明：用 del 语句可以删除对象的属性，而不影响类的属性。当对象的属性删除后，再访问该属性会抛出异常。

3. 实例属性

实例属性主要在构造方法__init__中定义，在定义中和在实例方法中访问属性时以 self 为前缀。同一类的不同对象的属性之间互不影响。

实例如下：

```
>>> class Emp():
    def __init__(self):
        self.name='li'
```

在主程序中或类的外部，属于对象的属性只能通过对象名访问，而属于类的属性可以通过类名或对象名访问。

实例属性和具体的实例对象有关系，并且各个实例对象之间不共享实例属性，实例属性值仅在自己的实例对象中使用，其他实例对象不能直接使用，因 self 值属于该实例对象。实例对象在类外面，可以通过"实例对象.实例属性"调用，在类中通过"self.实例属性"调用。

11.3.2 私有属性和公有属性

在 Python 中，类中定义的属性和方法默认为公有属性和方法。该类的对象可以任意访问类的公有成员，但考虑到封装思想，类中的代码不应被外部代码轻易访问，Python 支持将类中的成员设置为私有成员，在一定程序中限制对象对类成员的访问。于是，Python 中在属性分为公有属性和私有属性。

公有属性可以在类的外部调用，私有属性不能在类的外部调用，只可以在方法中访问私有属性。公有属性可以是任意变量，私有属性是以双下划线（__）开头的变量。

属性支持保护机制，如果设置属性为只读，则无法改变其值，也无法为属性增加与属性同名的新成员，更无法删除对象属性。

约定两个下划线开头，但不以两个下划线结束的属性是私有属性，其他为公有属性。仅可以在方法中访问私有属性。

定义私有属性的语法格式如下：

```
__属性名
```

访问私有属性，可在公有方法中通过指代类本身的默认参数 self 访问，类外部可通过公有方法间接获取类的私有属性。

实例如下：

```
class parent():
    i=1
    __j=2            #j 是私有属性

class child(parent):
    m=3
    __n=4            #n 是私有属性

    def __init__(self,age,name):
        self.age=age
        self.name=name

    def des(self):
        print(self.name,self.age)
```

```
c=child("zang",10)
c.des()

#通过对象可以访问类公有属性 m 与父类公有属性 i，能访问类的私有属性＿＿n 和父类私有属性＿＿j
print(c.i)
#print(c.＿＿j)
print(c.m)
#print(c.＿＿n)

#通过类可以访问类公有属性
print(child.i,child.m)
```

运行程序，结果如下：

```
10 zang
1
3
1 3
```

11.4 方 法

在类里面，用 def 语句编写函数，还有一个函数 method()，这是类里面的函数，称为方法。之所以用到方法，是为了减少代码的冗余，提高代码的重用性。

类的方法分为私有方法、公有方法、静态方法和类方法。编写方法和编写函数一样，私有方法和公有方法属于对象的实例方法，其中私有方法的名字以两个下划线开始，公有方法通过对象名直接调用，私有方法不能通过对象名称直接调用，只能在其他方法中通过前缀 self 进行调用或在外部通过特殊的形式来调用。

11.4.1 实例方法

1. 实例方法定义

实例方法在类中定义，以关键字 self 作为第一个参数。self 参数代表调用这个方法的对象。调用时，可以不用传递这个参数，系统将自动调用方法的对象作为 self 参数传入。例如：

```
class StClass():
    a=3
    def run(self):
        self.a=6
```

说明：上面程序定义了一个类 StClass，有一个类属性 a 和一个实例方法 run()。定义 run() 方法时，self 为默认参数，并在方法中用 self.a 定义了一个对象属性，此属性与类属性同名。

2. 对象的调用

（1）属性的调用格式

对象名.属性

例如：

```
zhang=StClass()    #实例化对象
print(zhang.a)
```

（2）实例方法的调用格式

对象名.实例方法

例如：

```
class StClass():
    a=3                        #定义类属性a
    def run(self):
        self.a=6               #定义对象属性a
zhang=StClass()                #实例化对象
print(zhang.a)                 #调用类属性
zhang.run()                    #调用实例方法
print(zhang.a)                 #调用对象属性
```

运行结果:

```
3
6
```

11.4.2 构造方法与析构方法

类有两个特殊方法:构造方法__init__()和析构方法__del__(),这两个方法分别在类创建和销毁时自动调用。

类的构造方法是指对某个对象进行初始化时,对数据进行初始化。

1. 构造方法

每个类都有一个默认的__init__()方法,如果在定义类时显式定义了__init__()方法,则创建对象时 Python 解释器会调用显示定义的__init__()方法,如果定义类时没有显示定义__init__()方法,那么 Python 解释器会调用默认的__init__()方法。

(1)构造方法的格式:

```
def __init__(self,…):
    语句块
```

__init__()方法可以包含多个参数,但第一个参数必须是 self。

实例如下:

```
class StClass():
    def __init__(self,name,id):
        print("name:",name,"ID:",id)
a=StClass('nana','20-1')        #创建对象,传递参数给构造函数
```

运行结果如下:

```
name: nana ID: 20-1
```

(2)类对象的创建与初始化实例

```
class Person:
    def __init__(self,age,sex):
        self.age=age
        self.sex=sex
    def info(self):
        print("年龄: %d"%self.age)
per=Person(20,'男')
per.info()
```

运行结果如下:

```
年龄: 20
```

(3)构造方法的特点

① 构造方法的第一个参数必须是 self。self 代表实例本身。__init__( )方法是实例化时自动调用的函数,所以适合进行初始属性的创建。

② 构造方法在调用的时候，self 是自动传递的，所以不需要再处理。

③ 构造方法一般要有实例才能调用，当然也有特殊的调用方法。

实例如下：

```
class Test(object):

    def __init__(self,a,b):       #构造器在实例创建时进行属性的初始化
        self.a=int(a)
        self.b=int(b)

    def abc(self,c):              #定义实例方法
        #self 是自动传递的，可以在实例方法中调用对象属性
        print(self.a+self.b+int(c))

t=Test(123,321)                   #创建实例化对象 t，传递参数给 a 和 b
t.abc(666)                        #用实例调用实例方法 abc()，并为 c 传参数
```

运行结果如下：

```
1110
```

2. 析构方法

析构方法__del__()又称为析构函数，用于删除类的实例。在创建对象时，系统自动调用 __init__()方法，在对象被清理时，系统也会自动调用一个__del__()方法。

实例如下：

```
class Person:
    def __init__(self):
        print("创建对象")
    def __del__(self):
        print("清除对象")
person1=Person()
del person1
```

运行结果如下：

```
创建对象
清除对象
```

11.4.3 类方法

至此我们已经学习了实例方法和构造方法，除此之外，在 Python 中还有类方法， @classmethod 是一个函数修饰符，它表示接下来的是一个类方法。

类方法的特点是，使用装饰器@classmethod 修饰，第一个参数为 cls，它代表类本身。类方法既可由对象调用，亦可直接由类调用。类方法还可以修改类属性，而实例方法是无法修改类属性的。

1. 定义类方法

例如：

```
class Person:
    @classmethod
    def uperson(cls):
        print("这是类方法")
```

因类方法可以通过类名或对象名进行调用,那么可以用这两种方法调用类方法 uperson( )，

代码如下：

```
person1=Person()
person1.uperson()
Person.uperson()
```

运行程序结果如下：

```
这是类方法
这是类方法
```

由以上运行结果可以看出，用类名或对象名都可以调用类方法。

2．修改类属性

在类方法中可以对类属性进行修改，实例如下：

实例如下：

```
class Car(object):
    color='red'            #类属性
    def chang_one(self):   #实例方法
        self.color="blue"
    @classmethod
    def chang_two(cls):    #类方法
        cls.color="yellow"
my_car=Car()               #创建实例对象
my_car.chang_one()         #调用实例方法
print(Car.color)
my_car.chang_two()         #调用类方法
print(Car.color)
```

运行结果为：

```
red
yellow
```

从结果可以看出，通过调用类方法，可以对类属性进行修改，而调用实例属性，不可以修改类属性。

11.4.4 静态方法

静态方法其实就是类中的一个普通函数，它并没有默认传递的参数。在创建静态方法的时候，需要用到内置函数：staticmethod。装饰器@staticmethod 把后面的函数和所属的类截断后，这个函数就不属于这个类了，也就没有类的属性了，要通过类名的方式调用。

静态方法可以由对象调用，也可直接由类调用。

实例如下：

```
class Test(object):
    def abc():
        print('abc')
    abc=staticmethod(abc)
    @staticmethod
    def xyz(a,b):
        print(a+b)
Test.abc()         #类调用
Test.xyz(1,2)      #类调用
a=Test()
a.abc()            #实例调用
```

```
a.xyz(3,4)          #实例调用
```

说明：用静态方法把 abc 这个方法与 Test 这个类截断后，abc 方法就没有类的属性了，要用类名的方式来调用。

程序运行结果如下：

```
abc
3
abc
7
```

11.4.5 私有方法与公有方法

与私有属性类似，类的私有方法是以两个下划线开头但不以两个下划线结尾的方法，其他的都是公有方法。私有方法不能直接访问，但可以被其他方法访问。私有方法也不可在类外使用。

实例如下：

```
class Person:
    def __init__(self,name):
        self.name=name
        print(self.name)


    def __work(self,salary):
        print("%s salary is: %d"%(self.name,salary))


if __name__=="__main__":
    officer=Person("Tom")
    officer.__work(1000)
```

程序运行结果如下：

```
Tom
Traceback(most recent call last):
  File "C:/Users/hp/AppData/Local/Programs/Python/Python35-32/333.py", line
11, in <module>
    officer.__work(1000)
AttributeError: 'Person' object has no attribute '__work'
```

说明：从以上程序及运行结果看，officer.__work 是私有方法，无法在类以外调用。

因此将程序进行修改如下：

```
class Person:
    def __init__(self,name):
        self.name=name
        print(self.name)


    def __work(self,salary):
        print("%s salary is: %d"%(self.name,salary))
    def worker(self):
        self.__work(500)              #在类内部调用私有方法


if __name__=="__main__":
    officer=Person("Tom")
    officer.worker()
```

运行结果为：

```
Tom
Tom salary is: 500
```

11.5 继承和多态

在 Python 中，类的继承的最大优点是可以实现代码重用。子类获得了父类的全部属性及功能。而多态的优点是当我们需要传入更多的子类时，只需要继承父类就可以了。调用方只管调用，不用在乎细节。对于扩展开放允许子类重写方法函数，而对于修改封闭，不需要重写，直接继承父类方法函数。

11.5.1 继　承

1. 继承的概念

子类拥有父类的所有方法和属性，具有如下特点：

① 在继承中基类的构造（__init__( )方法）不会被自动调用，它需要在其派生类的构造中亲自专门调用。

② 在调用基类的方法时，需要加上基类的类名前缀，且需要带上 self 参数变量。区别于在类中调用普通函数时并不需要带上 self 参数

③ Python 总是首先查找对应类型的方法。如果它不能在派生类中找到对应的方法，它才开始到基类中逐个查找，即先在本类中查找调用的方法，找不到才去基类中找。

类继承分单继承和多继承。单继承指子类只继承一个父类；多继承是指一个子类继承多个父类。

2. 继承的定义

格式如下：

```
class DerivedClassName(BasicClassName):
    类体
```

说明：DerivedClassName 是子类名，BasicClassName 是父类名。如果只有一个父类名，说明是单继承；如果有两个及以上父类名，说明是多继承。

例如：

```
class Aa(object)
class Bb(object)
class Cc(Aa,Bb)
```

如果 Cc 继承了 Aa 和 Bb，此继承是多继承，其中，称 Cc 为 Aa 和 Bb 的子类或派生类，它可以直接获取 Aa 和 Bb 中定义的所有方法和变量。子类在寻找变量和方法时，优先寻找自身的变量和方法，最后再去父类中寻找。类自身的__init__()方法不会被其他类调用，但是自己可以调用。

（1）继承可以执行父类的方法，也执行子类的方法

实例如下：

```
class Person(object):
    def read(self):
        print('Person is reading a book.')
class Teacher(Person):
```

```
        pass
class Student(Person):
        pass
teacher=Teacher()
teacher.read()
student=Student()
student.read()
```

程序运行结果如下：

```
Person is reading a book.
Person is reading a book.
```

说明：从以上程序及运行结果可以看出，子类执行了父类的方法。

如果在子类中增加方法 run( )，程序代码如下：

```
class Person(object):
    def read(self):
        print('Person is reading a book.')
class Teacher(Person):
    def run(self):
        print('running')
class Student(Person):
    pass
teacher=Teacher()
teacher.read()
student=Student()
student.read()
teacher.run()
```

程序运行结果如下：

```
Person is reading a book.
Person is reading a book.
running
```

说明：从上面程序可以看出，子类不仅执行了父类的方法，还执行了子类自己的方法。

如果父类方法不能满足要求，还可以在子类中重写父类的方法。

实例如下：

```
class Parent:                    #定义父类
    def myMethod(self):
        print ("调用父类方法")


class Child(Parent):             #定义子类
    def myMethod(self):
        print("调用子类方法")


c=Child()                        #子类实例
c.myMethod()                     #子类调用重写方法
```

程序运行结果如下：

```
调用子类方法
```

（2）子类不能调用父类的私有方法

以上程序中子类执行的都是父类的非私有方法，而子类不能调用父类的私有方法。

实例如下：

```
class Person(object):
    def read(self):
        print('Person is reading a book.')
    def __nun(self):
        print('private')
class Teacher(Person):
     def run(self):
        print('running')
class Student(Person):
    pass
teacher=Teacher()
teacher.read()
teacher.nun()
```

说明：运行程序后，抛出错误，子类执行父类的私有方法不成功。

（3）多重继承

继承有单重继承和多重继承，上面的例子都属于单重继承，即从一个父类继承。Python还允许从多个父类继承，即多重继承。在多重继承中，所有父类的特征都被继承到子类中。多重继承的语法类似于单重继承。

实例如下：

```
class Base1:
    pass


class Base2:
    pass


class MultiDerived(Base1, Base2):
    pass
```

严格地说，Python 还支持多级继承。实例如下：

```
class X: pass
class Y: pass
class Z: pass

class A(X,Y): pass
class B(Y,Z): pass

class M(B,A,Z): pass
```

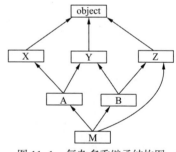

以上实例中的复杂多重继承层次结构如图 11-1 所示。

图 11-1　复杂多重继承结构图

11.5.2　多　态

多态性是指具有不同功能的函数可以使用相同的函数名，这样就可以用一个函数名调用不同内容的函数。在面向对象方法中一般是这样表述多态性：向不同的对象发送同一条消息，不同的对象在接收时会产生不同的行为（即方法）。也就是说，每个对象可以用自己的方式去响应共同的消息。所谓消息，就是调用函数，不同的行为就是指不同的实现，即执行不同的函数。

在 Python 中多态反映在不考虑对象类型的情况下使用对象，并不需要显式指定对象的类型，只要对象具有预期的方法和表达式操作符，就可以使用对象，从而实现多态。

继承多态是指在继承时出现多态。

实例如下:

```
class Animal(object):
    def move(self):
        pass
class Rabbit(Animal):
    def move(self):
        print("兔子蹦蹦跳! ")
class Tortoise(Animal):
    def move(self):
        print("乌龟慢慢爬! ")
def test(obj):
    obj.move()
rabbit=Rabbit()
test(rabbit)
tortoise=Tortoise()
test(tortoise)
```

程序运行结果如下:

```
兔子蹦蹦跳!
乌龟慢慢爬!
```

说明:从以上程序及结果可以看到,当子类和父类有相同的方法时,子类的方法将覆盖父类的方法,实现了继承的多态。

11.6 应 用 举 例

【例 11-1】编写程序,编写一个学生类,要求有一个计数器的属性,统计总共实例化了多少个学生。

程序代码如下:

```
class Student:                           #定义类
    """学生类"""
    count=0                              #计数
    def __init__(self, name, age):
        self.name=name                   #初始化 name 属性
        self.age=age
        Student.count+=1                 #要使得变量全局有效, 就定义为类的属性

    def learn(self):                     #定义类 Student 的 learn 方法
        print("is learning")

stu1=Student("jack", 33)                 #创建对象并初始化
stu2=Student("amy", 24)
stu3=Student("lucy", 22)
stu4=Student("lulu", 45)
print("实例化了%s 个学生" %Student.count)
```

程序运行结果如下:

```
实例化了 4 个学生
```

说明:创建对象时需要指定相应的参数,调用构造函数时进行参数传递。

【例 11-2】编写程序，要求按格式输出如下信息：

```
乐乐,8 岁,男,去游泳
乐乐,8 岁,男,去上学
乐乐,8 岁,男,去唱歌
东东,9 岁,女,去游泳
东东,9 岁,女,去上学
东东,9 岁,女,去唱歌
```

程序代码如下：

```python
class ST:
    def __init__(self, name, age ,gender):
        self.name=name
        self.age=age
        self.gender=gender

    def swim(self):
        print( "%s,%s 岁,%s,去游泳" %(self.name, self.age, self.gender))

    def school(self):
        print ("%s,%s 岁,%s,去上学" %(self.name, self.age, self.gender))

    def sing(self):
        print ("%s,%s 岁,%s,去唱歌" %(self.name, self.age, self.gender))

le=ST('乐乐', 8, '男')
le.swim()
le.school()
le.sing()

dn=ST('东东', 9, '女')
dn.swim()
dn.school()
dn.sing()
```

【例 11-3】分析下面的程序：

```python
class HoItem:
    def __init__(self, name, area):
        self.name=name
        self.area=area

    def __str__(self):
        return '[%s] 占地 %.2f' % (self.name, self.area)

class Ho:
    def __init__(self, house_type, area):
        self.house_type=house_type
        self.area=area
        self.free_area=area
        self.item_list=[]

    def __str__(self):
```

```
        return '户型:%s\n总面积:%.2f[剩余:%.2f]\n家具:%s' % (self.house_type,
self.area, self.free_area, self.item_list)

    def add_item(self, item):
        print('要添加 %s' % item)
        if item.area>self.free_area:
            print('%s 的面积太大了，无法添加' % item.name)
            return
        self.item_list.append(item.name)
        self.free_area-=item.area

bed=HoItem('bed', 400)
print(bed)
chest=HoItem('chest', 2)
print(chest)
table=HoItem('table', 1.5)
print(table)

home=Ho('两室一厅', 60)
home.add_item(bed)
home.add_item(chest)
home.add_item(table)
print(home)
```

程序运行结果如下：

```
[bed] 占地 400.00
[chest] 占地 2.00
[table] 占地 1.50
要添加 [bed] 占地 400.00
bed 的面积太大了，无法添加
要添加 [chest] 占地 2.00
要添加 [table] 占地 1.50
户型:两室一厅
总面积:60.00[剩余:56.50]
家具:['chest', 'table']
```

习　题

一、单项选择题

1. （　　　）被称为面向对象技术中的三大机制。

   A. 类、对象、属性　　　　　　　　B. 封装、继承、多态

   C. 类、子类、对象　　　　　　　　D. 类、对象、方法

2. 关于对象的说法正确的是（　　　）。

   A. 对象只可以是有形的　　　　　　B. 对象不可以是无形的

   C. 对象是现实世界中可描述的事物　　D. 整数不可以称为对象

3. 关于类的概念，说法错误的是（　　　）。

   A. 一个类的不同对象具有相同的成员（属性、方法等）

B. 类是具有相同行为对象的模板

C. 类用来表示对象的共性

D. 类不能声明对象的行为。

4. 关于类和对象的说法不正确的是（　　）。

   A. 对象是类的实例，创建对象就是将类实例化

   B. 类是创建实例的模板，而实例则是一个个具体的对象

   C. 一个类可以有多个对象

   D. 创建对象时，系统都会为对象分配一块内存区域，所以对象有固定的内存区域

5. del 语句可以删除对象的属性，对类的属性（　　）。

   A. 有影响　　　　　B. 无影响　　　　　C. 可以删除　　　　　D. 抛出异常

6. 私有属性（　　）。

   A. 只能在类的外部调用　　　　　　B. 不可以在方法中访问

   C. 以双下划线开头　　　　　　　　D. 以双下划线结尾

7. 下面不属于类的方法的是（　　）。

   A. 用 def 语句编写的函数　　　　　B. method 函数

   C. 私有方法　　　　　　　　　　　D. 对象添加的方法

8. 下面说法不正确的是（　　）。

   A. 类的继承可以实现代码重用　　　B. 子类不可获得父类的全部属性及功能

   C. 子类不能调用父类的私有方法　　D. Python 支持多重继承

9. 下面说法正确的是（　　）。

   A. 继承只能是单继承

   B. 继承只可以是多继承

   C. 子类只能调用父类的非私有方法

   D. 在多重继承中，所有父类的特征并不都被继承到子类中

10. 下面说法错误的是（　　）。

   A. 属性可分为类属性、对象属性和实例属性

   B. 属性还可以分为私有属性和公有属性

   C. 属性是用以描述类和对象的各类数据

   D. 属性是定义在类中的函数

二、判断题

1. 在 Python 中定义类时，如果某个成员名称前有双下划线则表示私有成员。（　　）

2. Python 中一切内容都可以称为对象。（　　）

3. 在类定义的外部没有任何办法可以访问对象的私有成员。（　　）

4. 定义类时所有实例方法的第一个参数用来表示对象本身，在类的外部通过对象名来调用实例方法时不需要为该参数传值。（　　）

5. 对于 Python 类中的私有成员，可以通过"对象名.__类名__私有成员名"的方式来访问。（　　）

三、程序设计题

1. 定义一个学生类，有下面的类属性：

① 姓名

② 年龄

③ 成绩（语文，数字，英语）　　#每课成绩的类型为整数

类方法有：

① 获取学生的姓名：get_name( )返回类型：str。

② 获取学生的年龄：get_age( )返回类型：int。

③ 返回3门科目中最高的分数。get_course( )返回类型：int。

写好类以后，可以定义2个同学测试一下：

```
zm=Student('zhangming',20,[69,88,100])
```

返回结果：

```
zhangming
20
100
```

2. 编写程序，编写一个学生类，要求有一个计数器的属性，统计总共实例化了多少个学生。

3. 创建一个Cat类，属性：名字，猫龄；方法：抓老鼠。

创建老鼠类，属性：名字，型号。一只猫抓一只老鼠。

再创建一个测试类：创建一个猫对象。

再创建一个老鼠对象，输出观察猫抓的老鼠的姓名和型号。

4. 定义一个员工类，属性：姓名，薪金；方法：计数，打印。

打印效果为：

Name : Zara , Salary: 2000

Name : Manni , Salary: 5000

Total Employee 2

tkinter 图形界面设计 <<<

第 12 章

当前流行的计算机桌面应用程序大多数为图形化用户界面（Graphic User Interface，GUI），即通过鼠标对菜单、按钮等图形化元素触发指令，并从标签、对话框等图形化显示容器中获取人机对话信息。Python 自带了 tkinter 模块，实质上是一种流行的面向对象的 GUI 工具包 Tk 的 Python 编程接口，提供了快速便利地创建 GUI 应用程序的方法。本章将介绍 tkinter 图形界面设计。

【本章知识点】

- tkinter 中根窗体的创建方法及控件布局
- tkinter 中常见控件及其使用方法
- tkinter 中对话框的类型及其使用
- tkinter 中菜单的类型及其使用
- Python 的事件处理

12.1　窗体控件布局

tkinter（又称 Tk 接口）是 Tk 图形用户界面工具包标准的 Python 接口。Tk 是一个轻量级的跨平台图形用户界面（GUI）开发工具。Tk 和 tkinter 可以运行在大多数的 UNIX 平台、Windows 和 Macintosh 系统。

tkinter 包含了若干模块，其中有两个重要的模块，一个是 tkinter 自己，另一个称为 tkconstants。前者自动导入后者，所以如果使用 tkinter，仅导入前一个模块即可。

Python 的可视化界面包括一个根窗体。根窗体又包含各种控件，通过 tkinter 图形库实现。

Python 图像化编程的基本步骤通常包括以下四步：

第一步：导入 tkinter 模块。

第二步：创建 GUI 根窗体。

第三步：添加人机交互控件并编写相应的函数。

第四步：在主事件循环中等待用户触发事件响应。

导入 tkinter 模块的方式有以下两种：

方式一：

```
import tkinter
```

用此方式导入模块，可以使用库中的所有函数，格式为：

```
tkinter.函数名(参数)
```

方式二：

```
from tkinter import *
```

用此方式导入模块，可以直接调用 tkinter 中的所有函数，格式为：

函数名 (参数)

12.1.1 创建根窗体

根窗体（又称主窗体，或主窗口）是图形化应用程序的根容器，是 tkinter 的底层空间的实例。当导入 tkinter 模块后，调用 Tk()方法可以初始化一个根窗体实例 root，用 title()方法可设置其标题文字，用 geometry()方法可以设置窗体大小（以像素为单位）。将其置于主循环中，除非用户关闭，否则程序始终处于运行状态，执行该程序，一个根窗体就出现了。在这个主循环的根窗体中，可持续呈现容器中的其他可视化控件实例，检测时间的发生并执行相应的处理程序。

使用 geometry()方法设置窗体的大小，格式如下：

窗体对象.geometry(宽度 x 高度+水平偏移量+垂直偏移量)

注意： x 是小写字母 x，而不是乘号。

【例 12-1】用 tkinter 创建一个 300×300 的根窗体，标题为"第一个 Python 窗体"。

```
import tkinter
root=tkinter.Tk()
root.title("第一个 Python 窗体")
root.geometry("300x300")
root.mainloop()
```

运行结果如图 12-1 所示。

可以使用 minsize()和 maxsize()方法设置窗体的大小，格式如下：

图 12-1　tkinter 创建的根窗体

窗体对象.minsize(最小宽度,最小高度)
窗体对象.maxsize(最大宽度,最大高度)

例如可在例 12-1 中添加如下代码：

```
root.minsize(100,100)
root.maxsize(800,800)
```

12.1.2 几何布局管理器

所有的 tkinter 控件都包含专用的几何管理方法。这些方法是用来组织和管理整个父控件件区中子控件的布局的。tkinter 提供了截然不同的三种几何管理类：pack、grid 和 place。

1．pack 几何布局管理器

pack 几何布局管理采用块的方式组织配件，在快速生成界面设计中被广泛采用。若干控件简单的布局，采用 pack 的代码量最少。pack 几何管理程序根据控件创建生成的顺序将控件添加到父控件中去。通过设置相同的锚点（Anchor）可以将一组配件紧挨一个地方放置，如果不指定任何选项，默认在父窗体中自顶向下添加控件。

使用 pack()布局的通用公式为：

WidgetObject.pack(option,…)

pack()方法提供了表 12-1 所示 option 选项。选项可直接赋值或以字典变量加以修改。

表 12-1　pack()方法提供的参数选项

名　　称	描　　述	取　值　范　围
expand	当值为"yes"时，side 选项无效。控件显示在父控件中心位置；若 fill 选项为"both"，则填充父控件的剩余空间	"yes", 自然数; "no", 0（默认值为"no"或 0）

续上表

名　　称	描　　述	取值范围
fill	填充 x(y)方向上的空间，当属性 side="top"或"bottom"时，填充"x"方向；当属性 side="left"或"right"时，填充"y"方向；当 expand 选项为"yes"时，填充父控件的剩余空间。	"x"，"y"，"both"（默认值为待选）
ipadx, ipady	控件内部在 x(y)方向上填充的空间大小，默认单位为像素，可选单位为 c（厘米）、m（毫米）、i（英寸）、p（打印机的点，即 1/27 英寸），用法为在值后加以上一个后缀即可	非负浮点数（默认值为 0.0）
padx, pady	控件外部在 x(y)方向上填充的空间大小，默认单位为像素，可选单位为 c（厘米）、m（毫米）、i（英寸）、p（打印机的点，即 1/27 英寸），用法为在值后加以上一个后缀既可	非负浮点数（默认值为 0.0）
side	定义停靠在父控件的哪一边上	"TOP"，"BOTTOM"，"LEFT"，"RIGHT"（默认为"TOP"）
before	将本控件于所选组建对象之前 pack，类似于先创建本控件再创建选定控件	已经 pack 后的控件对象
after	将本控件于所选组建对象之后 pack，类似于先创建选定控件再本控件	已经 pack 后的控件对象
in_	将本控件作为所选组建对象的子控件，类似于指定本控件的 master 为选定控件	已经 pack 后的控件对象
anchor	对齐方式，左对齐"w"，右对齐"e"，顶对齐"n"，底对齐"s"	"n"，"s"，"w"，"e"，"nw"，"sw"，"se"，"ne"，"center"（默认为"center"）

pack 类提供的函数见表 12-2。

表 12-2　pack 类提供的函数

函　数　名	描　　述
slaves( )	以列表方式返回本控件的所有子控件对象
propagate(boolean)	设置为 True 表示父控件的几何大小由子控件决定，反之则无关
info( )	返回 pack 提供的选项所对应的值
forget( )	unpack 控件，将控件隐藏并且忽略原有设置，对象依旧存在，可以用 pack(option, …)，将其显示
location(x, y)	x, y 为以像素为单位的点，函数返回此点是否在单元格中，在哪个单元格中。返回单元格行列坐标，(-1, -1)表示不在其中
size( )	返回控件所包含的单元格，显示控件大小

【例 12-2】使用 pack( )方法布局控件实例，代码如下：

```python
import tkinter
root=tkinter.Tk()                              #创建根窗体
root.title("pack()方法布局控件实例")
root.geometry("350x200")
label=tkinter.Label(root,text='标签控件')        #创建标签对象
label.pack()                                   #将label组件添加到窗口中显示
button1=tkinter.Button(root,text='按钮控件1')   #创建按钮对象
button1.pack(side=tkinter.LEFT)                #将button1组件添加到窗口中显示，左停靠
button2=tkinter.Button(root,text='按钮控件2')
```

```
button2.pack(side=tkinter.RIGHT)
root.mainloop()                    #显示窗口
```

程序运行结果如图 12-2 所示。

图 12-2　例 12-2 运行结果

2. grid 几何布局管理器

grid 几何布局管理采用类似表格的结构组织控件，使用起来非常灵活，用其设计对话框和带有滚动条的窗体效果最好。grid 采用行列确定位置，行列交汇处为一个单元格。每一列中，列宽由这一列中最宽的单元格确定。每一行中，行高由这一行中最高的单元格决定。控件并不是充满整个单元格的，可以指定单元格中剩余空间的使用。可以空出这些空间，也可以在水平或竖直或两个方向上填满这些空间。可以连接若干个单元格为一个更大空间，这一操作被称作跨越。创建的单元格必须相邻。

使用 grid( ) 布局的通用公式为：WidgetObject.grid(option, ...)。

grid( ) 方法提供了下列 option 选项，见表 12-3。选项可以直接赋值或以字典变量加以修改。

表 12-3　grid( ) 方法提供的参数选项

名　　称	描　　述	取 值 范 围
column	控件所在单元格的列号	自然数（起始默认值为 0，而后累加）
columnspan	从控件所在单元格算起在列方向上的跨度。	自然数（起始默认值为 0）
ipadx, ipady	控件内部在 x(y) 方向上填充的空间大小，默认单位为像素，可选单位为 c（厘米）、m（毫米）、i（英寸）、p（打印机的点，即 1/27 英寸），用法为在值后加以上一个后缀既可	非负浮点数（默认值为 0.0）
padx, pady	控件外部在 x(y) 方向上填充的空间大小，默认单位为像素，可选单位为 c（厘米）、m（毫米）、i（英寸）、p（打印机的点，即 1/27 英寸），用法为在值后加以上一个后缀既可	非负浮点数（默认值为 0.0）
row	控件所在单元格的行号	自然数（起始默认值为 0，而后累加）
rowspan	从控件所在单元格算起在行方向上的跨度	自然数（起始默认值为 0）
in_	将本控件作为所选组建对象的子控件，类似于指定本控件的 master 为选定控件	已经 pack 后的控件对象
sticky	控件紧靠在单元格的某一边角	"n"、"s"、"w"、"e"、"nw"、"sw"、"se"、"ne"、"center"（默认为"center"）

grid 类提供了的函数见表 12-4。

表 12-4　grid 类提供的函数

函 数 名	描　　述
slaves( )	以列表方式返回本控件的所有子控件对象
propagate(boolean)	设置为 True 表示父控件的几何大小由子控件决定，反之则无关
info( )	返回 pack 提供的选项所对应的值
forget( )	unpack 控件，将控件隐藏并且忽略原有设置，对象依旧存在，可以用 pack(option, ...)，将其显示

【例 12-3】使用 grid( )方法布局控件实例——计算器的界面设计，程序代码如下：

```
from tkinter import *
root=Tk()
root.geometry('400x300')                              #设置窗口大小
root.title('grid()布局控件实例--计算器界面设计')
B1=Button(root,text='1',height=3,width=10,bg='yellow')
B2=Button(root,text='2',height=3,width=10)
B3=Button(root,text='3',height=3,width=10)
B4=Button(root,text='4',height=3,width=10)
B5=Button(root,text='5',height=3,width=10,bg='green')
B6=Button(root,text='6',height=3,width=10)
B7=Button(root,text='7',height=3,width=10)
B8=Button(root,text='8',height=3,width=10,bg='yellow')
B9=Button(root,text='9',height=3,width=10)
B0=Button(root,text='0',height=3)
Bp=Button(root,text='.',height=3,width=10)
B1.grid(row=0,column=0)                               #按钮放在 0 行 0 列
B2.grid(row=0,column=1)
B3.grid(row=0,column=2)
B4.grid(row=1,column=0)
B5.grid(row=1,column=1)
B6.grid(row=1,column=2)
B7.grid(row=2,column=0)
B8.grid(row=2,column=1)
B9.grid(row=2,column=2)
B0.grid(row=3,column=0,columnspan=2,sticky=E+W)
Bp.grid(row=3,column=2,sticky=E+W)
root.mainloop( )                                      #显示窗口
```

程序运行结果如图 12-3 所示。

3. place 几何布局管理器

place 几何布局管理器是最少被使用的一种管理器，但它是最精准的一种，依靠的是坐标系。因在不同分辨率下，界面差异较大，因此不推荐使用。

使用 place( )布局的通用公式为：WidgetObject.place (option, ...)。

place( )方法提供了下列 option 选项，见表 12-5，选项可以直接赋值或以字典变量加以修改。

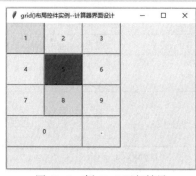

图 12-3　例 12-3 运行结果

表 12-5　place( )方法提供的参数选项

名　称	描　述	取　值
anchor	控件定位方向	"n", "s", "w", "e", "nw", "sw", "se", "ne", "center"（默认为"center"）
bordermode	如果设置为 INSIDE，控件内部的大小和位置是相对的，不包括边框；如果是 OUTSIDE，控件外部大小是相对的，包括边框	INSIDE 或"inside"OUTSIDE 或"outside"

续上表

名　称	描　述	取　值
height、width	控件高度、宽度像素	非负整数，单位像素
relwidth、relheight	控件宽度相对父容器比例	0.0～1.0 的浮点数
x、y	控件左上角 x、y 坐标	绝对位置坐标，单位像素
relx、rely	控件相对父容器的 x、y 坐标，比率 0.0～1.0，1.0 右端	相对位置，0.0 表示左边缘，1.0 表示右边缘

place 类提供了的函数见表 12-6。

表 12-6　place 类提供的函数

函　数　名	描　述
place_configure( )	给 pack 几何布局管理器设置属性，使用属性(option)=取值(value)
place_forget ( )	隐藏部件且忽略原有设置，对象仍存在，可以使用 pack(option,...) 将其显示
place_info( )	返回 pack 提供的选项所对应的值
place_slaves( )	以列表方式返回本控件的所有子控件对象
propagate(boolean)	设置为 True 表示父控件的几何大小由子控件决定（默认值），反之则无关
location(x,y)	x,y 以像素为单位，返回此点是否在单元格中，在哪个单元格中。返回单元格行、列坐标，(-1,-1) 表示不在其中
size()	返回控件所包含的单元格，显示控件大小

【例 12-4】使用 place( )方法布局控件实例——系统登录界面设计，程序代码如下：

```
from tkinter import *
root=Tk()
root.title('系统登录')
root.geometry('240x80')                         #初始化窗口大小
Label(root,text='用户名',width=6).place(x=1,y=1)   #绝对坐标（1,1）
Entry(root,width=20).place(x=45,y=1)            #输入控件对象大小及坐标
Label(root,text='密码',width=6).place(x=1,y=20)
Entry(root,width=20,show='*').place(x=40,y=20)
Button(root,text='登录',width=8).place(x=40,y=40)
Button(root,text='取消',width=8).place(x=110,y=40)
root.mainloop()
```

图 12-4　例 12-4 运行结果

程序运行结果如图 12-4 所示。

12.2　常用的 tkinter 控件

12.2.1　常见控件概述

在 tkinter 中包含了 10 多种控件，常见控件见表 12-7。

表 12-7　tkinter 常见控件

控　件	名　称	功　能
Button	按钮	单击触发事件，例如鼠标掠过、按下、释放以及键盘操作/事件

控　件	名　　称	功　　能
Canvas	画布	提供绘图功能（直线、椭圆、多边形、矩形）；可以包含图形或位图
Checkbutton	复选框	一组方框，可以选择其中的任意个
Entry	输入框	单行文字域，用来收集键盘输入
Frame	框架	包含其他控件的纯容器，用于控件分组
Label	标签	用来显示文字或图片
Listbox	列表框	一个选项列表，用户可以从中选择
Menu	菜单	创建菜单命令
Menubutton	菜单按钮	用来包含菜单的控件（有下拉式、层叠式等）
Message	消息框	类似于标签，但可以显示多行文本
Radiobutton	单选按钮	一组按钮，其中只有一个可被"按下"
Scale	进度条	线性"滑块"控件，可设定起始值和结束值,会显示当前位置的精确值
Scrollbar	滚动条	对其支持的控件（文本域、画布、列表框、文本框）提供滚动功能
Text	文本域	多行文字区域，可用来收集（或显示）用户输入的文字
Toplevel	新建窗体容器	在顶层创建新窗体

12.2.2　控件的共同属性

在窗体上呈现的可视化控件，通常包括尺寸、颜色、字体、相对位置、浮雕样式、图标样式和悬停光标形状等共同属性。不同的控件由于其形状和功能的不同，又有其特征属性。

在初始化根窗体和根窗体主循环之间，可实例化窗体控件，并设置其属性。通用格式为：

```
控件实例名=控件(父容器,[<属性1=值1>,<属性2=值2>,...,<属性n=值n>])
控件实例名.布局方法()
```

其中，父容器可以是根窗体或者其他容器控件实例。

常见的控件共同属性见表 12-8。

表 12-8　常见控件的共同属性

控件属性	说　　明	控件属性	说　　明
anchor	指定按钮上文本的位置	height	指定按钮的高度
background(bg)	指定按钮的背景色	image	指定按钮上显示的图片
bitmap	指定按钮上显示的位图	state	指定按钮的状态（disabled）
borderwidth(bd)	指定按钮边框的宽度	text	指定按钮上显示的文本
command	指定按钮消息的回调函数	width	指定按钮的宽度
cursor	指定鼠标移动到按钮上的指针样式	padx	设置文本与按钮边框x的距离,还有pady
font	指定按钮上文本的字体	activeforeground	按下时前景色
foreground(fg)	指定按钮的前景色	textvariable	可变文本，与StringVar等配合着用

【例 12-5】标签及其常见属性、几何布局方式示例。

```
import tkinter
root=tkinter.Tk()
root.title("控件属性示例")
root.geometry("300x150")
```

```
lb=tkinter.Label(root,text="标签示例",\
                 bg='yellow',\
                 fg='red',\
                 font=('楷体',36),\
                 width=20,\
                 height=2)
lb.pack()
root.mainloop()
```

说明：标签实例 lb 在父容器 root 中实例化，具有代码中所示的 text（文本）、bg（背景色）、fg（前景色）、font（字体）、width（宽，默认以字符为单位）、height（高，默认以字符为单位）等一系列属性。运行结果如图 12-5 所示。

在实例化控件时，实例的属性可以用"属性=属性值"的形式枚举出，且不区分先后次序。如果控件实例只需要呈现一次，也可以不命名，直接实例化并布局呈现即可，例如：

图 12-5　例 12-5 运行结果

```
tkinter.Label(root, text="标签示例", font =('楷体',36)).pack()
```

控件的属性设置有三种：

第一种：在创建控件对象时，使用构造函数在创建控件并设置属性。如：

```
button1=Button(root,text='计算')
```

第二种：控件对象创建后，使用字典索引的方式设置属性。如：

```
button2["fg"]='red'
button2["bg"]='yellow'
```

第三种：使用 config( )方法更新多个属性。如：

```
button3.config(fg='red',bg='yellow')
```

12.2.3　标签（Label）

tkinter 模块定义了 Label 类来创建标签控件。创建标签时需要指定其父控件和文本内容，前者由 Label 构造函数的第一个参数指定，后者用属性 text 指定。例如：

```
Label1=Label(w,text="我是标签控件")
```

该语句创建了一个标签控件对象 Label1，但该控件在窗口中仍然不可见。为使该控件在窗口中可见，需调用方法 pack( )设置该对象的位置，即 Label1.pack( )。

Label 标签的常用属性见表 12-9。

表 12-9　Label 标签的常用属性

属　性	说　明	属　性	说　明
anchor	标签中文本的位置	bitmap	标签中的位图
background(bg)	背景色	font	字体
foreground(fg)	前景色	image	标签中的图片
borderwidth(bd)	边框宽度	justify	多行文本的对齐方式
width	标签宽度	text	标签中的文本，可以使用 "\n" 表示换行
height	标签高度	textvariable	显示文本自动更新，与 StringVar 等配合着用

【**例 12-6**】使用 3 个标签。3 个标签控件的部分属性要求见表 12-10。

表 12-10　3 个标签控件的部分属性要求

标 签 位 置	文 本 信 息	背 景 色	字 体 颜 色	字 体
上	您的学校	yellow	black	默认
中	您所在的院系	tomato	gold	楷体
下	您的专业	pink	blue	宋体

```
from tkinter import *
root=Tk()
root.title("这是标签Label")
root.geometry("400x200+500+300")    #窗体长度 x 窗体宽度+左上角 x+左上角 y
L1=Label(root,text='郑州轻工业大学',bg='yellow',fg='black',width=20)
L2=Label(root,text=' 工 程 训 练 中 心 ',bg='tomato',fg='gold',font=(' 楷 体 ',
12,'bold'),width=30)
L3=Label(root,text=' 计 算 机 科 学 与 技 术 ',bg='pink',fg='blue',font=(' 宋 体 ',
20,'bold'),width=20)                         #bg 为背景色，fg 为字体色
L1.pack()
L2.pack()
L3.pack()
root.mainloop()
```

程序运行结果如图 12-6 所示。

标签除了显示文本外，也可以显示图片，通过属性 image 来设置标签上的图片。tkinter 支持的文件格式主要有四种：PGM、PPM、GIF、PNG。

【**例 12-7**】使用标签控件显示图片实例，程序代码如下：

```
from tkinter import *
root=Tk()
root.title('标签中图片显示')
root.geometry("400x240+500+300")
myPhoto=PhotoImage(file='E:/rabbit.gif')
L1=Label(root, image=myPhoto).pack(side='left')
root.mainloop()
```

程序运行结果如图 12-7 所示。

图 12-6　例 12-6 运行结果

图 12-7　例 12-7 运行结果

12.2.4　按钮（Button）

Button 是一个标准的 tkinter 的部件，用于实现各种按钮。Button 可以包含文本或图像，可以调用 Python 函数或方法用于每个 Button。tkinter 的 Button 被按下时，会自动调用该函数或方法。

Button 一个比较常用的属性是 text，表示 Button 上的文字。Button 文本可跨越一个以上的行。此外，文本字符可以有下划线，例如标记的键盘快捷键。默认情况下，使用【Tab】键可以移动到一个 Button 部件。

Button 另一个比较常用的属性是 command，表示该 Button 被鼠标单击时需要调用的函数。通常情况下，将 Button 要触发执行的程序以函数形式预先定义，然后通过以下两种方法调用：

第一种：直接调用函数。参数表达式为"commond=函数名"，请注意，函数名后面不要加括号，也不能传递参数。

第二种：利用匿名函数调用函数和参数传递。参数表达式为"commond=lambda:函数名(参数列表)"。

Button 按钮的常用属性见表 12-11。

表 12-11　Button 按钮的常用属性

属　　性	说　　明	属　　性	说　　明
anchor	指定按钮上文本的位置	height	指定按钮的高度
background(bg)	指定按钮的背景色	image	指定按钮上显示的图片
bitmap	指定按钮上显示的位图	state	指定按钮的状态（disabled）
borderwidth(bd)	指定按钮边框的宽度	text	指定按钮上显示的文本
command	指定按钮消息的回调函数	width	指定按钮的宽度
cursor	指定鼠标移动到按钮上的指针样式	padx, pady	设置文本与按钮边框 x、y 的距离
font	指定按钮上文本的字体	activeforeground	按下时前景色
foreground(fg)	指定按钮的前景色	textvariable	可变文本，与 StringVar 等配合着用

【例 12-8】 Button 控件示例。

```
def cal():
    x=eval(input("请输入第一个数: "))
    y=eval(input("请输入第二个数: "))
    print("{:d}+{:d}={:d}".format(x,y,x+y))

from tkinter import *
root=Tk()
root.geometry('300x100+200+100')
root.title('按钮示例')
Btn=Button(root,text='计算',width=20,height=2,bg='yellow',fg='blue',command=cal)
Btn.pack()
root.mainloop()
```

说明：函数 cal()用于实现从键盘输入两个数，并计算这两个数的和。Button 为黄色，当被按下时变为灰色，且触发函数 cal()。该示例的运行结果如图 12-8 所示。

图 12-8　例 12-8 运行结果

12.2.5　单行文本框（Entry）和多行文本框（Text）

文本框控件是用来接收字符串等输入的信息。Entry 允许用户输入一行文字，Text 允许用户输入多行文字。文本框常用属性见表 12-12。

表 12-12　文本框常用属性

属　性	说　明	属　性	说　明
background(bg)	文本框背景色	font	字体
foreground(fg)	前景色	show	文本框显示的字符，若为*，表示文本框为密码框
selectbackground	选定文本背景色	state	状态
selectforeground	选定文本前景色	width	文本框宽度
borderwidth(bd)	文本框边框宽度	textvariable	可变文本，与 StringVar 等配合着用

1. 单行文本框（Entry）

该控件只能输入单行文字。除了通用属性外，还有两个常用的属性：

master：代表了父窗口。

relief：指定外观装饰边界附近的标签，默认是平的，可以设置的参数有 flat、groove、raised、ridge、solid、sunken，如 relief='groove'。

【例 12-9】编写一个输入用户名的界面。

```
from tkinter import *
root=Tk()
root.title('Entry 示例')
root.geometry("300x100+300+300")

Label1=Label(root,text="请输入用户名")
Label1.pack(side=LEFT)

myText=Entry(root,bd=5)
myText.pack(side=RIGHT)
root.mainloop()
```

图 12-9　例 12-9 运行结果

运行结果如图 12-9 所示。

2. 多行文本框（Text）

Text 控件可以输入多行文本，并对文本内容进行获取、删除、插入等操作。虽然 Text 控件的主要目的是显示多行文本，但却常被用于作为简单的文本编辑器和网页浏览器使用。

使用 Text 的具体方法有：

① get(index1,index2)：获取指定范围的文本。

② delete(index1,index2)：删除指定范围的文本。

③ insert(index,text)：在 index 位置插入文本。

④ replace(index1,index2,text)：替换指定范围的文本。

【例 12-10】编写一个留言板的界面。

```
from tkinter import *

root=Tk()
root.title('Text 示例')
root.geometry("300x240+300+300")

Label1=Label(root,text="请留下您的意见或者建议")
Label1.pack()
myText=Text(root,width=35,height=10,bg='yellow')
myText.pack()
```

```
root.mainloop()
```
程序运行结果如图 12-10 所示。

12.2.6　列表框（Listbox）

图 12-10　例 12-10 运行结果

列表框（Listbox）控件用来存放一个列表数据，可以对其数据进行添加和删除操作。Listbox 控件包含一个或多个选项供用户选择，使用 Listbox 的 insert 方法向列表框中添加一个选项，有检索和删除功能。insert 用于插入项目元素（若有多项，可以使用列表或者元组类型赋值），若位置为 END，则将项目元素添加在最后，使用格式如下：

```
insert(位置,项目元素)
```

【例 12-11】使用 Listbox 控件制作一个课程选择的界面，程序代码如下：

```
from tkinter import *
root=Tk()
root.title('Listbox 示例')
root.geometry("300x240+300+300")

Label(root,text='课程选择').pack(side=TOP)
myListBox1=Listbox(root)
myListBox1.insert(1,'大学计算机')
myListBox1.insert(2,'Python 程序设计')
myListBox1.insert(3,'高等数学')
myListBox1.insert(4,'大学英语')
myListBox1.insert(5,'体育')
myListBox1.insert(6,'大学物理实验')
myListBox1.pack()
root.mainloop()
```
程序运行结果如图 12-11 所示。

图 12-11　例 12-11 运行结果

12.2.7　单选按钮（Radiobutton）和复选框（Checkbutton）

单选按钮和复选框提供选项供用户选择，常用属性见表 12-13。

表 12-13　单选按钮和复选框常用属性

属　　性	说　　明	属　　性	说　　明
anchor	文本位置	font	字体
background(bg)	背景色	justify	组件中多行文本的对齐方式
foreground(fg)	前景色	text	指定组件的文本
borderwidth	边框宽度	value	指定组件被选中关联变量的值
width	组件的宽度	variable	指定组件所关联的变量
height	组件高度	indicatoron	特殊控制参数，当为 0 时，组件会被绘制成按钮形式
bitmap	组件中的位图	textvariable	可变文本显示，与 StringVar 等配合使用
image	组件中的图片		

1.　单选按钮（Radiobutton）

单选按钮（Radiobutton）用来提供一些选项供用户进行选择。同组的单选按钮在任意时刻只能有一个被选中。每当换选其他单选按钮时，原先选中的单选按钮即被取消。

创建单选按钮时，多个同组的元素的 variable 属性要相同，这样才表示它们是属于一个组的。另外，同一个组内的元素 value 属性应该不同，这样当某个元素被选中时，variable 指定的值就等于该元素对应的 value 属性的值。

单选按钮除了共有属性外，还有返回变量（variable）、返回值（value）和相应函数名（command）等重要属性。

返回变量 variable=var 通常应预先声明变量的类型 var=IntVar( )或者 var=StringVar( )，在所调用的函数中才能使用 var.get( )方法获取被选中实例的 value 值。

响应函数名"command=函数名"的用法与 Button 相同，函数名最后不需要加括号。

【例 12-12】使用单选按钮，实现单项选择题的功能。程序代码如下：

```python
from tkinter import *
def mySel():
    dic={1:'答案A',2:'答案B',3:'答案C',4:'答案D'}
    s="您选择了"+dic.get(var.get())
    lb.config(text=s)

root=Tk()
root.title('Radiobutton 示例')
root.geometry("300x240+300+300")

lb=Label(root)
lb.pack()

var=IntVar()
rd1=Radiobutton(root,text="答案A",variable=var,value=1,command=mySel)
rd1.pack()
rd2=Radiobutton(root,text="答案B",variable=var,value=2,command=mySel)
rd2.pack()
rd3=Radiobutton(root,text="答案C",variable=var,value=3,command=mySel)
rd3.pack()
rd4=Radiobutton(root,text="答案D",variable=var,value=4,command=mySel)
rd4.pack()

root.mainloop()
```

程序运行结果如图 12-12 所示。

2. 复选框（Checkbutton）

复选框用来提供多个选项供用户进行选择，用户可以选择一项或者多项。例如，购物的种类可以用复选框实现。

在标题前面有个小正方形的方块。未选中时，方框为空白；选中时在小方框中打勾（√）。再次选择一个已打勾的复选框将取消选择。对复选框的操作一般是用鼠标单击小方框或标题。

图 12-12　例 12-12 运行结果

复选框除了共有属性外，还有返回变量（variable）、选中返回值（onvalue）和未选中默认返回值（offvalue）等重要属性。

返回变量 variable=var 通常应预先声明变量的类型 var=IntVar( )或者 var=StringVar( )，在所调用的函数中才能使用 var.get( )方法获取被选中实例的 onvalue 或者 offvalue 值。

复选框实例通常还可以分别使用 select( )、deselect( )和 toggle( )方法对其进行选中、清除选中和反选操作。

【例 12-13】使用复选框，实现多项选择题的功能。程序代码如下：

```
from tkinter import *
def mySel():
    if(CheckVar1.get()==0 and CheckVar2.get()==0 and \
       CheckVar3.get()==0 and CheckVar4.get()==0):
        s="您没有选择任何答案"
    else:
        s1="答案 A" if CheckVar1.get()==1 else " "
        s2="答案 B" if CheckVar2.get()==1 else " "
        s3="答案 C" if CheckVar3.get()==1 else " "
        s4="答案 D" if CheckVar4.get()==1 else " "
        s="您选择%s %s %s %s"%(s1,s2,s3,s4)
    lb2.config(text=s)

root=Tk()
root.title('Radiobutton 示例')
root.geometry("300x240+300+300")

lb1=Label(root,text="请您选择答案")
lb1.pack()

CheckVar1=IntVar()
CheckVar2=IntVar()
CheckVar3=IntVar()
CheckVar4=IntVar()
ch1=Checkbutton(root,text="答案 A",variable=CheckVar1,onvalue=1,\
                offvalue=0)
ch1.pack()
ch2=Checkbutton(root,text="答案 B",variable=CheckVar2,onvalue=1,\
                offvalue=0)
ch2.pack()
ch3=Checkbutton(root,text="答案 C",variable=CheckVar3,onvalue=1,\
                offvalue=0)
ch3.pack()
ch4=Checkbutton(root,text="答案 D",variable=CheckVar4,onvalue=1,\
                offvalue=0)
ch4.pack()

Button(root,text="确定选择",command=mySel).pack()
lb2=Label(root,text="")
lb2.pack()
root.mainloop()
```

程序运行结果如图 12-13 所示。

（a）未选择答案　　　　　　　　（b）选择答案并确定

图 12-13　例 12-13 运行结果

12.2.8 组合框（Combobox）

组合框本质上是带有文本框的下拉列表框，其功能是将 Python 的列表类型数据可视化呈现，并提供用户单选或者多选所列条目以形成人机交互。该控件不包含在 tkinter 模块中，而是在 tkinter 的子模块 ttk 中，因此可使用以下语句导入：

```
from tkinter.ttk import*
```

绑定变量 var=StringVar()，并设置实例属性 textvariable=var, values=[列表...]。

组合框控件常用方法有：获得所选择的选项值 get( ) 和获得所选中的选项索引 current( )。若不使用按钮，也可以对组合框控件实例绑定事件，触发自定义函数的执行，自定义函数应以 event 作为参数以获得所选中项目索引。绑定的事件是组合框中某选项被选中（事件的代码用两个小于号和两个大于号作为界定符），例如：

```
Com1.bind ('<<ComboboxSelected>>',myFunc)
```

组合框常用属性和方法分别见表 12-14、表 12-15。

表 12-14　组合框常用属性

属　　性	说　　明
value	插入下拉选项
state	下拉框的状态，分别包含 DISABLED/NORMAL/ACTIVE
width	下拉框高度
foreground	前景色
selectbackground	选择后的背景颜色
fieldbackground	下拉框颜色
background	下拉按钮颜色

表 12-15　组合框常用方法

方　　法	说　　明
current( )	默认显示的下拉选项框
get( )	获取下拉选项框中的值
insert( )	下拉框中插入文本
delete( )	删除下拉框中的文本

【例 12-14】使用组合框，实现选课的功能。程序代码如下：

```
def myShow():
    varLabel.set(var.get())                    #使用 var.get()获得目前的选项

import tkinter
import tkinter.ttk

root=tkinter.Tk()
root.title('组合框的示例')
root.geometry("240x180+300+300")

var=tkinter.StringVar()
myCom=tkinter.ttk.Combobox(root,textvariable=var,value=('C','Java','Python','C++'))
```

```
myCom.current(0)
myCom.pack(padx=5,pady=10)

varLabel=tkinter.StringVar()
myLabel=tkinter.Label(root,textvariable=varLabel,width=30,bg='pink',fg='red')
myLabel.pack()

myButton=tkinter.Button(root,text='确定',command=myShow)
myButton.pack(side=tkinter.BOTTOM)

root.mainloop()
```

程序运行过程及结果如图 12-14 所示。

（a）初始状态   （b）选择状态   （c）确认选择

图 12-14 例 12-14 运行过程及结果

12.2.9 滑块（Scale）

Scale 控件用于创建一个标尺式的滑动条对象，让用户可以移动标尺上的光标来设置数值。Scale 控件的常用属性见表 12-16。

表 12-16 滑块常用属性

属　　性	说　　明
activebackground	指定当鼠标在上方飘过的时候滑块的背景颜色
background(bg)	滚动槽外部的背景颜色
bigincrement	设置"大"增长量，该选项设置增长量的大小，默认值是 0，增长量为范围的 1/10
borderwidth(bd)	指定边框宽度，默认值是 2
command	①指定一个函数，每当滑块发生改变的时候都会自动调用该函数。 ②该函数有一个唯一的参数，就是最新的滑块位置。 ③如果滑块快速地移动，函数可能无法获得每一个位置，但一定会获得滑块停下时的最终位置
cursor	指定当鼠标在上方飘过时的鼠标样式
digits	设置最多显示多少位数字，如设置 from 选项为 0，to 选项为 20，digits 选项设置为 5，那么滑块的范围就是在 0.000～20.000 直接滑动，默认值是 0（不开启）
foreground(fg)	指定滑块左侧的 Label 和刻度的文字颜色
font	指定滑块左侧的 Label 和刻度的文字字体
from_	设置滑块最顶（左）端的位置，默认值是 0
highlightbackground	指定当 Scale 没有获得焦点的时候高亮边框的颜色
highlightcolor	指定当 Scale 获得焦点的时候高亮边框的颜色
highlightthickness	指定高亮边框的宽度，默认值是 0（不带高亮边框）

属　　性	说　　明
label	在垂直的 Scale 控件的顶端右侧（水平的话是左端上方）显示一个文本标签,默认值是不显示标签
length	Scale 控件的长度，默认值是 100 像素
orient	设置该 Scale 控件是水平放置（"horizontal"）还是垂直放置（"vertical"），默认值是 "vertical"
relief	指定边框样式，默认值是 "sunken"，可以选择 "flat"、"raised"、"groove" 和 "ridge"
repeatdelay	指定鼠标左键单击滚动条凹槽的响应时间
repeatinterval	指定鼠标左键紧按滚动条凹槽时的响应间隔
resolution	指定 Scale 控件的分辨率（步长，即在凹槽单击一下鼠标左键它移动的数量）
showvalue	设置是否显示滑块旁边的数字，默认值为 True
sliderlength	设置滑块的长度，默认值是 30 像素
sliderrelief	设置滑块的样式，可选 "flat"、"sunken"、"groove" 和 "ridge"
state	默认情况下 Scale 控件支持鼠标事件和键盘事件，可以通过设置该选项为 "disabled" 来禁用此功能
takefocus	指定使用【Tab】键是否可以将焦点移动到该 Scale 控件上，默认是开启的，可以通过将该选项设置为 False 避免焦点落在此组件上
tickinterval	设置显示的刻度，如果设置一个值，那么就会按照该值的倍数显示刻度
to	设置滑块最底（右）端的位置，默认值是 100
troughcolor	设置凹槽的颜色
variable	指定一个与 Scale 控件相关联的 tkinter 变量，该变量存放滑块最新的位置。当滑块移动的时候，该变量的值也会发生相应的变化
width	指定 Scale 控件的宽度，默认值是 15 像素

Scale 控件的常用方法见表 12-17。

表 12-17　滑块常用方法

方　　法	说　　明
coords(value=None)	获得当前滑块的位置对应 Scale 控件左上角的相对坐标；如果设置 value 参数，则返回当滑块所在该位置时的相对坐标
get()	获得当前滑块的位置
identify(x,y)	返回一个字符串表示指定位置下（如果有的话）的 Scale 控件；返回值可以是 "slider"（滑块）、"trough1"（左侧或上侧的凹槽）、"trough2"（右侧或下侧的凹槽）或 ""（无）
set(value)	设置 Scale 控件的值（滑块的位置）

【例 12-15】使用滑块，模拟调整声音大小的功能。程序代码如下：

```
def show(text):
    varLabel.set(v.get())

from tkinter import*

root=Tk()
root.title('滑块的示例')
root.geometry("240x80+300+300")

v=StringVar()
```

```
myScl=Scale(root,from_=0,to=100,resolution=1,orient=HORIZONTAL,\
            variable=v,command=show)
myScl.set(10)
myScl.pack()

varLabel=StringVar()
myLab=Label(root,textvariable=varLabel,width=30,bg='pink',fg='red')
myLab.pack()

root.mainloop()
```

图 12-15 例 12-15 运行结果

程序运行结果如图 12-15 所示。

12.2.10 滚动条（Scrollbar）

滚动条（Scrollbar）控件用于滚动一些组件的可见范围，根据方向可分为垂直滚动条和水平滚动条。Scrollbar 控件常常被用于实现文本、画布和列表框的滚动。滚动条常用属性见表 12-18。

表 12-18 滚动条常用属性

属 性	说 明
activebackground	指定当鼠标在上方飘过的时候滑块的背景颜色
activerelief	指定当鼠标在上方飘过的时候滑块的样式，可以选择 "flat"、"sunken"、"groove"、"ridge"
background(bg)	指定背景颜色
borderwidth(bd)	指定边框宽度，默认值是 0
command	①当滚动条更新时回调的函数。 ②通常的是指定对应组件的 xview( )或 yview( )方法
cursor	指定当鼠标在上方飘过的时候的鼠标样式
elementborderwidth	指定滚动条和箭头的边框宽度
highlightbackground	指定滚动条没有获得焦点的时候高亮边框的颜色
highlightcolor	指定滚动条获得焦点的时候高亮边框的颜色
highlightthickness	指定高亮边框的宽度，默认值是 0（不带高亮边框）
jump	指定当用户拖拽滚动条时的行为，默认值是 False，滚动条的任何一丝变动都会即刻调用 command 选项指定的回调函数，设置为 True 则当用户松开鼠标才调用
orient	指定绘制水平放置（"horizontal"）还是垂直放置（"vertical"），默认值是 "VERTICAL"
relief	指定边框样式，默认值是 "sunken"，可以选择 "fla"、"raised"、"groove" 和 "ridge"
repeatdelay	指定鼠标左键单击滚动条凹槽的响应时间
repeatinterval	指定鼠标左键紧按滚动条凹槽时的响应间隔
takefocus	指定使用【Tab】键是否可以将焦点移动到该滚动条控件上，默认是开启的，可以通过将该选项设置为 False 避免焦点落在此组件上
troughcolor	设置凹槽的颜色
width	指定滚动条的宽度

滚动条常用方法见表 12-19。

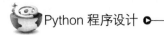

表 12-19　滚动条常用方法

方　　法	说　　明
activate(element)	显示 element 参数指定的元素的背景颜色和样式，element 参数可以设置为："arrow1"（箭头 1），"arrow2"（箭头 2）或 "slider"（滑块）
delta(deltax, deltay)	给定一个鼠标移动的范围 deltax 和 deltay（像素为单位，deltax 表示水平移动量，deltay 表示垂直移动量），然后该方法返回一个浮点类型的值（范围-1.0~1.0），通常在鼠标绑定上使用，用于确定当用户拖拽鼠标时滑块的如何移动
fraction(x, y)	给定一个像素坐标(x,y)，该方法返回最接近给定坐标的滚动条位置（范围 0.0~1.0）
get( )	返回当前滑块的位置(a,b)，其中 a 值表示当前滑块的顶端或左端的位置，b 值表示当前滑块的底端或右端的位置（范围 0.0~1.0）
identify(x, y)	返回一个字符串表示指定位置下（如果有的话）的滚动条部件 返回值可以是："arrow1"（箭头 1），"arrow2"（箭头 2）、"slider"（滑块）或 ""（无）
set(*args)	设置当前滚动条的位置，如果设置则需要两个参数(first, last)，first 表示当前滑块的顶端或左端的位置，last 表示当前滑块的底端或右端的位置（范围 0.0~1.0）

【例 12-16】滚动条控件示例。程序代码如下：

图 12-16　例 12-16 运行结果

```
from tkinter import *
root=Tk()
root.title("滚动条示例")
root.geometry("240x300+300+300")

#Listbox 与 Scrollbar 绑定
myLb=Listbox(root)
myScr=Scrollbar(root)
myScr.pack(side=RIGHT,fill=Y)
#side 指定 Scrollbar 为居右; fill 指定填充满整个剩余区域。
#指定 Listbox 的 yscrollbar 的回调函数为 Scrollbar 的 set
myLb['yscrollcommand']=myScr.set
for i in range(50):
    myLb.insert(END,str(i))
#side 指定 Listbox 为居左
myLb.pack(side=LEFT)
#指定 Scrollbar 的 command 的回调函数是 Listbar 的 yview
myScr['command']=myLb.yview
root.mainloop()
```

程序运行结果如图 12-16 所示。

12.2.11　框架（Frame）

Frame 控件是在屏幕上的一个矩形区域。Frame 主要是作为其他组件的框架基础，或为其他组件提供间距填充。Frame 控件主要用于在复杂的布局中将其他组件分组，也用于填充间距和作为实现高级组件的基类。Frame 控件常见属性见表 12-20。

表 12-20　Frame 控件常见属性

属　　性	说　　明
Background(bg)	指定背景颜色
borderwidth(bd)	指定边框宽度，默认值是 0
class_	默认值是 Frame

属　　性	说　　明
colormap	指定用于该组件以及其子组件的颜色映射,默认情况下,Frame 使用与其父组件相同的颜色映射,可以直接使用 "new" 为 Frame 控件分配一个新的颜色映射,创建 Frame 控件实例后无法修改该选项的值
container	该选项若为 True,意味着该窗口将被用作容器,一些其他应用程序将被嵌入,默认值是 False
cursor	指定当鼠标在上方飘过时的鼠标样式
height	设置 Frame 的高度,默认值是 0
highlightbackground	当 Frame 没有获得焦点的时候高亮边框的颜色,默认值由系统指定,通常是标准背景颜色
highlightcolor	当 Frame 获得焦点的时候高亮边框的颜色
highlightthickness	指定高亮边框的宽度,默认值是 0(不带高亮边框)
padx、pady	水平方向、垂直方向上的边距
relief	指定边框样式,默认值是 "flat",可以选择 "sunken"、"raised"、"groove" 和 "ridge"
takefocus	指定该组件是否接受输入焦点(用户可以通过【Tab】键将焦点转移上来),默认值是 False
visual	为新窗口指定视觉信息
width	指定 Frame 的宽度

【例 12-17】框架控件示例。程序代码如下:

```python
from functools import partial
from tkinter import*

def callback(bttn):
    status.configure(text=f'{bttn}被按下!!')

def button(text, size, color):
    bttn=Button(right_frame, text=text, **size, **color, command=partial
(callback, text))
    return bttn

black={'bg':'black', 'fg':'white'}
green={'bg':'green', 'fg':'white'}
blue={'bg':'blue', 'fg':'white'}

root=Tk()
root.title("Frame 示例")
root.config(background="pink")

left_frame=Frame(root,width=200,height=600,bg="blue")
left_frame.grid(row=0,column=0,padx=10,pady=2)

left_head=Label(left_frame, text="请选择:", width=10)
left_head.grid(row=0, column=0, padx=10, pady=2)

left_instructions=Label(left_frame, text="1\n2\n2\n3\n4\n5\n6\n7\n8\n9\n",
width=10)
left_instructions.grid(row=1, column=0, padx=10, pady=2)

right_frame=Frame(root, width=200, height=600, bg="yellow")
```

```
right_frame.grid(row=0, column=1, padx=10, pady=2)

button0=button('按钮1', {'width':20, 'height':1}, black)
button1=button('按钮2', {'width':20, 'height':1}, green)
button2=button('按钮3', {'width':20, 'height':1}, blue)
button0.grid(row=0, column=0)
button1.grid(row=0, column=1)
button2.grid(row=0, column=2)

bottom_frame=Frame(right_frame, bg='red')
bottom_frame.grid(row=1, column=0, columnspan=3, padx=10, pady=2)

status=Label(bottom_frame, width=30, height=10, takefocus=0)
status.grid(row=2, column=0, padx=10, pady=2)

root.mainloop()
```

程序运行结果如图 12-17 所示。

图 12-17　例 12-17 运行结果

12.2.12　子窗体（Toplevel）

使用 Toplevel 可新建一个显示在最前端的子窗体，使用方法是：

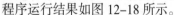
子窗体实例名=Toplevel(根窗体)

子窗体同根窗体类似，也可以设置 title、geometry 等属性，并在其上布局其他控件。

【例 12-18】子窗体示例。程序代码如下：

```
from tkinter import *

root=Tk()
root.title("Toplevel 示例")
root.geometry("300x240+100+100")

myTop=Toplevel()
myTop.title('python 学习')
myTop.geometry("260x120+130+130")

myLab=Label(myTop,text="tkinter 教程")
myLab.pack()

mainloop()
```

图 12-18　例 12-18 运行结果

程序运行结果如图 12-18 所示。

12.3　对　话　框

tkinter 模块提供了多种类型的对话框，如 messagebox、simpledialog、filedialog、colorchooser 等一些预定义的对话框，当然也可以通过继承 Toplevel 创建自定义的对话框。如果对于界面显示没有太严苛的要求，建议使用预定义的对话框。

12.3.1　消息对话框（Messagebox）

Python 中的 tkinter 模块内有 Messagebox 模块，提供了八个对话框。

1. showinfo(title,message,options)

显示一般提示消息，例如：

```
tkinter.messagebox.showinfo('提示消息','请输入您的用户名！')
```

效果如图 12-19 所示。

2. showwarning(title,message,options)

显示警告消息，例如：

```
tkinter.messagebox.showwarning('提示消息','有输入错误！')
```

效果如图 12-20 所示。

3. showerror(title,message,options)

显示错误消息，例如：

```
tkinter.messagebox.showerror('错误','您的用户名不正确')
```

效果如图 12-21 所示。

图 12-19　提示消息对话框效果　　图 12-20　警告信息对话框效果　　图 12-21　显示错误对话框效果

4. askquestion(title,message,options)

显示询问消息。若单击"是"按钮会传回"yes"，若单击"否"按钮会传回"no"，例如：

```
tkinter.messagebox.askquestion('离开？','您确定要离开吗？')
```

效果如图 12-22 所示。

5. askokcancel(title,message,options)

显示确定或取消消息。若单击"确定"按钮会传回 True，若单击"取消"按钮会传回 False，例如：

```
tkinter.messagebox.askokcancel('请选择','请选择确定或取消')
```

效果如图 12-23 所示。

6. askyesno(title,message,options)

显示"是或否"消息。若单击"是"按钮会传回 True，若单击"否"按钮会传回 False，例如：

```
tkinter.messagebox.askyesno('交卷确认','您确定要交卷吗？')
```

效果如图 12-24 所示。

图 12-22　询问消息对话框效果　　图 12-23　确定取消对话框效果　　图 12-24　是否对话框效果

7. askyesnocancel(title,message,options)

显示"是或否或取消"消息，若单击"是"按钮会传回 True，若单击"否"按钮会传回 False，若单击"取消"按钮传回 None，例如：

```
tkinter.messagebox.askyesnocancel('请选择','是? 否? 还是取消? ')
```

效果如图 12-25 所示。

8. askretrycancel(title,message,options)

显示"重试或取消"消息。若单击"重试"按钮会传回 True，若单击"取消"按钮会传回 False，例如：

```
tkinter.messagebox.askretrycancel('请选择','重试? 还是取消? ')
```

效果如图 12-26 所示。

图 12-25　是否取消对话框效果　　　　图 12-26　重试或取消对话框效果

上述对话框方法内的参数大致相同，title 是对话框的名称，message 是对话框内的文字，options 是选择性参数，可能值有下列三种：

① default constant：默认按钮是 OK（确定）、Yes（是）、Retry（重试）在前面，也可更改此设定。

② icon(constant)：可设定所显示的图标，有 INFO、ERROR、QUESTION、WARNING4 种图标可以设置。

③ parent(widget)：指出当对话框关闭时，焦点窗口将返回此父窗口。

【例 12-19】消息对话框示例。

```
from tkinter import *
from tkinter import messagebox

root=Tk( )
root.title("对话框示例")
root.geometry("300x180+150+150")
def myChoose():
    answer=messagebox.askokcancel('请选择','请选择确定或取消')
    if answer:
        myLb.config(text='已选择确认! ')
    else:
        myLb.config(text='已选择取消! ')

myLb=Label(root,text='')
myLb.pack()
```

```
myButton=Button(root,text='弹出对话框',command=myChoose)
myButton.pack()
```

程序运行过程及结果如图 12-27 所示。

（a）运行主界面　　　　（b）弹出的对话框　　　　（c）选择后的主界面

图 12-27　例 12-19 运行过程及结果

12.3.2　输入对话框（Simpledialog）

tkinter 子模块 Simpledialog 提供用于打开输入对话框的函数，有以下三种：

1. askfloat(title, prompt, option)

打开输入对话框，输入并返回浮点数，例如：

```
askfloat("输入","请输入一个浮点数: ",maxvalue=53.53)
```

效果如图 12-28 所示。

2. askinteger(title, prompt, option)

打开输入对话框，输入并返回整数，例如：

```
askinteger("输入","请输入一个整数: ",maxvalue=80)
```

效果如图 12-29 所示。

3. askstring(title, prompt, option)

打开输入对话框，输入并返回字符串，例如：

```
askstring("输入","请输入字符信息: ")
```

效果如图 12-30 所示。

图 12-28　浮点数输入对话框　　图 12-29　整数输入对话框　　图 12-30　字符输入对话框

上述输入对话框方法内的参数大致相同，title 是对话框的名称，message 是对话框内的文字，options 是选择性参数，可能值有下列三种：

① initialvalue：设定初始值。

② minvalue：设定最小值。

③ maxvalue：设定最大值。

【例 12-20】输入对话框示例。

```
from tkinter import *
from tkinter.simpledialog import *

def myChoose():
    myString=askstring("输入","请输入字符信息: ")
```

```
    myLb.config(text=myString)

root=Tk()
root.title("输入对话框示例")
root.geometry("300x180+150+150")

myLb=Label(root,text='')
myLb.pack()

myButton=Button(root,text="弹出输入对话框",command=myChoose)
myButton.pack()

root.mainloop()
```

程序运行过程及结果如图 12-31 所示。

（a）主界面初始状态

（b）在输入对话框中输入

（c）确定后的主界面

图 12-31 例 12-20 运行结果

12.3.3 文件对话框（Filedialog）

子模块 Filedialog 主要包含 askdirectory、askopenfile、askopenfiles、askopenfilename、askopenfilenames、asksaveasfile、asksaveasfilename 等函数，用于弹出打开目录、打开/保存文件对话框。

① askdirectory(**options)：打开目录对话框，返回目录名称。
② askopenfile(**options)：打开文件对话框，返回打开的文件对象。
③ askopenfiles(**options)：打开文件对话框，返回打开文件对象列表。
④ askopenfilename(**options)：打开文件对话框，返回打开文件名称。
⑤ askopenfilenames(**options)：打开文件对话框，返回打开文件名称列表。
⑥ asksaveasfile(mode='w',**options)：打开保存对话框，返回保存的文件对象。
⑦ asksaveasfilename(mode='w',**options)：打开保存对话框，返回保存的文件名。
文件对话框参数及其说明见表 12-21。

表 12-21 文件对话框常见参数

参　　数	说　　明
defaultextension=s：默认后缀.xxx	用户没有输入后缀，自动添加
filetypes=[(label1, pattern1), (label2, pattern2), ...]	文件过滤器
initialdir=D	初始目录
initialfile=F	初始文件
parent=W	父窗口，默认为根窗口
title=T	窗口标题

【例 12-21】文件对话框示例。

```
from tkinter import *
from tkinter.filedialog import *

def myChoose():
    filename=askopenfilename()
    if filename!='':
        myLb.config(text="您选择的文件是"+filename)
    else:
        myLb.config(text="您没有选择任何文件! ")

root=Tk()
root.title("文件对话框示例")
root.geometry("300x180+150+150")

myLb=Label(root,text='')
myLb.pack()

myButton=Button(root,text="弹出文件对话框",command=myChoose)
myButton.pack()

root.mainloop()
```

程序运行过程及结果如图 12-32 所示。

（a）主窗口初始状态　　　　　　　（b）打开文件对话框选择文件　　　　　（c）文件选择后的主窗口

图 12-32　例 12-21 运行过程及结果

12.3.4　颜色选择对话框（Colorchooser）

tkinter 子模块 Colorchooser 包含颜色选择对话框函数 askcolor( )。该函数返回一个元组信息，结构为((R, G, B), color)。RGB 的值是 0~255 之间的整数，color 是颜色的十六进制表示。使用方法如下：

```
askcolor(color=None, **options)    #打开颜色选择对话框
```

参数及说明见表 12-22。

表 12-22　颜色选择对话框常见参数

参　　数	说　　明
color	初始颜色
partent=W	父窗口，默认为根窗口
title=T	窗口标题

【例 12-22】颜色对话框示例。

```python
from tkinter import *
from tkinter.colorchooser import *

def myChoose():
    myColor=askcolor()
    myColorStr=str(myColor)
    myLb.config(text=myColorStr)

root=Tk()
root.title("颜色对话框示例")
root.geometry("300x180+150+150")

myLb=Label(root,text='请关注颜色信息的变化')
myLb.pack()

myButton=Button(root,text="弹出颜色对话框",command=myChoose)
myButton.pack()

root.mainloop()
```

程序运行过程及结果如图 12-33 所示。

（a）主窗口初始状态

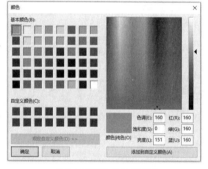

（b）打开颜色选择对话框

（c）颜色选择后主窗口效果

图 12-33　例 12-22 运行过程及结果

12.4 菜　　单

　　菜单控件是一个由许多菜单项组成的列表，每一条命令或一个选项以菜单项的形式表示。用户通过鼠标或键盘选择菜单项，以执行命令或选中选项。菜单项通常以相邻的方式放置在一起，形成窗口的菜单栏，并且一般置于窗口顶端。除菜单栏里的菜单外，还有快捷菜单，即平时在界面中是不可见的，当用户在界面中单击鼠标右键时才会弹出一个与单击对象相关的菜单。有时菜单中一个菜单项的作用是展开另一个菜单，形成级联式菜单。

　　tkinter 模块提供 Menu 类用于创建菜单控件具体用法是先创建一个菜单控件对象，并与某个窗口（主窗口或者顶层窗口）进行关联，然后再为该菜单添加菜单项。与主窗口关联的菜单实际上构成了主窗口的菜单栏。菜单项可以是简单命令、级联式菜单、复选框或一组单选按钮，分别用 add_command( )、add_cascade( )、add_checkbutton( )和 add_radiobutton( )方法来添加。为了使菜单结构清晰，还可以用 add_separator( )方法在菜单中添加分隔线。

上述过程可以描述为：

```
菜单实例名=Menu(根窗体)
菜单分组1=Menu(菜单实例名)
菜单实例名.add_cascade(<label1=菜单分组1显示文本>,<menu=菜单分组1>)
菜单分组1.add_command(<label1=命令1文本>,<command=命令1函数名>)
菜单分组1.add_command(<label1=命令2文本>,<command=命令2函数名>)
……
菜单分组1.add_command(<label1=命令n文本>,<command=命令n函数名>)
```

其中 Menu(master=None, **options)，master 父组件、**options 参数说明见表 12-23。

表 12-23　Menu 参数及其说明

参　　数	说　　明
activebackground	设置 Menu 处于"active"状态（用 state 选项设置状态）的背景色
activeborderwidth	设置 Menu 处于"active"状态（用 state 选项设置状态）的边框宽度
activeforeground	设置 Menu 处于"active"状态（用 state 选项设置状态）的前景色
Background(bg)	设置背景颜色
borderwidth(bd)	指定边框宽度
cursor	指定当鼠标在 Menu 上运动过的时候的鼠标样式
disabledforeground	指定 Menu 处于"disabled"状态的时候的前景色
font	指定 Menu 中文本的字体
Foreground(fg)	设置 Menu 的前景色
postcommand	将此选项与一个方法相关联，当菜单被打开时该方法将自动被调用
relief	指定边框样式，默认值是"flat"，可以设置"sunke"，"raised"，"groove"或"ridge"
selectcolor	指定当菜单项显示为单选按钮或多选按钮时选择中标志的颜色
tearoff	默认情况下菜单可以被"撕下"，设置为 Flase 关闭这一特性
tearoffcommand	当用户"撕下"你的菜单时通知程序，可以将该选项与一个方法相关联，那么当用户"撕下"菜单时，tkinter 会带着两个参数去调用方法（一个参数是当前窗口的 ID，另一个参数是承载被"撕下"的菜单的窗口 ID）
title	默认情况下，被"撕下"的菜单标题是其主菜单的名字，也可以通过修改此项的值来修改标题

```
add(type, **options)
```

其中 type 参数指定添加的菜单类型，可以是"command"，"cascade"，"checkbutton"，"radiobutton"或"separator"，也可以通过 options 选项设置菜单的属性，见表 12-24。

表 12-24　add()常用参数及其说明

参　　数	说　　明
accelerator	显示该菜单项的加速键（快捷键）如 accelerator="Ctrl+N"，该选项仅显示，并没有实现加速键的功能（通过按键绑定实现）
activebackground	设置当该菜单项处于"active"状态（用 state 选项设置状态）的背景色
activeforeground	设置当该菜单项处于"active"状态（用 state 选项设置状态）的前景色
background	设置该菜单项的背景颜色
bitmap	指定显示到该菜单项上的位图

续上表

参　数	说　明
columnbreak	从该菜单项开始另起一列显示
command	将该选项与一个方法相关联，当用户单击该菜单项时将自动调用此方法
compound	控制菜单项中文本和图像的混合模式，如果该选项设置为"center"，文本显示在图像上（文本重叠图像），如果该选项设置为"bottom"、"left"、"right"或"top"，那么图像显示在文本的旁边（如"bottom"，则图像在文本的下方）
font	指定文本的字体
foreground	设置前景色
hidemargin	是否显示菜单项旁边的空白
image	指定菜单项显示的图片，值可以是 PhotoImage、BitmapImage，或者能兼容的对象
label	指定菜单项显示的文本
menu	该选项仅在 cascade 类型的菜单中使用，用于指定它的下级菜单
offvalue	默认情况下，variable 选项设置为 1，表示选中状态；反之设置为 0。设置 offvalue 的值可以自定义未选中状态的值
onvalue	默认情况下，variable 选项设置为 1 表示选中状态，反之设置为 0。设置 onvalue 的值可以自定义选中状态的值
selectcolor	指定当菜单项显示为单选按钮或多选按钮时选择中标志的颜色
selectimage	如果在单选按钮或多选按钮菜单中使用图片代替文本，设置该选项指定被菜单项被选中时显示的图片
state	与 text 选项一起使用，用于指定哪一个字符画下划线（如用于表示键盘快捷键）
underline	用于指定在该菜单项的某一个字符处画下划线；例如设置为 1，则说明在该菜单项的第二个字符处画下划线
value	当菜单项为单选按钮时，用于标志该按钮的值；在同一组中的所有按钮应该拥有各不相同的值；通过将该值与 variable 选项的值对比，即可判断用户选中了哪个按钮
variable	当菜单项是单选按钮或多选按钮时，与之关联的变量

菜单常用的方法见表 12-25。

表 12-25　菜单常用方法及说明

方　法	说　明
add_cascade(**options)	相当于 add("cascade", **options)
add_checkbutton(**options)	相当于 add("checkbutton", **options)
add_command(**options)	相当于 add("command", **options)
add_radiobutton(**options)	add("radiobutton", **options)
add_separator(**options)	相当于 add("separator", **options)
delete(index1, index2=None)	删除 index1 ～ index2（包含）的所有菜单项，如果忽略 index2 参数，则删除 index1 指向的菜单项
entrycget(index, option)	获得指定菜单项的某选项的值
entryconfig(index, **options)、entryconfigure(index, **options)	设置指定菜单项的选项
index(index)	返回与 index 参数相应的选项的序号

续上表

方　法	说　明
insert(index, itemType, **options)	插入指定类型的菜单项到 index 参数指定的位置；itemType 参数指定添加的菜单类型，可以是："command"、"cascade"、"checkbutton"、"radiobutton" 或 "separato"
insert_cascade(index, **options)	相当于 insert("cascade", **options)
insert_checkbutton(index, **options)	相当于 insert("checkbutton", **options)
insert_command(index, **options)	相当于 insert("command", **options)
insert_radiobutton(index, **options)	相当于 insert("radiobutton", **options)
insert_separator(index, **options)	相当于 insert("separator", **options)
invoke(index)	调用 index 指定的菜单项相关联的方法，如果是单选按钮，设置该菜单项为选中状态，如果是多选按钮，切换该菜单项的选中状态
post(x, y)	在指定的位置显示弹出菜单
type(index)	获得 index 参数指定菜单项的类型，返回值可以是："command"、"cascade"、"checkbutton"、"radiobutton" 或 "separator"
unpost()	移除弹出菜单
yposition(index)	返回 index 参数指定的菜单项的垂直偏移位置，该方法的目的是为了让你精确放置相对于当前鼠标的位置弹出菜单

【例 12-23】菜单示例。

```
def fun1():
    print('打开')
def fun2():
    print('保存')
def fun3():
    print('复制')
def fun4():
    print('粘贴')
def fun5():
    print('剪切')
from tkinter import *
root=Tk()
root.title("菜单实例")
root.geometry("240x300+200+200")

myMenu=Menu(root)                          #创建菜单实例，也是一个顶级菜单
fItem=Menu(myMenu,tearoff=False)           #创建一个下拉菜单"文件"，关联在顶级菜单
#以下是下拉菜单中的具体命令，使用 add_command()方法
fItem.add_command(label='打开',command=fun1)
fItem.add_command(label='保存',command=fun2)
#添加分割线
fItem.add_separator()
fItem.add_command(label='退出',command=root.quit)
#在顶级菜单中关联"文件"菜单，即把下拉列表 fItem 添加到顶级菜单中
myMenu.add_cascade(label='文件',menu=fItem)
#这个是"编辑"菜单，同上
edit=Menu(myMenu,tearoff=True)
edit.add_command(label='复制',command=fun3)
edit.add_command(label='粘贴',command=fun4)
edit.add_separator()
```

```
edit.add_command(label='剪切',command=fun5)
myMenu.add_cascade(label='编辑',menu=edit)
#显示菜单
root.config(menu=myMenu)
mainloop()
```

程序运行过程及结果如图 12-34 所示。

（a）主界面初始状态　　　（b）"文件"菜单　　　（c）单击"复制"后效果　　　（d）"编辑"菜单

图 12-34　例 12-23 运行过程及结果

12.5　Python 事件处理

前面介绍了可视化用户界面中各种控件的用法以及对象的布局方法，可以用于设计应用程序的外观界面，但是还要处理界面里各个控件对应的操作功能，这就需要使界面和执行程序相关联，这种关联模式即事件处理。

用户通过键盘或鼠标与可视化界面内的控件交互操作时，会触发各种事件（Event）。事件发生时需要应用程序对其进行响应或进行处理。

12.5.1　事件类型

tkinter 事件可以用特定形式的字符串描述，一般形式为：

`<修饰符>-<类型符>-<细节符>`

其中，修饰符用于描述鼠标的单击、双击，以及键盘组合按键等情况；类型符指定事件类型，最常用的类型有分别表示鼠标事件和键盘事件的 Button 和 Key；细节符指定具体的鼠标键或键盘按键，如鼠标的左、中、右三个键分别用 1、2、3 表示，键盘按键用相应字符或按键名称表示。修饰符和细节符是可选的，而且事件经常可以使用简化形式。例如 <Double-Button-1>描述符中，修饰符是 Double 类型符是 Button，细节符是 1，综合起来描述的事件就是双击鼠标左键。

1. 常用鼠标事件

<ButtonPress-1>：按下鼠标左键，可简写为<Button-1>或<1>。类似的有<Button-2>或<2>（按下鼠标中键）和<Button-2>（按下鼠标右键）。

<B1-Motion>：按下鼠标左键并移动鼠标。类似的有<B2-Motion>和<B3-Motion>。

<Double-Button-1>：双击鼠标左键。

<Enter>：鼠标指针进入控件。

<Leave>：鼠标指针离开控件。

2. 常用键盘事件

<KeyPress-a>：按下【a】键。可简写为<Key-a>或 a（不用尖括号）。可显示字符（字母、数字和标点符号）都可像字母 a 这样使用，但有两个例外：空格键对应的事件是<Space>，小于号对应的事件是<less>。注意，不带尖括号的数字（如 1）是键盘事件，而带尖括号的数字<1>是鼠标事件。

<Return>：按下回车键。不可显示字符都可像回车键这样用<键名>表示对应事件，例如<Tab>、<Shift_L>、<Control_R>、<Up>、<Down>、<Fl>等。

<Key>：按下任意键。

<Shift-Up>：同时按下【Shift】键和【↑】键。类似的还有【Alt】键组合、【Ctrl】键组合。

12.5.2 事件绑定

用户界面应用程序的核心是对各种事件的处理程序。应用程序一般在完成建立可视化界面工作后就进入一个事件循环，等待事件发生并触发相应的事件处理程序。事件与相应事件处理程序之间通过绑定建立关联。

1. 事件绑定的方式

在 tkinter 模块中有四种不同的事件绑定方式：对象绑定、窗口绑定、类绑定和应用程序绑定。

（1）对象绑定

针对某个控件对象进行事件绑定称为对象绑定，也称为实例绑定。

对象绑定只对该控件对象有效，对其他对象（即使是同类型的对象）无效。

对象绑定调用控件 bind()方法实现，一般形式如下：

```
控件对象.bind(事件描述符,事件处理程序)
```

该语句的含义是，若控件对象发生了与事件描述符相匹配的事件，则调用事件处理程序。调用事件处理程序时，系统会传递一个 Event 类的对象作为实际参数，该对象描述了所发生事件的详细信息。

（2）窗口绑定

窗口绑定是绑定的一种特例（窗口也是一种对象），此时绑定对窗口（主窗口或顶层窗口）中的所有控件对象有效，用窗口的 bind()方法实现。

（3）类绑定

类绑定针对控件类，故对该类的所有对象有效，可用任何控件对象的 bind_class()方法实现，一般形式如下：

```
控件对象.bind_class(控件类描述符,事件描述符,事件处理程序)
```

（4）应用程序绑定

应用程序绑定对程序中的所有控件都有效，用任意控件对象的 bind_all()方法实现，一般形式如下：

```
控件对象.bind_all(事件描述符,事件处理程序)
```

2. 键盘事件与焦点

所谓焦点（Focus）就是当前正在操作的对象，例如，用鼠标单击某个对象，该对象就成为焦点。当用户按下键盘中的一个键时，要求焦点在所期望的位置。

图形用户界面中有唯一焦点，任何时刻可以通过对象的 focus_set()方法来设置，也可以用键

盘上的【Tab】键来移动焦点。因此，键盘事件处理比鼠标事件处理多了一个设置焦点的步骤。

12.5.3　事件处理函数

事件处理函数是在触发了某个对象的事件时而调用执行的程序段，它一般都带一个 event 类型的形参，触发事件调用事件处理函数时，将传递一个事件对象。事件处理函数的一般形式如下：

```
def 函数名(event):
    函数体
```

在函数体中可以调用事件对象的属性。事件处理函数在应用程序中定义，但不由应用程序调用，而是由系统调用，所以一般称为回调（call back）函数。

【例 12-24】将标签绑定键盘任一键触发事件并获取焦点，将按键字符显示在标签上。

```python
from tkinter import *

def myShow(event):
    s=event.keysym
    myLb.config(text=s)

root=Tk()
root.title("事件绑定实例")
root.geometry("450x200+200+200")
myLb=Label(root,text='请按键盘任一键',font=('楷体',32))
myLb.bind('<Key>',myShow)
myLb.focus_set()
myLb.pack()

root.mainloop()
```

程序运行过程及效果如图 12-35 所示。

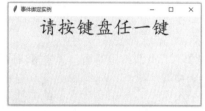
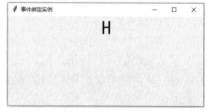

（a）主界面初始状态　　　　　　　　　　（b）按下键盘上【H】键后的运行效果

图 12-35　例 12-24 运行过程及结果

 习　　题

一、单项选择题

1. 使用 tkinter 设计窗体时，Text 控件的属性不包括（　　）。

    A. bg　　　　　　　B. font　　　　　　　C. db　　　　　　　D. command

2. 使用 tkinter 设计窗体时，Button 控件的状态不包括（　　）。

    A. active　　　　　B. disabled　　　　　C. normal　　　　　D. enable

3. 将 tkinter 创建的控件放置在窗体的方法是（　　　）。

    A. pack　　　　　　　B. show　　　　　　　C. set　　　　　　　D. bind

4. 一般情况下，用于创建单行文本的控件是（　　　）。

    A. Entry　　　　　　　B. Label　　　　　　　C. Text　　　　　　　D. List

5. 一般情况下，要接收单一互斥的用户数据，应使用（　　　）控件。

    A. Checkbutton　　　　B. Radiobutton　　　　C. Combobox　　　　D. Listbox

6. 创建 Button 按钮实例并触发执行的回调参数名，应设置为实例的（　　　）属性。

    A. command　　　　　B. bind　　　　　　　C. place　　　　　　　D. call

7. 用 place( ) 方法布局控件时，下列属性不是在 0.0~1.0 之间，以窗体宽和高的比例取值的是（　　　）。

    A. x　　　　　　　　　B. relx　　　　　　　C. relheight　　　　　D. relwidth

8. 下列事件中，不能表示单击鼠标左键事件的是（　　　）。

    A. <Enter>　　　　　　　　　　　　　　B. <Button-1>

    C. <1>　　　　　　　　　　　　　　　　D. <ButtonPress-1>

二、填空题

1. Python 中，当导入 tkinter 模块后，调用＿＿＿＿＿＿方法可以初始化一个根窗口实例。

2. 控件的布局通常有＿＿＿＿＿＿、＿＿＿＿＿＿和＿＿＿＿＿＿三种方法。

3. 使用＿＿＿＿＿＿可新建一个显示在最前端的子窗体。

4. tkinter 模块提供＿＿＿＿＿＿类用于创建菜单控件。

5. 在 tkinter 模块中有四种不同的事件绑定方式：对象绑定、＿＿＿＿＿＿、＿＿＿＿＿＿和＿＿＿＿＿＿。

三、程序设计题

1. 设计一个简单的某信息管理系统的用户注册窗口，输入内容包括：用户名、性别、电子邮箱。单击"提交"按钮后，将在出现的对话框上显示输入的信息。

2. 设计一个程序，用两个文本框输入数值型数据，用列表框存放"＋、－、×、÷幂运算、取余"。用户先输入两个数值，再从列表框中选择某一种运算后可在标签中显示运算结果。

3. 设计一个景区售票程序。在窗体上放置标签、单选按钮、输入框、命令按钮和多行文本框。根据所选不同景点的名称、门票价格和购买门票的张数计算总额。景点名称有"龙门石窟"、"明堂"、"王城公园"和"白马寺"，对应的票价分别是：150 元、50 元、60 元和 80 元。

在输入框中输入购买的张数，单击"计算总额"按钮，将在多行文本框中显示景点名称、门票张数和门票总额。计算票价总额的标准是：

① 若门票张数大于或者等于 80 张，则票价总额为原价格的 60%；

② 若门票张数大于或者等于 50 张，则票价总额为原价格的 75%；

③ 若门票张数大于或者等于 20 张，则票价总额为原价格的 90%；

④ 其他情况维持原价不变。

网络爬虫入门 «««

第 13 章

　　网络爬虫，又称为网页蜘蛛或者网络机器人，是一种按照一定的规则自动抓取万维网信息的程序或脚本。

　　简单地说，爬虫就是获取网页内容并提取和保存信息的自动化程序，主要包含三个步骤。

　　① 获取网页。爬虫首先需要获取网页，即向网站的服务器发送一个请求，返回的响应体便是网页的源代码。Python 的内置标准库，urllib 和 request 库可以帮助我们完成这部分内容。

　　② 提取信息。获得网页源代码后，需要分析并从中提取需要的信息。一般情况下，在这个步骤中，通用的方法是使用正则表达式提取，也可以借助 Python 内置标准库 Beautiful Soup 或者其他模块来完成。

　　③ 保存数据。提取信息后，将数据保存为 TXT、JSON 文本或者其他格式文件，还可以保存到数据库中。

【本章知识点】

- 了解 HTTP 协议相关知识
- 了解 HTML 结构
- 学习使用 urllib 库和 requests 库获取网页信息
- 学习使用 Beautiful Soup 库解析 HTML 文本

📚 13.1　相关 HTTP 协议知识

　　HTTP 协议即超文本传输协议（Hyper Text Transfer Protocol，HTTP），是一个简单的请求响应协议，它运行在 TCP 之上。

　　HTTPS（英文全称为 Hyper Text Transfer Protocol over SecureSocket Layer）是以安全为目标的 HTTP 通道，在 HTTP 的基础上通过传输加密和身份认证保证了传输过程的安全性，现在被广泛用于万维网上安全敏感的通信，例如交易、支付等方面。

13.1.1　HTTP 基础

1. URI 和 URL

　　URI 的全称是 Uniform Resouce Identifier，即统一资源标识符，是一种用于标识某种互联网资源的字符串，在网页上的各种资源，如图像、视频、程序、文档等，都是由 URI 进行定位的。

　　URL 的全称是 Uniform Resource Locator，即统一资源定位符，是万维网上用于指定信息位置的表示方法。URL 是 URI 的子集。通常所说的"网址"就是 URL。

2. 请求和响应

（1）请求

我们在浏览器中输入网址后按下回车键，会显示网页。这个过程其实是一个请求与响应的过程。在浏览器地址栏输入网址，按下回车键，实际上是向网站服务器发送了一个浏览网页的请求，网站服务器在接收到这个请求后，会对请求进行处理和解析，然后返回响应，传给浏览器，浏览器对响应的内容进行解析，网页便显示出来了。请求响应过程如图 13-1 所示。

图 13-1 请求响应过程示意图

常用的请求方法主要有 GET 和 POST。使用 GET 方法可以发送简单的请求，如果需要输入用户名和密码的请求则使用 POST 方法。这样密码等信息不会泄露。因为 GET 方法会将参数包含在 URL 中，而 POST 方法是将数据包含在请求体中，且用 POST 方法提交的请求没有大小的限制。GET 方法只能提交 1024 字节。常用请求方法见表 13-1。

表 13-1 HTTP 协议常用资源请求方法

方 法	说 明
GET	请求获取 URL 位置的资源
HEAD	请求获取 URL 位置资源的响应消息报告，即获得该资源的头部信息
POST	请求向 URL 位置的资源后附加新的数据
PUT	请求向 URL 位置存储一个资源，覆盖原 URL 位置的资源
PATCH	请求局部更新 URL 位置的资源，即改变该处资源的部分内容
DELETE	请求删除 URL 位置存储的资源

（2）响应

响应包含三个部分：响应状态码（Response Status Code）、响应头（Response Headers）和响应体（Response Status Body）。

响应状态码表示服务器的响应状态。200，成功，表示服务器已经成功处理了请求；404，未找到，表示服务器找不到请求的网页。

响应头包含了服务器对请求的应答信息，如 Content-Type,Server、Set-Cookie 等。

响应体包含了服务器的响应内容，是网络爬虫解析的对象。

13.1.2 HTML 基础

网页由三个部分组成：HTML、JavaScript 和 CSS。我们可以把 HTML 看作网页的骨骼框架，定义了网页的内容和结构；把 JavaScript 看作网页的肌肉，定义了网页的行为；CSS 则是皮肤。下面介绍 HTML 和 JavaScript。

HTML 全称为 Hyper Text Markup Language，即超文本标记语言。HTML 语言是一种建立静态网页文件的语言，通过标记式的指令，将图文声像等内容显示出来。HTML 并不是一种程序语言，它只是一种对网页中资料或者信息对象进行标记排版的结构语言，非常简单。

使用浏览器打开一个网页，按下键盘上【F12】键查看网页源代码。出现如图 13-2 所示

页面，在下方我们可以看到 HTML 语言。

图 13-2　网页源代码

　　HTML 标记标签通常被称为 HTML 标签，由尖括号括起来，如<html>。HTML 标签通常都是成对出现，也可以称为标签对，比如，<head><\head>。标签对中第一个标签是开始标签，第二个标签是结束标签，在标签对中间为内容。当打开网页时，浏览器只显示内容，并不会显示 HTML 标签，而是使用标签来解释内容。比如用记事本创建一个文本文件，在其中输入如下内容：

【例 13-1】简单的网页。

```
<html>
    <body>
        <h1>我的第一个标题</h1>
        <p>我的第一个段落。</p>
    </body>
</html>
```

　　然后将文本文件的扩展名改为 html，双击，则计算机就会使用默认浏览器将这个文档以网页形式打开，如图 13-3 所示。

图 13-3　第一个网页

　　其中<html>和</html>之间是网页的文本描述。<body>和</body>之间是可见的页面内容，即网页的主体。<h1>和</h1>则表示它们之间的内容是标题。<p>与</p>间的文本被显示为段落。常用的 HTML 标签如表 13-2 所示。更多内容请查阅相关资料。

表 13-2　常用的 HTML 标签

标　签	描　　述	标　签	描　　述
<!--...-->	定义注释	<dialog>	定义对话框或窗口
<!DOCTYPE>	定义文档类型	<dt>	定义列表中的项目
<a>	定义锚	<em>	定义强调文本
<b>	定义粗体字	<h1> to <h6>	定义 HTML 标题,可以改变标题的大小
<body>	定义文档的主体	<head>	定义关于文档的信息
<button>	定义按钮(push button)	<link>	定义文档与外部资源的关系
<canvas>	定义图形	<p>	定义段落
<caption>	定义表格标题	<title>	定义文档的标题
<center>	不赞成使用。定义居中文本	<tr>	定义表格中的行
<command>	定义命令按钮		

13.1.3　JavaScript 基础

JavaScript(简称 JS)是一种具有函数有限的轻量级、解释型脚本编程语言。JavaScript 语言简单,具有基于对象编程的特性,具有良好的跨平台性,易于学习。JavaScript 的主要功能有:可以读/写 HTML 元素;将动态文本嵌入 HTML 页面中;对浏览器事件做出响应;能够检测访客的浏览信息;可以在数据被提交到服务器之前验证数据;基于 Node.js 技术进行服务器端编程。简单地说,网页上的交互功能,动态的、实时的信息都是由 JavaScript 来完成的。JavaScript 的使用,使得网页不再是静态页面只供浏览者进行信息阅读,而是具备了和浏览者交互的功能。

JavaScript 主要由 3 个部分组成:

① ECMAScipt:作为 JavaScript 的核心,规定了这种编程语言的组成部分,包括语法、数据类型、语句、关键字、操作符和对象等内容。

② DOM:文档对象模型。DOM 把整个页面映射为一个多层节点结构。开发人员可以接住 DOM 中提供的 API,轻松实现对任何节点的删除、添加、修改和替换。

③ BOM:浏览器对象模型。描述了与浏览器进行交互的方法和接口。

在网页中,JavaScript 脚本内容需要放置在<script>和</script>标签中间。JavaScript 脚本可以在<body>或<head>中。JavaScript 通常是以单独的文件形式加载的,扩展名为“.js”。我们将上一小节的 HTML 示例修改如下:

【例 13-2】简单的 JavaScript 程序。

```
<html>
<body>
    <h1>我的第一个标题</h1>
    <p>我的第一个段落。</p>
    <script>
        alert("我的第一个 JavaScript");
    </script>
</body>
</html>
```

双击文件之后界面如图 13-4 所示,在打开网页时弹出一个消息提示框。

图 13-4　消息提示框

在这个例子中，我们看到，弹出的消息提示框和页面内容同时出现，因为页面内容和脚本都在<body>标签中。如果将脚本内容放在<head>标签中，则会先显示消息提示框，单击"确定"按钮后，再显示页面内容。

13.2　urllib 基本应用与爬虫案例

Python 3.X 标准库 urllib 提供了 urllib.request、urllib.error、urllib.parse、urllib.robotparser 四个模块。

urllib.request 模块用于打开和读取 URL。

urllib.error 模块用于处理 urllib.request 抛出的异常。

urllib.parse 模块用于解析 URL。

urllib.robotparser 用于解析 robots.txt 文件

13.2.1　urllib 基本应用

1. 发送请求打开获取远程页面

使用 urllib.request 模块中的 urlopen()函数可以像打开本地文件一样打开远程文件。urlopen()函数的使用格式如下：

```
urllib.request.urlopen(url, data=None, [timeout, ]*, cafile=None, capath=None,\
context=None)
```

参数说明：

url：网页地址。

data：发送到服务器的其他数据对象，默认为 None。

timeout：设置访问超时时间。

cafile：cafile 为 CA 证书。

capath：为 CA 证书的路径，使用 HTTPS 需要用到。

context：ssl.SSLContext 类型，用来指定 SSL 设置。

【例 13-3】获取 Python 官方网页内容。获取到的部分内容如图 13-5 所示。

代码如下：

```
import urllib.request
response = urllib.request.urlopen("https://www.python.org")
print(response.read().decode('utf8'))
```

在【例 13-3】中，response 为 HTTPResponse 响应对象，服务器返回的响应内容封装在这个对象当中。可以使用 print()函数将 response 中的网页源代码进行输出。如果使用 print(type(response))语句，则输出结果为：<class 'http.client.HTTPResponse'>。我们发现 response

对象是一个 HTTPResponse 的对象。这个对象类型包含 read( )、reading( )、getheader(name)、getheaders( )、fileno( )等方法。还包括 msg、version、status、reason、debuglevel、closed 等属性。

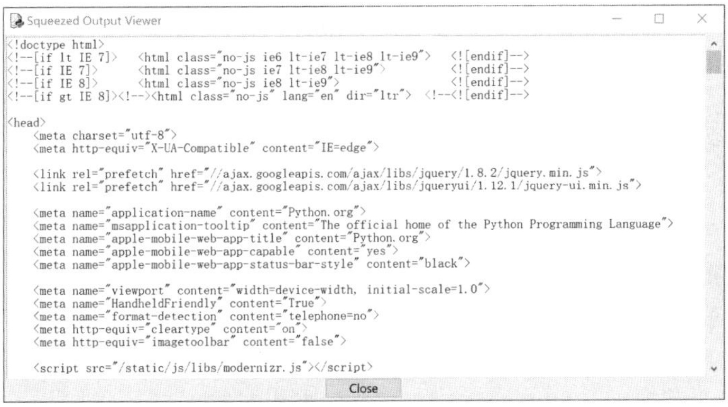

图 13-5 抓取到的部分网页内容

【例 13-4】响应对象的部分属性和方法。

```
import urllib.request
response = urllib.request.urlopen("https://www.python.org")
#发送请求，获取响应对象
print(response.status)                 #输出响应对象的状态码
print(response.getheaders())           #输出响应对象的所有头部信息
print()
print(response.getheader('Server'))    #输出响应对象的头部的 Server 值
```

程序运行结果如下：

```
200
[('Connection', 'close'), ('Content-Length', '50666'), ('Server', 'nginx'),
('Content-Type', 'text/html; charset=utf-8'), ('X-Frame-Options', 'DENY'),
('Via', '1.1 vegur, 1.1 varnish, 1.1 varnish'), ('Accept-Ranges', 'bytes'), ('Date',
'Wed, 24 Nov 2021 11:34:40 GMT'), ('Age', '349'), ('X-Served-By',
'cache-bwi5133-BWI,  cache-tyo11974-TYO'), ('X-Cache', 'HIT, HIT'),
('X-Cache-Hits', '1, 229'), ('X-Timer', 'S1637753681.995234,VS0,VE0'), ('Vary',
'Cookie'), ('Strict-Transport-Security', 'max-age=63072000; includeSubDomains')]
...
```

属性 status 表示响应对象的状态码。如果是 200，则代表请求成功；404 代表网页未找到。方法 getheaders( )获取了响应的头信息。在 getheader( )中加一个参数'Server'获取的是响应头信息中的 Server 值。

2. 处理异常

使用 urllib.error 模块定义了在使用 urllib.request 模块时所产生的异常。如果出现异常，urllib.request 会抛出 urllib.error 模块中定义的异常。

【例 13-5】异常举例。

```
import urllib.request
import urllib.error
try:
    response = urllib.request.urlopen("https://qiqiguaiguai.com")
except urllib.error.URLError as e:
print(e.reason)
```

程序运行结果如下：

```
[Errno 11001] getaddrinfo failed
```

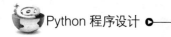

获取地址信息失败。如果网页不存在，则会显示"Not Found"。

3．解析

urllib.parse 模块支持如下协议的 URL 处理：file、ftp、hdl、http、https、mms、news、nntp、prospreo、sftp、sip、telnet 等。使用 urllib.parse 得到返回结果是一个 ParseResult 对象，包括 6 个部分，分别是：scheme、netloc、path、params、query 和 fragment。

【例 13-6】 解析举例。

```
import urllib.parse
res = urllib.parse.urlparse('http://www.zzuli.edu.cn')      #解析一个网页
print(type(res))           #输出对象的类型
print(res)                 #输出解析的结果
```

程序运行结果如下：

```
<class 'urllib.parse.ParseResult'>
ParseResult(scheme='http', netloc='www.zzuli.edu.cn', path='', params='',
query='', fragment='')
```

4．robots 协议

robots 协议又称为 robots.txt（全小写），是一种存放于网站根目录下的 ASCII 编码的文本文件。它通常告诉网络爬虫此网站中的哪些内容是不应被爬虫获取的，哪些是可以被爬虫获取的。

robots 协议是国际互联网界通行的道德规范，基于以下原则建立：

① 搜索技术应服务于人类，同时尊重信息提供者的意愿，并维护其隐私权。

② 网站有义务保护其使用者的个人信息和隐私不被侵犯。

输入网址 https://www.taobao.com/robots.txt 可以看到该网站的 robots 协议，内容如下：

```
User-agent: baiduspider
Disallow: /


User-agent: baiduspider
Disallow: /
```

可以看出该网站禁止 baiduspider 爬取所有内容。

13.2.2　urllib 爬虫案例

【例 13-7】 获取部分人物照片。

打开人物名单页面：http://www.cae.cn/cae/html/main/col48/column_48_1.html。

在页面上右击，在弹出的快捷菜单中选择"查看网页源代码"，可以看到人物名字链接代码如图 13-6 所示。根据链接代码可以构造正则表达式，获取人物的链接。

```
<li class="name_list"><a href="/cae/html/main/colys/63775817.html" target="_blank">曹喜滨</a></li>
<li class="name_list"><a href="/cae/html/main/colys/35791989.html" target="_blank">陈学东</a></li>
<li class="name_list"><a href="/cae/html/main/colys/01567139.html" target="_blank">邓宗全</a></li>
<li class="name_list"><a href="/cae/html/main/colys/25235806.html" target="_blank">丁荣军</a></li>
<li class="name_list"><a href="/cae/html/main/colys/46604755.html" target="_blank">董春鹏</a></li>
<li class="name_list"><a href="/cae/html/main/colys/42793697.html" target="_blank">樊会涛</a></li>
<li class="name_list"><a href="/cae/html/main/colys/48072917.html" target="_blank">冯煜芳</a></li>
```

图 13-6　人物介绍链接代码

构造正则表达式，即可获得人物介绍的网页地址和人物的姓名。回到人物名单页面，单击任意人物姓名即可打开该人物的介绍页面。在介绍页面右击，查看网页源代码。可以看到照片的代码如图 13-7 所示。

```
<div class="right_md_name">曹喜滨</div>
<div class="right_name_big clearfix">
    <div class="info_img">
        <a href="http://ysg.ckcest.cn/html/details/8086/index.html" target="_blank">
        <img src="/cae/admin/upload/img/20200311095622881157087.jpg" style="width:150px;height:210px;"/>
        </a>
        <div class="cms_ysg_title"><a href="http://ysg.ckcest.cn/html/details/8086/index.html" target="_blank">曹喜滨院士百科</a></div>
    </div>
    <div class="intro">
```

图 13-7　照片代码

我们将人物照片爬取下来，存储到程序的相对路径中，以人物姓名命名照片。参考代码如下：

```python
import re
import os
import os.path
from urllib.request import urlopen

#全体人物名单页面网址
url1 = r'http://www.cae.cn/cae/html/main/col48/column_48_1.html'
#在相对路径中创建一个文件夹，用于存放照片。
ysdir = 'yuanshi'
if not os.path.isdir(ysdir):
    os.mkdir(ysdir)

#打开网页，获取页面内容
with urlopen(url1) as fp:
    content = fp.read().decode()

#提取遍历每位人物的链接。构造正则表达式，获取人物的介绍页面链接和姓名
pat = r'<li class="name_list">\
<a href="(.+)"'+' target="_blank">(.+)</a></li>'
result = re.findall(pat,content)
for item in result[0:15]:      #获取前15位人物的照片
    perurl, name = item
    name = os.path.join(ysdir,name)
    perurl = r'http://www.cae.cn/'+perurl
    with urlopen(perurl) as fp:
        content = fp.read().decode()
    pat = r'<img src="/cae/admin/upload/(.+)" style='
    result= re.findall(pat, content, re.I)
    print(result)
    if result:
        picurl = r'http://www.cae.cn/cae/admin/upload/'+result[0]
        with open(name+'.jpg', 'wb') as pic:      #照片为二进制文件。
            pic.write(urlopen(picurl).read())
```

13.3　requests 基本操作与爬虫案例

requests 库是一个用 Python 实现的基于 HTTP 协议的第三方库，是一个简单、友好的网络爬虫库，支持 http 持久连接和连接池，支持 SSL 证书验证，支持对 cookie 的处理以及流式

上传等。

requests 库能够向服务器起请求并获取响应，完成访问网页的过程。requests 库提供了如下几个子模块：

① requests.Request：请求对象，用于将一个请求发送到服务器。

② requests.Response：响应对象，包含服务器对 HTTP 请求的响应。

③ requests.Session：请求会话，提供 Cookie 持久性、连接池和配置。

13.3.1 requests 基本操作

1. requests 库的安装

打开命令提示符，在计算机联网状态下输入"pip install requests"，如图 13-8 所示。如果安装不成功可以尝试使用国内镜像。

图 13-8 安装 ruquests 库命令

2. requests 库的 7 个主要函数

① requests.request( )：构造一个请求，这个方法是支撑下面六种方法的基础方法。

② requests.get( )：该方法用于构造一个请求，获取 HTML 网页。

③ requests.head( )：该方法用于获取网页头信息。

④ requests.post( )：该方法向 HTML 网页提交 POST 请求。

⑤ requests.put( )：向 HTML 网页提交 PUT 请求的方法。

⑥ requests.patch( )：向 HTML 网页提交局部修改请求。

⑦ requests.delete( )：向 HTML 页面提交删除请求。

为什么说 requests.request( )是其他 6 种方法的基础方法？以 requests.get( )函数为例，requests.get( )函数的语法格式为：

```
requests.get(url, params=None, **kwargs)。
```

参数说明：

url：网页地址。

params：可选参数，是 url 中的额外参数，字典或者字节流格式。

**kwargs：12 个控制访问的参数。

打开 requests 库的文档，可以看到 requests.get( )函数实际上的返回值为 requests.request('get', url, paras=params, **kwargs)。也可以这么说，requests.request( )方法包含了其他 6 种方法。除去 requst 方法，其他 6 个方法对应 HTTP 协议的六个常用方法，功能对应一致。

3. response 对象

使用 requests.get( )函数可以构造一个向服务器请求资源的 request 对象，返回的是一个包含服务器资源的响应 response 对象。response 对象的属性见表 13-3。

表 13-3 response 对象的属性

属 性	说 明
status_code	HTTP 请求的状态码，200 表示连接成功，404 表示连接失败
text	对应网页的页面内容，即 HTTP 响应内容的字符串形式
encoding	从 HTTP header 中获取的响应内容编码方式
apparent_encoding	从响应内容中分析出的编码方式
content	HTTP 响应内容的二进制形式

encoding 和 apparent_encoding 的区别是：如果 header 中不存在 charset，则认为编码为 ISO-8859-1。那么 text 根据 r.encoding 显示网页内容。apparent_encoding 是指根据网页内容分析出的编码方式，可以看作 r.encoding 的备选编码。

打开 IDLE，输入以下语句，查看 response 对象的各个属性。

```
>>> import requests
>>> r = requests.get('http://www.people.com.cn')
>>> r.status_code
200
>>> r.encoding
'ISO-8859-1'
>>> r.apparent_encoding
'GB2312'
```

13.3.2 requests 爬虫案例

【例 13-8】爬取购物网站商品信息。参考代码如下：

```
import requests
url = r"https://item.jd.com/100013990635.html" # 商品页面
try:
    r = requests.get(url)      #发送请求获得响应对象。
    r.raise_for_status()       #响应状态码。
    r.encoding = r.apparent_encoding
    print(r.text[:1000])       #输入前 1000 个字符。
except:
    print("爬取失败")
```

程序运行结果如图 13-9 所示。

```
<!DOCTYPE HTML>
<html lang="zh-CN">
<head>
    <!-- shouji -->
    <meta http-equiv="Content-Type" content="text/html; charset=utf-8" />
    <title>【FFALCON雷鸟FF1】雷鸟FF1 6.67英寸120Hz高刷无界屏 66W疾速闪充 6400万像素
超清影像 8+128GB星空黑全网通5G手机【华为智选】【行情 报价 价格 评测】-京东</title>
    <meta name="keywords" content="FFALCON雷鸟FF1,FFALCON雷鸟FF1,FFALCON雷鸟FF1报
价,FFALCON雷鸟FF1报价"/>
    <meta name="description" content="【FFALCON雷鸟FF1】京东JD.COM提供FFALCON雷鸟
FF1止品行货，并包括FFALCON雷鸟FF1网购指南，以及FFALCON雷鸟FF1图片、雷鸟FF1参数、雷鸟
FF1评论、雷鸟FF1心得、雷鸟FF1技巧等信息，网购FFALCON雷鸟FF1上京东，放心又轻松"/>
    <meta name="format-detection" content="telephone=no">
    <meta http-equiv="mobile-agent" content="format=xhtml; url=//item.m.jd.com/p
roduct/100013990635.html">
    <meta http-equiv="mobile-agent" content="format=html5; url=//item.m.jd.com/p
roduct/100013990635.html">
    <meta http-equiv="X-UA-Compatible" content="IE=Edge">
    <link rel="canonical" href="//item.jd.com/100013990635.html">
        <link rel="dns-prefetch" href="//misc.360buyimg.com">
    <link rel=
```

图 13-9 例 13-8 运行结果图

【例 13-9】下载网络图片。访问网站 http://placekitten.com，通过提供长度和宽度可以获得相应长宽的图片。使用 requests 库的 GET 请求的方式，爬取网页中的图片，将图片保存在计算机上。

参考代码如下：

```
import requests
import os
w = input('请输入宽度: ')
h = input('请输入高度: ')
url = 'http://placekitten.com/g/' + w + '/'+ h
root = "d:\\pic\\"
path = root + h +'.jpg'
try:
    if not os.path.exists(root):
        os.mkdir(root)
    if not os.path.exists(path):
        r=requests.get(url)
        with open(path,'wb') as f:
            f.write(r.content)
            f.close()
            print("图片已保存")
    else:
        print("图片已存在")
except:
print('失败')
```

程序运行结果如下：

```
请输入宽度: 200
请输入长度: 300
图片已保存
```

图片文件实际是一个二进制文件，二进制内容存放在响应对象的 content 属性中。在例 13-9 中，首先通过让用户输入想获取图片的宽度和高度，然后构建一个网址 url。root 是存放爬取下来的图片的文件夹。path 是爬取的图片文件的完整文件名，包括存取路径、主文件名和图片格式。其中，存取路径为 root，文件名取用了图片的高度 h，图片格式为 ".jpg" 格式。然后判断一下该计算机上的文件夹是否存在，文件夹内是否有同名图片。接着利用 requests.get() 向服务器发送请求，获取的响应对象为 r，将 r.content 内容保存在计算机上。

13.4　Beautiful Soup 基本操作与爬虫案例

Beautiful Soup 是一个高效的网页解析库，可以从 HTML 或 XML 文件中提取数据。是一个可以解析、遍历、维护"标签树"的功能库。这个第三方库的主页地址是：https://www.crummy.com/software/BeautifulSoup/。

主页中可以看到 Beautiful Soup 库的介绍，如图 13-10 所示。

图 13-10　Beautiful Soup 库介绍页面

13.4.1 Beautiful Soup 基本应用

1. Beautiful Soup 库的安装

在计算机联网状态下，打开命令提示符，输入命令"pip install beautifulsoup4"，如图 13–11 所示。

图 13–11 beautiful soup 安装命令

2. Beautiful Soup 库的引用

Beautiful Soup 库又称 beautifulsoup4 或 bs4，Python 社区约定引用方式如下，即主要是使用 BeautifulSoup 类。

```
from bs4 import BeautifulSoup  或 import bs4
```

3. 创建 BeautifulSoup 对象

```
soup = BeautifulSoup('<html>data</html>','html.parser')
```

其中'\<html\>data\</html\>'是一个 HTML 内容的字符串，'html.parser'为解析器。常用的解析器见表 13–4。

表 13-4 常用的解析器

解 析 器	使 用 方 法	条 件
bs4 的 HTML 解析器	BeautifulSoup(data,'html.parser')	安装 bs4 库
lxml 的 HTML 解析器	BeautifulSoup(data,'lxml')	pip install lxml
lxml 的 XML 解析器	BeautifulSoup(data,'xml')	pip install lxml
html5lib 的解析器	BeautifulSoup(data,'html5lib')	pip install html5lib

4. Beautiful Soup 库的五个基本对象

Beautiful Soup 库可以将 HTML 对象转换为一个具有树形结构的对象，树的每个节点又都是一个 Python 对象。Beautiful Soup 库的基本对象有：

① Tag：标签。最基本的信息组织单元，分别用\<\>和\</\>标明开头和结尾。

② Name：标签的名称，\<p\>…\</p\>的名字是'p'，格式：\<tag\>.name。

③ Attributes：标签的属性，字典形式组织，格式：\<tag\>.attrs。

④ Comment：标签内字符串的注释部分。

⑤ NavigableString：标签内非属性字符串，\<\>…\</\>中的字符串，格式：\<tag\>.string。

5. Beautiful Soup 的搜索方法

① find_all(name, attrs, recursive,s tring, **kwargs)

返回文档中符合条件的所有 tag，是一个列表。

② find(name, attrs, recursive, string, **kwargs)

相当于 find_all( )中 limit = 1，返回一个结果。

name：对标签名称的检索字符串。

attrs：对标签属性值的检索字符串。

recursive：是否对子节点全部检索，默认为 Truestring: <>…</>中检索字符串。

**kwargs：关键词参数列表

6. Beautiful Soup 对 HTML 内容的遍历

HTML 语言因为<>…</>构成了所属关系，形成了标签的树形结构，如图 13-12 所示。使用 BeautifulSoup 对象的下列属性，可以对节点进行遍历。

① .contents：子节点列表。

② .children：子节点的迭代类型。

③ .descendants：所有子孙节点的迭代类型。

④ .parent：父节点标签。

⑤ .parents：祖先节点的迭代类型。

7. 优化格式输出

BeautifulSoup 对象的 prettify( )方法可以对 HTML 文本进行格式调整，使得输出格式美化。

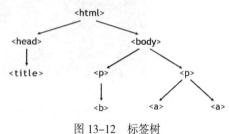

图 13-12　标签树

13.4.2　Beautiful Soup 爬虫案例

【例 13-10】一个简单实例：获取网页所有标题和链接。

参考代码如下：

```python
import requests
from bs4 import BeautifulSoup
import re
r = requests.get("http://www.zzuli.edu.cn/")
r.encoding='utf-8'
soup = BeautifulSoup(r.text, 'html.parser')

for news in soup.find_all('div'):
    info = news.find('a')
    if info and len(info)>0:
        print('标题: ',info.get('title'),end = '\n')
        print('链接: ',info.get('href'))
        print()
```

程序运行结果如下：

（注：下面的内容是截取了部分运行结果。随着网站的更新，运行结果也会有不同。）

……

标题：　关于组织收听收看庆祝中国共产主义青年团成立 100 周年大会的通知

链接：　/2022/0509/c303a267914/page.htm

标题：　在祖国边疆书写青春华章

链接：　http://www.zzuli.edu.cn/_s5/2022/0512/c280a267988/page.htm

……

【例 13-11】爬取某阅读网站的出版社名称。

```python
import requests
import re
```

```
headers={'User-Agent': 'Nozilla/5.0'}        #模拟浏览器访问网页
r = requests.get("http://read.douban.com/provider/all",headers=headers)
text = r.text
print(text)                                  #查看获取的网页信息

htmlpress = re.findall(r'<div class="name">(.*?)</div>',text,re.S)
f = open(r"d:\press.txt","w") #创建 txt 文件
for cbs in htmlpress: #将出版社信息写入文本文件中
    print(cbs)
    f.write(cbs + "\n")
f.close()
```

程序部分运行结果如图 13-13 所示。

图 13-13　例 13-11 部分运行结果图

13.4.3　数据爬取

除了可以通过获取 HTML 代码，进行解析获得所需数据，还可以通过网页的"检查"获取在 HTML 中没有的数据。以 www.zhihu.com 网页为例，使用 Chrome 浏览器打开这个网页，看到如图 13-14 所示的页面。

在这个页面上，可以使用手机号进行登录，手机号码可以选择不同的国家。不同国家有不同的区号。右击邮件，在弹出的快捷菜单中选择"查看网页源代码"，打开网页的 HTML 代码。部分 HTML 代码如图 13-15 所示。

图 13-14　网页页面

图 13-15　部分 HTML 代码

在这个页面的代码中，使用网页按下组合键【Ctrl+F】会弹出查找文本框，我们搜索"中国"，无法查找到。在页面中右击，在弹出的快捷菜单中选择"检查"项，也叫"开发者工具"项，打开如图 13-16 所示窗口。

标签页中，选择"Network"标签。并在下方标签中选择"Fetch/XHR"，按【F5】键刷新页面，如图 13-17 所示。在最下面会列出页面的加载项。

单击"name"列表框中的第一项，并在右侧出现的标签页中选择"priview"，可以查看到数据预览信息。单击"Response"标签可以查看响应内容。

在右下方的文本框中，可以看到电影的各项信息，这些数据以 json 格式保存。那么就可

以通过直接获得 json 数据，对信息进行处理。数据的 URL 可以通过"headers"标签获取，在"headers"标签页中还可以获得各项请求参数信息，如图 13-18 所示。

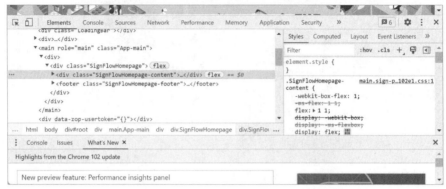

图 13-16　网页"开发者工具"界面

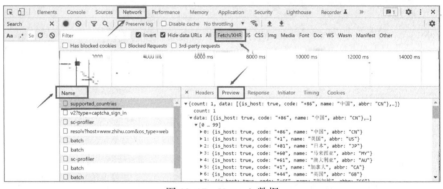

图 13-17　Network 数据

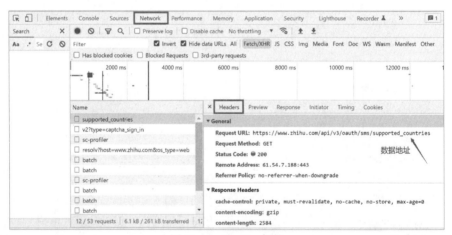

图 13-18　Headers 标签

有了数据地址，就可以爬取数据信息。

【例 13-12】爬取国家名称。

打开网页"https://www.zhihu.com/api/v3/oauth/sms/supported_countries"，可以看到如图 13-19 所示的数据信息，在这个页面中可以看到国家信息为一个 json 格式的数据。

```
{"count":1,"data":[{"is host":true,"code":"+86","name":"中国","abbr":"CN"},{"is host":true,"code":"+1","name":"美国","abbr":"US"},
{"is_host":true,"code":"+60","name":"马来西亚","abbr":"MY"},{"is_host":true,"code":"+61","name":"澳大利亚","abbr":"AU"},
{"is_host":true,"code":"+1","name":"加拿大","abbr":"CA"},{"is_host":true,"code":"+44","name":"英国","abbr":"GB"},
{"is_host":true,"code":"+65","name":"新加坡","abbr":"SG"},{"is_host":true,"code":"+49","name":"德国","abbr":"DE"},
{"is_host":false,"code":"+7","name":"俄罗斯","abbr":"RU"},{"is_host":false,"code":"+20","name":"埃及","abbr":"EG"},
{"is_host":false,"code":"+27","name":"南非","abbr":"ZA"},{"is_host":false,"code":"+30","name":"希腊","abbr":"GR"},
{"is_host":false,"code":"+31","name":"荷兰","abbr":"NL"},{"is_host":false,"code":"+32","name":"比利时","abbr":"BE"},
{"is_host":false,"code":"+33","name":"法国","abbr":"FR"},{"is_host":false,"code":"+34","name":"西班牙","abbr":"ES"},
{"is_host":false,"code":"+36","name":"匈牙利","abbr":"HU"},{"is_host":false,"code":"+39","name":"意大利","abbr":"IT"},
{"is_host":false,"code":"+40","name":"罗马尼亚","abbr":"RO"},{"is_host":false,"code":"+41","name":"瑞士","abbr":"CH"},
{"is_host":false,"code":"+43","name":"奥地利","abbr":"AT"},{"is_host":false,"code":"+45","name":"丹麦","abbr":"DK"},
{"is_host":false,"code":"+46","name":"瑞典","abbr":"SE"},{"is_host":false,"code":"+47","name":"挪威","abbr":"NO"},
{"is_host":false,"code":"+48","name":"波兰","abbr":"PL"},{"is_host":false,"code":"+51","name":"秘鲁","abbr":"PE"},
{"is_host":false,"code":"+52","name":"墨西哥","abbr":"MX"},{"is_host":false,"code":"+53","name":"古巴","abbr":"CU"},
{"is_host":false,"code":"+54","name":"阿根廷","abbr":"AR"},{"is_host":false,"code":"+55","name":"巴西","abbr":"BR"},
{"is_host":false,"code":"+56","name":"智利","abbr":"CL"},{"is_host":false,"code":"+57","name":"哥伦比亚","abbr":"CO"},
{"is_host":false,"code":"+58","name":"委内瑞拉","abbr":"VE"},{"is_host":false,"code":"+62","name":"印度尼西亚","abbr":"ID"},
{"is_host":false,"code":"+63","name":"菲律宾","abbr":"PH"},{"is_host":false,"code":"+64","name":"新西兰","abbr":"NZ"},
{"is_host":false,"code":"+66","name":"泰国","abbr":"TH"},{"is_host":false,"code":"+7","name":"哈萨克斯坦","abbr":"KZ"},
{"is_host":false,"code":"+82","name":"韩国","abbr":"KR"},{"is_host":false,"code":"+84","name":"越南","abbr":"VN"},
{"is_host":false,"code":"+90","name":"土耳其","abbr":"TR"},{"is_host":false,"code":"+91","name":"印度","abbr":"IN"},
{"is_host":false,"code":"+92","name":"巴基斯坦","abbr":"PK"},{"is_host":false,"code":"+93","name":"阿富汗","abbr":"AF"},
{"is_host":false,"code":"+94","name":"斯里兰卡","abbr":"LK"},{"is_host":false,"code":"+95","name":"缅甸","abbr":"MM"},
{"is_host":false,"code":"+98","name":"伊朗","abbr":"IR"},{"is_host":false,"code":"+212","name":"摩洛哥","abbr":"MA"},
```


图 13-19　部分国家信息列表

下面将这个页面中的国家名称爬取下来，转换为 Python 的字典格式数据，然后将国家名称存储为 json 格式文件。

分析：首先，将所需要的库文件调入。这里需要使用到 requests 库、json 库和 jsonpath 库。这三个库均为第三方库，确保已安装到计算机系统中。我们使用 requests 库爬取网页内容，利用 json.loads( )将网页内容转换为 Python 字典数据。最后将数据写入文件中。

参考代码如下：

```
import requests
import json
import jsonpath
url = ' https://www.zhihu.com/api/v3/oauth/sms/supported_countries'
#网页地址
headers={'User-Agent': 'Mozilla/5.0'}                          #模拟浏览器
response = requests.get(url,headers = headers)                 #对网页发起请求获得响应对象
response.encoding = response.apparent_encoding
html_str = response.content.decode()                           #获取响应对象的内容，字符串

#把json格式字符串转换成Python对象
jsonobj = json.loads(html_str)                                 #jsonobj为一个字典类型数据
fp = open('country.json', 'w')                                 #创建文件
content = json.dumps(jsonobj)                                  #将数据写入文件
fp.write(content)
fp.close()
```

拓展内容：如果只想获取国家名称，可以使用 jsonpath 库中的 jsonpath( )函数查找 name 节点。查找节点格式为“$..节点名称”。

```
#从根节点开始，匹配name节点
countries = jsonpath.jsonpath(jsonobj, '$..name')
print(countries)
```

在上面的代码中，countries 为列表。在例 13-12 中使用了 json 库的 json.load( )函数，这个函数可以将 json 格式的数据转换为字典格式。使用了 jsonpath 库的 json.jsonpath( )函数，这个函数用于查找需要的结点。json 库和 jsonpath 库的使用，感兴趣的读者请查阅相关资料。

习　题

爬取世界大学学术排名前二十名的学校和分数。网址为：https://www.shanghairanking.cn/rankings/arwu/2021。

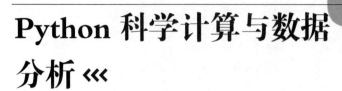

Python 科学计算与数据分析 ‹‹‹

随着 Python 语言生态环境的完善，众多科学计算和数据分析库（例如 NumPy、SciPy、pandas、matplotlib、IPython 等），使得 Python 成为科学计算和数据分析的首选语言。

NumPy 是 Python 数据处理的底层库，是高性能科学计算和数据分析的基础，许多其他科学计算库都基于 NumPy 库。pandas 是 Python 的高级数据分析工具库。

【本章知识点】

- 使用 NumPy 创建数组，并对数组进行数据处理
- 使用 pandas 创建和处理 Series 和 DataFrame 结构数据

14.1 NumPy

NumPy（Numerical Python）是科学计算基础库，提供大量科学计算相关功能，比如数据统计、随机数生成等。其提供最核心类型为多维数组类型（ndarray），支持大量的维度数组与矩阵运算。NumPy 支持向量处理 ndarray 对象，提高程序运算速度。

安装 NumPy 最简单的方法就是使用 pip 工具，语法格式如下：

```
pip install numpy
```

14.1.1 NumPy 数组属性

NumPy 数组的维数称为秩（rank），秩就是轴的数量，即数组的维度。一维数组的秩为 1，二维数组的秩为 2，以此类推。

在 NumPy 中，每一个线性的数组称为一个轴（axis），也就是维度（dimensions）。比如说，二维数组相当于两个一维数组，其中第一个一维数组中每个元素又是一个一维数组。所以一维数组就是 NumPy 中的轴（axis），第一个轴相当于是底层数组，第二个轴是底层数组里的数组。而轴的数量——秩，就是数组的维数。

很多时候可以声明 axis。axis=0，表示沿着第 0 轴进行操作，即对每一列进行操作；axis=1，表示沿着第 1 轴进行操作，即对每一行进行操作。

NumPy 最重要的一个特点是其 N 维数组对象 ndarray，它是一系列同类型数据的集合，以下标 0 为开始进行集合中元素的索引。

ndarray 对象是用于存放同类型元素的多维数组。

ndarray 中的每个元素在内存中都有相同存储大小的区域。

ndarray 对象的属性及说明见表 14-1。

表 14-1　ndarray 对象的属性及说明

属　　性	说　　明
ndarray.ndim	秩，即轴的数量或维度的数量
ndarray.shape	数组的维度，对于矩阵，n 行 m 列
ndarray.size	数组元素的总个数，相当于 shape 中 n*m 的值
ndarray.dtype	ndarray 对象的元素类型
ndarray.itemsize	ndarray 对象中每个元素的大小，以字节为单位
ndarray.flags	ndarray 对象的内存信息
ndarray.real	ndarray 元素的实部
ndarray.imag	ndarray 元素的虚部
ndarray.data	包含实际数组元素的缓冲区，由于一般通过数组的索引获取元素，所以通常不需要使用这个属性
ndarray.T	转置

14.1.2　数组的创建

1. 用 array( )方法创建数组

NumPy 模块的 array( )方法可以生成多维数组。例如，如果要生成一个二维数组，需要向 array( )方法传递一个列表类型的参数。每一个列表元素是一维的 ndarray 类型数组，作为二维数组的行。另外，通过 ndarray 类的 shape 属性可以获得数组每一维的元素个数（元组形式），也可以通过 shape[n]形式获得每一维的元素个数，其中 n 是维度，从 0 开始。

语法格式如下：

```
numpy.array(object,dtype=None,copy=True,order=None,subok=False,ndmin=0)
```

注意，使用 NumPy 模块的 array( )方法，需要导入 NumPy 库，一般在方法前要写入：

```
import numpy as np
```

array( )方法的参数说明见表 14-2。

表 14-2　array( )方法的参数说明

名　　称	描　　述
object	数组或嵌套的数列
dtype	数组元素的数据类型，可选
copy	对象是否需要复制，可选
order	创建数组的样式，C 为行方向，F 为列方向，A 为任意方向（默认）
subok	默认返回一个与基类类型一致的数组
ndmin	指定生成数组的最小维度

【例 14-1】创建一维数组。

程序代码如下：

```
import numpy as np
b=np.array([1,2,3,4,5,6])
print(b)
print('b 数组的维度: ',b.shape)
```

程序运行结果如下：

```
[1 2 3 4 5 6]
```

b 数组的维度: (6,)

【例 14-2】 创建二维数组。

程序代码如下:

```
import numpy as np
a=np.array([[1,2,3],[4,5,6],[7,8,9]])
print(a)
print('a 数组的维度:',a.shape)
```

程序运行结果如下:

```
[[1 2 3]
 [4 5 6]
 [7 8 9]]
a 数组的维度:(3,3)
```

【例 14-3】 ndmin 参数的使用。

程序代码如下:

```
import numpy as np
#指定生成数组的最小维度
a=np.array([1,2,3,4,5,6],ndmin=3)
print(a)
```

程序运行结果如下:

```
[[[1 2 3 4 5 6]]]
```

【例 14-4】 dtype 参数的使用。

程序代码如下:

```
import numpy as np
#指定数组元素的数据类型，可选
a=np.array([1,2,3,4,5,6],dtype=complex)
print(a)
```

程序运行结果如下:

```
[1.+0.j 2.+0.j 3.+0.j 4.+0.j 5.+0.j 6.+0.j]
```

2. 用 arange( )函数创建数组

使用 arange( )函数创建数值范围并返回 ndarray 对象，语法格式如下:

```
numpy.arange(start,stop,step,dtype)
```

arange( )函数的参数及说明见表 14-3。

表 14-3 arange( )函数的参数及说明

参　　数	描　　述
start	起始值，默认为 0
stop	终止值（不包含）
step	步长，默认为 1
dtype	返回 ndarray 的数据类型，如果没有提供，则会使用输入数据的类型

【例 14-5】 arange( )函数测试环境安装。

程序代码如下:

```
import numpy as np
a=np.arange(10)
print(a)
print(type(a))
```

程序运行结果如下:

```
[0 1 2 3 4 5 6 7 8 9]
```

```
<class'numpy.ndarray'>
```

arange( )函数可以传入一个整数类型的参数 n，方法返回值看着像一个列表，其实返回值类型是 numpy.ndarray。这是 NumPy 中特有的数组类型。如果传入 arange( )函数的参数值是 n，那么 arange( )函数会返回 0 到 n−1 的 ndarray 类型的数组。

【例 14-6】利用 arange( )函数设置起始值、终止值及步长，生成实型数组。

程序代码如下：

```
import numpy as np
x=np.arange(10,20,2,dtype=float)
print(x)
```

程序运行结果如下：

```
[10. 12. 14. 16. 18.]
```

【例 14-7】使用 arange( )函数创建二维数组。

程序代码如下：

```
b=np.array([np.arange(1,4),np.arange(4,7),np.arange(7,10)])
print(b)
print('b 数组的维度: ',b.shape)
```

程序运行结果如下：

```
[[1 2 3]
[4 5 6]
[7 8 9]]
b 数组的维度: (3,3)
```

3．用随机数创建数组

（1）random( )方法

语法格式如下：

```
numpy.random.random(size=None)
```

该方法返回[0.0,1.0)范围的随机数，再用这些随机数组成数组。

【例 14-8】numpy.random.random(size=None)的使用。

程序代码如下：

```
#numpy.random.random(size=None)
#返回[0.0,1.0)范围的随机数
import numpy as np
x=np.random.random(size=4)
y=np.random.random(size=(3,4))
print(x)
print(y)
```

程序运行结果如下：

```
[0.60171473 0.4357272  0.75145961 0.38917019]
[[0.96370287 0.14989674 0.57623459 0.44847703]
 [0.19691232 0.60182064 0.51199975 0.37978267]
 [0.2390207  0.54767436 0.77210892 0.85747043]]
```

（2）randint( )方法

```
numpy.random.randint(low, high=None, size=None )
```

该方法有三个参数：low、high、size。

默认 high 是 None，如果只有 low，那范围就是[0,low)。如果有 high，范围就是[low,high)。size 是输出随机数的尺寸，比如 size = (m * n * k)则输出同规模即 m * n * k 个随机数。默认是 None 的，仅仅返回满足要求的单一随机数。

【例 14-9】numpy.random.randint( )的使用。

程序代码如下:

```
import numpy as np
#numpy.random.randint()的使用
#生成[0,low)范围的10个随机整数
x=np.random.randint(5,size=10)
#生成[low,high)范围的10个随机整数
y=np.random.randint(5,10,size=10)
#生成[low,high)范围的2行4列的随机整数
z=np.random.randint(5,10,size=(2,4))
```

程序运行结果如下:

```
>>> print(x)
[1 0 3 4 2 2 2 2 4 0]
>>> print(y)
[5 9 6 5 6 7 5 7 6 7]
>>> print(z)
[[7 8 5 7]
 [5 7 9 5]]
```

（3）randn()方法

语法格式如下:

```
numpy.random.randn(d0,d1,…,dn)
```

randn()方法返回一个或一组样本，具有标准正态分布（期望为0，方差为1）。

【例14-10】numpy.random.randn()的使用。

程序代码如下:

```
#randn方法返回一个或一组样本，具有标准正态分布
import numpy as np
x=np.random.randn()
y=np.random.randn(2,4)
z=np.random.randn(2,3,4)
```

程序运行结果如下:

```
>>> print(x)
0.5792348940772821
>>> print(y)
[[-0.99178576 -0.48532146  0.18805684  1.19615151]
 [ 1.15025574 -0.23890839  2.32953344 -1.08045808]]
>>> print(z)
[[[ 0.08236951  0.90449662  0.92662723 -0.42187427]
  [-0.90149142 -1.10661428  0.5942532   0.65091988]
  [-0.36317539  0.89596184  0.5595381   0.11235969]]

 [[-0.58276575 -0.69623342  0.27179459 -0.45904835]
  [ 0.46671965  0.74198876  0.80642631 -0.30073992]
  [-0.21409789  0.19236312  0.66842956  0.57947446]]]
```

（4）normal()方法

```
np.random.normal(loc,scale,size)
```

normal()方法指定期望和方差的正态分布。

正态分布（高斯分布）loc：期望；scale：方差；size：形状。

```
>>> print(np.random.normal(loc=3,scale=4,size=(2,2,3)))
```

程序运行结果如下:

```
[[[ 4.88140107  4.62354736  0.08371183]
  [ 8.4224766   4.92596893  9.92544841]]

 [[ 2.61584097 -1.98944655  0.7949159 ]
```

```
[ 1.96421008 -5.5966007   2.65857396]]]
```

4. 其他方式创建

ndarray 数组除了可以使用底层 ndarray 构造器来创建外,也可以通过以下几种方式来创建。

（1）zeros( )方法

zeros( )方法创建指定大小的数组,数组元素以 0 来填充,格式如下:

```
numpy.zeros(shape,dtype=float,order='C')
```

【例14-11】zeros( )创建数组。

程序代码如下:

```
import numpy as np
x=np.zeros(5)
print(x)
#设置类型为整数
y=np.zeros((5,),dtype=int)
print(y)
z=np.zeros((2,2))
print(z)
```

程序运行结果如下:

```
[0. 0. 0. 0. 0.]
[0 0 0 0 0]
[[0. 0.]
 [0. 0.]]
```

（2）ones( )方法

ones( )方法创建指定形状的数组,数组元素以 1 来填充,格式如下:

```
numpy.ones(shape,dtype=None,order='C')
```

【例14-12】ones( )创建数组。

程序代码如下:

```
import numpy as np
x=np.ones(5)
print(x)
y=np.ones((3,4),dtype=int)
print(y)
```

程序运行结果如下:

```
[1. 1. 1. 1. 1.]
[[1 1 1 1]
 [1 1 1 1]
 [1 1 1 1]]
```

（3）empty( )方法

empty( )方法用来创建一个指定形状（shape）、数据类型（dtype）且未初始化的数组,里面的元素的值是之前内存的值,格式如下:

```
numpy.empty(shape,dtype=float,order='C')
```

empty( )方法参数及说明见表 14-4。

表 14-4　empty( )方法参数及说明

参　　数	描　　述
shape	数组形状
dtype	数据类型,可选
order	有"C"和"F"两个选项,分别代表行优先和列优先,在计算机内存中的存储元素的顺序

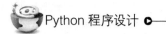

empty( )方法创建数组的方法如下：

```
>>> x=np.empty([3,2],dtype=int)
>>> print(x)
[[0 1]
[2 3]
[4 5]]
```

（4）linspace( )方法

linspace( )方法用于创建一个一维数组。数组是一个等差数列构成的，格式如下：

```
np.linspace(start,stop,num=50,endpoint=True,retstep=False,dtype=None)
```

linspace( )方法参数及说明见表 14-5。

表 14-5　linspace( )方法参数及说明

参　　数	描　　述
start	序列的起始值
stop	序列的终止值，如果 endpoint 为 True，该值包含于数列中
num	要生成的等步长的样本数量，默认为 50
endpoint	该值为 True 时，数列中包含 stop 值，反之不包含，默认是 True
retstep	如果为 True 时，生成的数组中会显示间距，反之不显示
dtype	ndarray 的数据类型

使用 linspace( )方法创建等差数列：

```
>>> x=np.linspace(1,10,10)
>>> print(x)
[1. 2. 3. 4. 5. 6. 7. 8. 9. 10.]
```

【例 14-13】linspace( )方法创建等差数列。

程序代码如下：

```
import numpy as np
#linspace 创建等差数列 endpoint 设为 True
x=np.linspace(10,20,5,endpoint=True)
#linspace 创建等差数列 endpoint 设为 True, retstep=True
y=np.linspace(10,20,5,endpoint=True,retstep=True)
print("xarr".center(20,'*'))
print(x)
print("yarr 属性".center(20,'*'))
print(y)
```

程序运行结果如下：

```
********xarr********
[10.  12.5 15.  17.5 20. ]
*******yarr 属性*******
(array([10. , 12.5, 15. , 17.5, 20. ]), 2.5)
```

（5）logspace( )方法

logspace( )方法用于创建一个等比数列。格式如下：

```
np.logspace(start,stop,num=50,endpoint=True,base=10.0,dtype=None)
```

logspace( )方法参数及说明见表 14-6。

表 14-6　logspace( )方法参数及说明

参　　数	描　　述
start	序列的起始值为：base**start

续上表

参　　数	描　　述
stop	序列的终止值为：base**stop。如果 endpoint 为 True，该值包含于数列中
num	要生成的等步长的样本数量，默认为 50
endpoint	该值为 True 时，数列中包含 stop 值，反之不包含，默认是 True
base	对数 log 的底数
dtype	ndarray 的数据类型

使用 logspace( )方法创建等比数列：

```
>>> x=np.logspace(0,9,10,base=2)
>>> print(x)
[1. 2. 4. 8. 16. 32. 64. 128. 256. 512.]
```

14.1.3　切片和索引

ndarray 对象的内容可以通过索引或切片来访问和修改，与 Python 中 list 的切片操作一样。ndarray 数组可以基于 0~n 的下标进行索引，并设置 start、stop 及 step 参数进行，从原数组中切割出一个新数组。

【例 14-14】一维数组切片和索引的使用。

程序代码如下：

```
import numpy as np
x=np.arange(10)
y=x[2:7:2]
z=x[2:]
print(x)
print(y)
print(z)
```

程序运行结果如下：

```
[0 1 2 3 4 5 6 7 8 9]
[2 4 6]
[2 3 4 5 6 7 8 9]
```

【例 14-15】根据索引直接获取。

程序代码如下：

```
import numpy as np
x=np.arange(1,16)
a=x.reshape(3,5)
print("数组元素")
print(a)
print("获取第二行")
print(a[1])
print("获取第三行第二列")
print(a[2][1])
```

程序运行结果如下：

```
数组元素
[[1 2 3 4 5]
 [6 7 8 9 10]
 [11 12 13 14 15]]
获取第二行
[6 7 8 9 10]
获取第三行第二列
12
```

【例 14-16】二维数组切片的使用。

程序代码如下：

```
import numpy as np
x=np.arange(1,16)
a=x.reshape(3,5)
print("数组元素")
print(a)
#使用索引获取
print("所有行的第二列")
print(a[:,1])
print("奇数行的第一列")
print(a[::2,0])
```

程序运行结果如下：

```
数组元素
[[1 2 3 4 5]
[6 7 8 9 10]
[11 12 13 14 15]]
所有行的第二列
[2 7 12]
奇数行的第一列
[1 11]
```

【例 14-17】使用坐标获取数组[x,y]。

程序代码如下：

```
import numpy as np
x=np.arange(1,16)
a=x.reshape(3,5)
print("数组元素")
print(a)
#使用坐标获取数组[x,y]
print("获取第三行第二列")
print(a[2,1])
print("同时获取第三行第二列，第二行第一列")
print(np.array((a[2,1],a[1,0])))
print(a[(2,1),(1,0)])
```

程序运行结果如下：

```
数组元素
[[1 2 3 4 5]
[6 7 8 9 10]
[11 12 13 14 15]]
获取第三行第二列
12
同时获取第三行第二列，第二行第一列
[12 6]
[12 6]
```

【例 14-18】索引为负数来获取。

程序代码如下：

```
import numpy as np
x=np.arange(1,16)
a=x.reshape(3,5)
print("数组元素")
print(a)
print("获取最后一行")
print(a[-1])
print("行进行倒序")
```

```
print(a[::-1])
print('行列都倒序')
print(a[::-1,::-1])
```

程序运行结果如下：

```
数组元素
[[1 2 3 4 5]
[6 7 8 9 10]
[11 12 13 14 15]]
获取最后一行
[11 12 13 14 15]
行进行倒序
[[11 12 13 14 15]
[6 7 8 9 10]
[1 2 3 4 5]]
行列都倒序
[[15 14 13 12 11]
[10 9 8 7 6]
[5 4 3 2 1]]
```

所有切片取出来的数组，即使把它赋值给了新的变量，它仍是原来数组的视图。

14.1.4 数组常用操作

1. 列表与数组的相互转换

（1）numpy 数组转列表用 tolist( )方法

程序代码如下：

```
import numpy as np
x=np.arange(1,10)
list1=x.tolist()
print(x)
print(list1)
```

程序运行结果如下：

```
[1 2 3 4 5 6 7 8 9]
[1, 2, 3, 4, 5, 6, 7, 8, 9]
```

（2）列表转 numpy 数组用 array( )方法

程序代码如下：

```
import numpy as np
list1=list(range(9))
x=np.array(list1)
print(list1)
print(x)
```

程序运行结果如下：

```
[0, 1, 2, 3, 4, 5, 6, 7, 8]
[0 1 2 3 4 5 6 7 8]
```

2. 改变数组的维度

处理数组的一项重要工作就是改变数组的维度，包含提高数组的维度和降低数组的维度，还包括数组的转置。NumPy 提供的大量 API 可以很轻松地完成这些数组的操作。例如，通过 reshape( )方法可以将一维数组变成二维、三维或者多维数组。通过 ravel( )方法或 flatten( )方法可以将多维数组变成一维数组。改变数组的维度还可以直接设置 NumPy 数组的 shape 属性（元组类型），通过 resize( )方法也可以改变数组的维度。

【例 14-19】改变数组的维度。

程序代码如下：

```
import numpy as np
#创建一维的数组
a=np.arange(12)
print(a)
print("数组 a 的维度: ",a.shape)
print('-'*30)
#使用 reshape 将一维数组变成三维数组
b=a.reshape(2,2,3)
print(b)
print("数组 b 的维度: ",b.shape)
print('-'*30)
#将 a 变成二维数组
c=a.reshape(3,4)
print(c)
print("数组 c 的维度: ",c.shape)
print('-'*30)
#使用 ravel 函数将三维的 b 变成一维的数组
a1=b.ravel()
print(a1)
print('-'*30)
#使用 flatten 函数将二维的 c 变成一维的数组
a2=c.flatten()
print(a2)
print('-'*30)
```

程序运行结果如下：

```
[0 1 2 3 4 5 6 7 8 9 10 11]
数组 a 的维度: (12,)
------------------------------
[[[0 1 2]
[3 4 5]]
[[6 7 8]
[9 10 11]]]
数组 b 的维度: (2,2,3)
------------------------------
[[0 1 2 3]
[4 5 6 7]
[8 9 10 11]]
数组 c 的维度: (3,4)
------------------------------
[0 1 2 3 4 5 6 7 8 9 10 11]
------------------------------
[0 1 2 3 4 5 6 7 8 9 10 11]
------------------------------
```

3. 数组的拼接

（1）水平数组组合

通过 hstack() 方法可以将两个或多个数组水平组合起来形成一个数组，那么什么称为数组的水平组合。现在有两个 2×3 的数组 A 和 B。

数组 A：

0 1 2

3 4 5

数组 B：

6 7 8

9 10 11

使用 hstack( )方法将两个数组水平组合的代码如下：

```
>>> print(np.hstack((A,B)))
```

返回的结果：

```
[[ 0  1  2  6  7  8]
 [ 3  4  5  9 10 11]]
```

可以看到，数组 A 和数组 B 在水平方向首尾连接了起来，形成了一个新的数组。这就是数组的水平组合。多个数组进行水平组合的效果类似。但数组水平组合必须要满足一个条件，就是所有参与水平组合的数组的行数必须相同，否则进行水平组合会抛出异常。

（2）垂直数组组合

数组的垂直组合是通过 vstack( )方法可以将两个或多个数组垂直组合起来形成一个数组。上例中 2×3 的数组 A 和 B 使用 vstack( )方法进行垂直组合代码，格式如下：

```
>>> print(np.vstack((A,B)))
```

程序运行结果如下：

```
[[0 1 2]
 [3 4 5]
 [6 7 8]
 [9 10 11]]
```

数组的拼接方法见表 14-7。

表 14-7　数组的拼接方法

函　　数	描　　述
concatenate	连接沿现有轴的数组序列
hstack	水平堆叠序列中的数组（列方向）
vstack	竖直堆叠序列中的数组（行方向）

numpy.concatenate( )方法用于沿指定轴连接相同形状的两个或多个数组，格式如下：

```
numpy.concatenate((a1,a2,...),axis)
```

参数说明：a1,a2,...：相同类型的数组；axis：沿着它连接数组的轴，默认为 0。

【例 14-20】concatenate( )方法实现数组的拼接。

程序代码如下：

```
import numpy as np
a=np.array([[1,2,3],[4,5,6]])
print(a)
b=np.array([['a','b','c'],['d','e','f']])
print(b)
print(np.concatenate([a,b]))
print("垂直方向拼接相当于vstack")
print(np.concatenate([a,b],axis=0))
print("水平方向拼接相当于hstack")
print(np.concatenate([a,b],axis=1))
```

程序运行结果如下：

```
[[1 2 3]
 [4 5 6]]
[['a' 'b' 'c']
 ['d' 'e' 'f']]
[['1' '2' '3']
```

```
['4' '5' '6']
['a' 'b' 'c']
['d' 'e' 'f']]
垂直方向拼接相当于vstack
[['1' '2' '3']
['4' '5' '6']
['a' 'b' 'c']
['d' 'e' 'f']]
水平方向拼接 相当于hstack
[['1' '2' '3' 'a' 'b' 'c']
['4' '5' '6' 'd' 'e' 'f']]
```

14.1.5　数组的分隔

1. split 分隔

numpy.split( )方法沿特定的轴将数组分割为子数组，格式如下：

```
numpy.split(ary,indices_or_sections,axis)
```

参数说明：

ary：被分割的数组

indices_or_sections：如果是一个整数，就用该数平均切分，如果是一个数组，为沿轴切分的位置。

axis：沿着哪个维度进行切向，默认为 0，横向切分。为 1 时，纵向切分。

【例 14-21】split( )方法分隔一维数组。

程序代码如下：

```
import numpy as np
x=np.arange(1,14)
a=np.split(x,3)
print(a)
print(a[0])
print(a[1])
print(a[2])
#传递数组进行分隔
b=np.split(x,[3,7])
print(b)
```

程序运行结果如下：

```
[array([1,2,3,4]),array([5,6,7,8]),array([9,10,11,12])]
[1 2 3 4]
[5 6 7 8]
[9 10 11 12]
[array([1,2,3]),array([4,5,6,7]),array([8,9,10,11,12])]
```

【例 14-22】split( )方法分隔二维数组。

程序代码如下：

```
import numpy as np
#创建二维数组
a=np.array([[1,2,3],[4,5,6],[11,12,13],[14,15,16]])
print("axis=0 垂直方向平均分隔")
r=np.split(a,2,axis=0)
print(r[0])
print(r[1])
print("axis=1 水平方向按位置分隔")
r=np.split(a,[2],axis=1)
print(r)
```

程序运行结果如下：

```
axis=0垂直方向平均分隔
[[1 2 3]
[4 5 6]]
[[11 12 13]
[14 15 16]]
axis=1水平方向按位置分隔
[array([[1,2],
[4,5],
[11,12],
[14,15]]),
array([[3],
[6],
[13],
[16]])]
```

2．水平分隔

分隔数组与组合数组一样，也分为水平分隔数组和垂直分隔数组。水平分隔数组与水平组合数组对应。水平组合数组是将两个或多个数组水平进行收尾相接，而水平分隔数组是将已经水平组合到一起的数组再分开。

使用 hsplit( )方法可以水平分隔数组，该方法有两个参数，第一个参数表示待分隔的数组，第二个参数表示要将数组水平分隔成几个小数组。

【例 14-23】hsplit( )方法分隔二维数组。

程序代码如下：

```
import numpy as np
grid=np.arange(16).reshape(4,4)
a,b=np.hsplit(grid,2)      #把grid水平分隔成两个数组分别赋值给a,b
print(a)
print(b)
```

程序运行结果如下：

```
[[0 1]
[4 5]
[8 9]
[12 13]]

[[2 3]
[6 7]
[10 11]
[14 15]]
```

3．垂直分隔数组

垂直分隔数组是垂直组合数组的逆过程。垂直组合数组是将两个或多个数组垂直进行首尾相接，而垂直分隔数组是将已经垂直组合到一起的数组再分开。使用 vsplit( )方法可以垂直分隔数组。该方法有两个参数，第一个参数表示待分隔的数组，第二个参数表示将数组垂直分隔成几个小数组。

【例 14-24】vsplit( )函数分隔二维数组。

程序代码如下：

```
import numpy as np
grid=np.arange(16).reshape(4,4)
a,b=np.vsplit(grid,[3])
print(a)
```

```
print('*'*30)
print(b)
print('*'*30)
a,b,c=np.vsplit(grid,[1,3])
print(a)
print('*'*30)
print(b)
print('*'*30)
print(c)
```

程序运行结果如下：

```
[[0 1 2 3]
 [4 5 6 7]
 [8 9 10 11]]
******************************
[[12 13 14 15]]
******************************
[[0 1 2 3]]
******************************
[[4 5 6 7]
 [8 9 10 11]]
******************************
[[12 13 14 15]]
```

4. 数组转置

transpose( )方法能够对二维数组进行转置操作。

【例 14-25】 transpose( )方法进行数组转置。

程序代码如下：

```
import numpy as np
#transpose 进行转置
#二维转置
a=np.arange(1,14).reshape(2,6)
print("原数组 a")
print(a)
print("转置后的数组")
print(a.transpose())
```

程序运行结果如下：

```
原数组 a
[[1 2 3 4 5 6]
 [7 8 9 10 11 12]]
转置后的数组
[[1 7]
 [2 8]
 [3 9]
 [4 10]
 [5 11]
 [6 12]]
```

14.1.6 通用函数

通用函数（即 ufunc）是一种对 ndarray 中的数据执行元素级运算的函数。可以将其看做简单函数（接收一个或多个标量值，并产生一个或多个标量值）的矢量化包装器。其意义是可以像执行标量运算一样执行数组运算，本质是通过隐式的循环对各个位置依次进行标量运算。只不过这里的隐式循环交由底层 C 语言实现，因此相比直接用 Python 循环实现，ufunc 语法更为简洁、效率更为高效。

许多 ufunc 都是简单的元素级变体，如 sqrt 和 exp，代码如下：

```
>>> import numpy as np
>>> arr=np.arange(10)
>>> arr
array([0, 1, 2, 3, 4, 5, 6, 7, 8, 9])
>>> np.sqrt(arr)
array([0.        , 1.        , 1.41421356, 1.73205081, 2.        ,
       2.23606798, 2.44948974, 2.64575141, 2.82842712, 3.        ])
>>> np.exp(arr)
array([1.00000000e+00, 2.71828183e+00, 7.38905610e+00, 2.00855369e+01,
       5.45981500e+01, 1.48414159e+02, 4.03428793e+02, 1.09663316e+03,
       2.98095799e+03, 8.10308393e+03])
```

这些是一元 ufunc。另外一些接收两个数组的，称为二元 ufunc，结果返回一个数组，如
add 和 maximum。

```
>>> x=np.random.randn(6)
>>> x
array([-2.22270578, -0.19292161,  1.21245744, -1.94339919, -2.38746311,
       -0.19214712])
>>> y=np.random.randn(6)
>>> y
array([-0.91225961, -2.5510086 , -0.30606961, -0.16274894,  0.40119081,
       -0.34026201])
>>> np.add(x,y)
array([-3.14496539, -2.74393021,  0.90638783, -2.10614814, -1.9862723 ,
       -0.53239914])
>>> np.maximum(x,y)
array([-0.91225961, -0.19292161,  1.21245744, -0.16274894,  0.40119081,
       -0.19214712])
```

表 14-8 和表 14-9 分别列出了一些一元和二元 ufunc。

表 14-8　一元 ufunc

函　　数	说　　明
abs、fabs	计算整数、浮点数或复数的绝对值。对于非复数值，可以使用更快的 fabs
sqlrt	计算各元素的算术平方根。相当于 arr**0.5
square	计算各元素的平方。相当于 arr**2
exp	计算各元素的指数 ex
log、log10、log2、log1p	分别为自然对数（底数为 e）、底数为 10 的 log、底数为 2 的 log、log(1+x)
sign	计算各元素的正负号：1（正数）、0（零）、–1（负数）
ceil	计算各元素的 ceiling 值，即大于等于该值的最小整数
floor	计算各元素的 floor 值，即小于等于该值的最大整数
rint	将各元素值四舍五入到最接近的整数，保留 dtype
modf	将数组的小数和整数部分以两个独立数组的形式返回
isnan	返回一个表示"哪些值是 NaN（这不是一个数字）"的布尔值数组
isfinite、isinf	分别返回一个表示"哪些元素是有穷的（非 inf，非 NaN）"或"哪些元素是无穷的"的布尔值数组
cos、cosh、sin、sinh、tan、tanh	普通型和双曲型三角函数
arccos、arccosh、arcsin、arcsinh、arctan、arctanh	反三角函数
logical_not	计算各元素 not x 的真值，相当于 –arr

表 14-9　二元 ufunc

函　　数	说　　明
add	将数组中对应的元素相加
subtract	从第一个数组中减去第二个数组中的元素
multiply	数组元素相乘
divide、floor_divide	除法或向下整除法（丢弃余数）
power	对第一个数组中的元素 A，根据第二个数组中的相应元素 B，计算 A 的 B 次方
maximum、fmax	元素级的最大值运算。fmax 将忽略 NaN
minimum、fmin	元素级的最小值运算。fmin 将忽略 NaN
mod	元素级的求模运算（除法的余数）
copysign	将第二个数组中的值的符合复制个第一个数组中的值
greater、greater_equal、less、less_equal、equal、not_equal	执行元素级的比较运算，最终产生布尔型数组。相当于运算符>、>=、<、<=、==、!=
logical_and、logical_or、logical_xor	执行元素级的真值逻辑运算。相当于逻辑运算符&、|、^

1. 算术函数

如果参与运算的两个对象都是 ndarray，并且形状相同，那么会对位彼此之间进行（+、-、*、/）运算。NumPy 算术函数包含简单的加减乘除：add( )、subtract( )、multiply( )和 divide( )。

【例 14-26】算术函数的使用。

程序代码如下：

```
import numpy as np
a=np.arange(9,dtype=np.float).reshape(3,3)
b=np.array([10,10,10])
print("第一个数组")
print(a)
print("第二个数组")
print(b)
print("两数组进行加法运算 add")
print(np.add(a,b))
print("两数组进行加法运算+")
print(a+b)
print("两数组进行减法运算 substract")
print(np.subtract(a,b))
print("两数组进行减法运算-")
print(a-b)
print("两数组进行乘法运算 multiply")
print(np.multiply(a,b))
print("两数组进行乘法运算*")
print(a*b)
print("两数组进行除法运算 divide")
print(np.divide(a,b))
print("两数组进行除法运算/")
print(a/b)
```

程序运行结果如下：

```
第一个数组
[[0. 1. 2.]
 [3. 4. 5.]
 [6. 7. 8.]]
第二个数组
```

```
[10 10 10]
两数组进行加法运算add
[[10. 11. 12.]
 [13. 14. 15.]
 [16. 17. 18.]]
两数组进行加法运算+
[[10. 11. 12.]
 [13. 14. 15.]
 [16. 17. 18.]]
两数组进行减法运算substract
[[-10. -9. -8.]
 [-7. -6. -5.]
 [-4. -3. -2.]]
两数组进行减法运算-
[[-10.-9.-8.]
 [-7.-6.-5.]
 [-4.-3.-2.]]
两数组进行乘法运算multiply
[[0. 10. 20.]
 [30. 40. 50.]
 [60. 70. 80.]]
两数组进行乘法运算*
[[0. 10. 20.]
 [30. 40. 50.]
 [60. 70. 80.]]
两数组进行除法运算divide
[[0. 0. 10. 2]
 [0. 30. 40. 5]
 [0. 60. 70. 8]]
两数组进行除法运算/
[[0. 0. 10. 2]
 [0. 30. 40. 5]
 [0. 60. 70. 8]]
```

2. 数学函数

（1）三角函数

NumPy 提供了标准的三角函数：sin( )、cos( )、tan( )。

【例14-27】三角函数的使用。

程序代码如下：

```
import numpy as np
a=np.array([0,30,45,60,90])
print("不同角度的正弦值: ")
#通过乘 pi/180 转化为弧度
print(np.sin(a*np.pi/180))
print("数组中角度的余弦值: ")
print(np.cos(a*np.pi/180))
print("数组中角度的正切值: ")
print(np.tan(a*np.pi/180))
```

程序运行结果如下：

```
不同角度的正弦值:
[0.          0.5          0.70710678 0.8660254  1.          ]
数组中角度的余弦值:
[1.00000000e+00 8.66025404e-01 7.07106781e-01 5.00000000e-01
 6.12323400e-17]
数组中角度的正切值:
[0.00000000e+00 5.77350269e-01 1.00000000e+00 1.73205081e+00
```

```
1.63312394e+16]
```

（2）取整函数

NumPy 提供的取整函数有：around( )、floor( )、ceil( )。

numpy.around( )函数返回指定数字的四舍五入值。

```
numpy.around(a,decimals)
```

参数说明如下：

a：数组。

decimals：舍入的小数位数，默认值为 0。如果为负，整数将四舍五入到小数点左侧的位置。

numpy.floor( )函数返回数字的下舍整数。

numpy.ceil( )函数返回数字的上入整数。

【例 14-28】around( )、floor( )、ceil( )函数的使用。

程序代码如下：

```
import numpy as np
a=np.array([1.0,4.55,123,0.567,25.532])
print("原数组: ")
print(a)
print("round 舍入后: ")
print(np.around(a))
print(np.around(a,decimals=1))
print(np.around(a,decimals=-1))
print("floor 向下取整: ")
print(np.floor(a))
print("ceil 向上取整: ")
print(np.ceil(a))
```

程序运行结果如下：

```
原数组:
[1.4.55123.0.56725.532]
round 舍入后:
[1.5.123.1.26.]
[1.4.6123.0.625.5]
[0.0.120.0.30.]
floor 向下取整:
[1.4.123.0.25.]
ceil 向上取整:
[1.5.123.1.26.]
```

（3）聚合函数

NumPy 提供了很多聚合函数，用于从数组中查找最小元素、最大元素、百分位标准差和方差等，具体见表 14-10。

numpy.median( )函数数组的中位数。偶数个元素的中位数是元素排序后中间的两个数的平均值，奇数个元素的中位数是元素排序后中间的元素。

【例 14-29】numpy.median( )函数的使用，计算中位数。

程序代码如下：

```
import numpy as np
a=np.array([4,2,1,5])
#计算偶数的中位数
print("偶数的中位数: ",np.median(a))
```

表 14-10　聚合函数

函 数 名	说　明
np.sum( )	求和
np.prod( )	所有元素相乘
np.mean( )	平均值
np.std( )	标准差
np.var( )	方差
np.median( )	中数
np.power( )	幂运算
np.sqrt( )	开方
np.min( )	最小值
np.max( )	最大值
np.argmin( )	最小值的下标
np.argmax( )	最大值的下标
np.inf	无穷大
np.exp(10)	以 e 为底的指数
np.log(10)	对数

```
a=np.array([4,2,1])
print("奇数个的中位数: ",np.median(a))
a=np.arange(1,16).reshape(3,5)
print("原来的数组")
print(a)
print("调用 median 函数")
print(np.median(a))
print("调用 median 函数, axis=1 行的中值")
print(np.median(a,axis=1))
print("调用 median 函数, axis=0 列的中值")
print(np.median(a,axis=0))
```

程序运行结果如下:

```
偶数的中位数: 3.0
奇数个的中位数: 2.0
原来的数组
[[ 1 2 3 4 5]
[ 6 7 8 9 10]
[11 12 13 14 15]]
调用 median 函数
8.0
调用 median 函数, axis=1 行的中值
[ 3. 8. 13.]
调用 median 函数, axis=0 列的中值
[6. 7. 8. 9. 10.]
```

numpy.mean( )函数返回数组中元素的算术平均值。如果提供了轴，则沿其计算。
算术平均值是沿轴的元素的总和除以元素的数量。

【例 14-30】numpy.mean( )函数的使用。

程序代码如下:

```
import numpy as np
a=np.arange(1,11).reshape(2,5)
print("原来的数组")
print(a)
print("调用 mean 函数")
print(np.mean(a))
print("调用 mean 函数 axis=0 列")
print(np.mean(a,axis=0))
print("调用 mean 函数 axis=1 行")
print(np.mean(a,axis=1))
```

程序运行结果如下:

```
原来的数组
[[ 1 2 3 4 5]
[ 6 7 8 9 10]]
调用 mean 函数
5.5
调用 mean 函数 axis=0 列
[3.5 4.5 5.5 6.5 7.5]
调用 mean 函数 axis=1 行
[3. 8.]
```

14.1.7 广播机制

广播机制是指执行 ufunc( )方法（即对应位置元素 1 对 1 执行标量运算）时，可以确保
在数组间形状不完全相同时也可以自动通过广播机制扩散到相同形状，进而执行相应的
ufunc( )方法。当然，这里的广播机制是有条件的。

条件很简单，即从两个数组的最后维度开始比较。如果该维度满足维度相等或者其中一个大小为 1，则可以实现广播。当然，维度相等时相当于未广播，所以严格地说广播仅适用于某一维度从 1 广播到 N。如果当前维度满足广播要求，则同时前移一个维度继续比较。为了直观理解这个广播条件，举个例子，下面的情况满足广播条件。

```
A  2d array: 5*4
B  1d array: 1
结果: 2d array: 5*4

X  3d array: 6*5*4
Y  2d array: 5*4
结果: 3d array 6*5*4
```

14.2　pandas

pandas 是 python+data+analysis 的组合缩写，是 Python 中基于 NumPy 和 matplotlib 的第三方数据分析库，与后两者共同构成了 Python 数据分析的基础工具包，享有数据分析三剑客之名。因为 pandas 是在 NumPy 基础上实现，其核心数据结构与 NumPy 的 ndarray 十分相似，但 pandas 与 NumPy 的关系不是替代，而是互为补充。

14.2.1　数据结构

pandas 核心数据结构有两种，即一维的 Series 和二维的 DataFrame，两者可以分别看作在 NumPy 一维数组和二维数组的基础上增加了相应的标签信息。正因如此，可以从以下角度理解 Series 和 DataFrame。

Series 和 DataFrame 分别是一维和二维数组，因为是数组，所以 NumPy 中关于数组的用法基本可以直接应用到这两个数据结构，包括数据创建、切片访问、通函数、广播机制等。

1. Series

Series 结构，也称 Series 序列，是 pandas 常用的数据结构之一，它是一种类似于一维数组的结构，由一组数据值（value）和一组标签组成，其中标签与数据值之间是一一对应的关系。Series 可以保存任何数据类型，比如整数、字符串、浮点数、Python 对象等。它的标签默认为整数，从 0 开始依次递增。Series 结构如图 14-1 所示。

（1）创建 Series 对象

图 14-1　Series 结构

pandas 使用 Series()方法来创建 Series 对象，通过这个对象可以调用相应的方法和属性，从而达到处理数据的目的，格式如下：

```
>>> import pandas as pd
>>> s=pd.Series(data, index, dtype, copy)
```

Series()方法的参数及说明见表 14-11。

表 14-11　Series( )方法的参数及说明

参 数 名 称	描　　述
data	输入的数据，可以是列表、常量、ndarray 数组等
index	索引值必须是唯一的，如果没有传递索引，则默认为 np.arange(n)
dtype	dtype 表示数据类型，如果没有提供，则会自动判断得出
copy	表示对 data 进行拷贝，默认为 False

可以使用数组、字典、标量值或者 Python 对象来创建 Series 对象。下面是创建 Series 对象的不同方法。

① ndarray 创建 Series 对象。

ndarray 是 NumPy 中的数组类型。当 data 是 ndarray 类型时，传递的索引必须具有与数组相同的长度。假如没有给 index 参数传参，在默认情况下，索引值将使用是 range(n)生成，其中 n 代表数组长度，如下所示：

```
[0,1,2,3,…, range(len(array))-1]
```

【例 14-31】使用默认索引，创建 Series 序列对象。

程序代码如下：

```
import pandas as pd
import numpy as np
data=np.array(['a','b','c','d'])
s1=pd.Series(data)
#自定义索引标签（即显示索引）
s2=pd.Series(data,index=[99,101,102,103])
print(s1)
print(s2)
```

程序运行结果如下：

```
0    a
1    b
2    c
3    d
dtype: object
99     a
101    b
102    c
103    d
dtype: object
```

② dict 创建 Series 对象。

可以把 dict 作为输入数据。如果没有传入索引时会按照字典的键来构造索引；反之，当传递了索引时需要将索引标签与字典中的值一一对应。

下面示例分别对上述两种情况做了演示。

【例 14-32】dict 创建 Series 对象。

程序代码如下：

```
import pandas as pd
import numpy as np
data={'a' : 0., 'b' : 1., 'c' : 2.}
s1=pd.Series(data)
s2=pd.Series(data,index=['b','c','d','a'])
print(s1)
print(s2)
```

程序运行结果如下：

```
a    0.0
b    1.0
c    2.0
dtype: float64
b    1.0
c    2.0
d    NaN
a    0.0
```

```
dtype: float64
```

（2）访问 Series 对象中元素

访问 Series 序列中元素分为两种方式，一种是位置索引访问；另一种是索引标签访问。

① 位置索引访问。

位置索引访问与 ndarray 和 list 相同，使用元素自身的下标进行访问。我们知道数组的索引计数从 0 开始，这表示第一个元素存储在第 0 个索引位置上，以此类推，就可以获得 Series 序列中的每个元素。下面看一组简单的示例。

```
import pandas as pd
s=pd.Series([1,2,3,4,5],index=['a','b','c','d','e'])
print(s[0])        #位置下标
print(s['b'])      #标签下标
```

程序运行结果如下：

```
1
2
```

【例 14-33】通过切片的方式访问 Series 序列中的数据。

代码如下：

```
import pandas as pd
s=pd.Series([1,2,3,4,5],index=['a','b','c','d','e'])
print(s[:3])
```

程序运行结果如下：

```
a    1
b    2
c    3
```

② 索引标签访问。

Series 类似于固定大小的 dict，把 index 中的索引标签当做 key，而把 Series 序列中的元素值当作 value，然后通过 index 索引标签来访问或者修改元素值。

【例 14-34】使用索引标签访问元素值。

程序代码如下：

```
import pandas as pd
s=pd.Series([6,7,8,9,10],index=['a','b','c','d','e'])
print(s['a'])
print(s[['a','c','d']])
```

程序运行结果如下：

```
6
a    6
c    8
d    9
dtype: int64
```

2. DataFrame

DataFrame 是一个表格型的数据结构，它含有一组有序的列，每列可以是不同的值类型（数值、字符串、布尔型值）。DataFrame 既有行索引也有列索引，它可以被看作由 Series 组成的字典（共同用一个索引）。DataFrame 的数据结构如图 14-2 所示。

DataFrame 构造方法如下：

```
pandas.DataFrame( data, index, columns, dtype, copy)
```

参数说明：

data：一组数据（ndarray、series、map、lists、dict 等类型）。

index：索引值，或者可以称为行标签。

columns：列标签，默认为 RangeIndex (0, 1, 2, …, n)。

dtype：数据类型。

copy：拷贝数据，默认为 False。

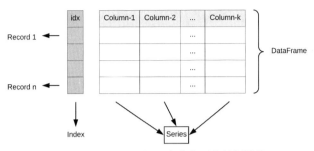

图 14-2　DataFrame 是一个表格型的数据结构

（1）创建 DataFrame

① 使用列表创建。

【例 14-35】使用列表创建 DataFrame。

程序代码如下：

```
import pandas as pd
data=[['Google',10.],['Runoob',12.],['Wiki',14.]]
df=pd.DataFrame(data,columns=['Name','Age'])
print(df)
```

程序运行结果如下：

```
    Name   Age
0   Google  10.0
1   Runoob  12.0
2   Wiki   14.0
```

② 使用 ndarrays 创建。

【例 14-36】使用 ndarrays 创建 DataFrame。

程序代码如下：

```
import pandas as pd
data=[{'a': 1, 'b': 2},{'a': 5, 'b': 10, 'c': 20}]
df=pd.DataFrame(data)
print (df)
```

程序运行结果如下：

```
   a   b    c
0  1   2   NaN
1  5  10  20.0
```

没有对应的部分数据为 NaN。

③ 使用字典创建。

【例 14-37】使用字典创建 DataFrame。

程序代码如下：

```
import pandas as pd
data={'Name':['Google', 'Runoob', 'Wiki'], 'Age':[10, 12, 14]}
df=pd.DataFrame(data)
print (df)
```

程序运行结果如下：

```
    Name  Age
```

```
0  Google  10
1  Runoob  12
2   Wiki   14
```

④ Series 创建 DataFrame 对象。

可以传递一个字典形式的 Series，从而创建一个 DataFrame 对象，其运行结果的行索引是所有 index 的合集。

【例 14-38】用 Series 创建 DataFrame 对象。

程序代码如下：

```
import pandas as pd
d={'one' : pd.Series([1, 2, 3], index=['a', 'b', 'c']), 'two' : pd.Series([1, 2, 3, 4], index=['a', 'b', 'c', 'd'])}
df=pd.DataFrame(d)
print(df)
```

程序运行结果如下：

```
   one  two
a  1.0   1
b  2.0   2
c  3.0   3
d  NaN   4
```

（2）访问 DataFrame

① 列索引操作 DataFrame。

【例 14-39】用列索引操作 DataFrame。

程序代码如下：

```
import pandas as pd
d={'one' : pd.Series([1, 2, 3], index=['a', 'b', 'c']),  'two' : pd.Series([1, 2, 3, 4], index=['a', 'b', 'c', 'd'])}
df=pd.DataFrame(d)
#使用列索引选取数据
print(df ['one'])
#使用 df['列']=值，插入新的数据列
df['three']=pd.Series([10,20,30],index=['a','b','c'])
print(df)
#将已经存在的数据列做相加运算
df['four']=df['one']+df['three']
print(df)
```

程序运行结果如下：

```
d   NaN
Name: one, dtype: float64
   one  two  three
a  1.0   1   10.0
b  2.0   2   20.0
c  3.0   3   30.0
d  NaN   4    NaN
   one  two  three  four
a  1.0   1   10.0   11.0
b  2.0   2   20.0   22.0
c  3.0   3   30.0   33.0
d  NaN  4   NaN    NaN
```

② 行索引操作 DataFrame。

pandas 可以使用 loc 属性返回指定行的数据。如果没有设置索引，第一行索引为 0，第二行索引为 1，以此类推。

【例 14-40】 用行索引操作 DataFrame。

程序代码如下:

```python
import pandas as pd
d={'one' : pd.Series([1, 2, 3], index=['a', 'b', 'c']),
   'two' : pd.Series([1, 2, 3, 4], index=['a', 'b', 'c', 'd'])}
df=pd.DataFrame(d)
#将行标签传递给 loc 函数，来选取数据
print(df.loc['b'])
#将数据行所在的索引位置传递给 iloc 函数，实现数据行选取
print (df.iloc[2])
#使用切片的方式同时选取多行
print(df[2:4])
```

程序运行结果如下:

```
one    2.0
two    2.0
Name: b, dtype: float64
one    3.0
two    3.0
Name: c, dtype: float64
   one  two
c  3.0    3
d  NaN    4
```

14.2.2 数据读/写

当使用 pandas 做数据分析时，需要读取事先准备好的数据集，这是做数据分析的第一步。pandas 提供了多种读取数据的方法。

① read_csv( )用于读取文本文件。

② read_json( )用于读取 json 文件。

③ read_excel( )读取 Excel 表格中的数据。

下面将对上述方法进行详细介绍。

1. CSV 文件

CSV 又称逗号分隔值文件，是一种简单的文件格式，以特定的结构来排列表格数据。CSV 文件能够以纯文本形式存储表格数据，比如电子表格、数据库文件，并具有数据交换的通用格式。CSV 文件会在 Excel 文件中被打开，其行和列都定义了标准的数据格式。

将 CSV 中的数据转换为 DataFrame 对象是非常便捷的。和一般文件读/写不一样，它不需要做打开文件、读取文件、关闭文件等操作。相反，只需要一行代码就可以完成上述所有步骤，并将数据存储在 DataFrame 中。

下面进行实例演示，首先需要创建一组数据，并将其保存为 CSV 格式，数据如下:

```
Name,Hire Date,Salary,Leaves Remaining
John Idle,08/15/14,50000.00,10
Smith Gilliam,04/07/15,65000.00,6
Parker Chapman,02/21/14,45000.00,7
Jones Palin,10/14/14,70000.00,3
Terry Gilliam,07/22/14,48000.00,9
Michael Palin,06/28/14,66000.00,8
```

注意: 将上述数据保存到.txt 的文本文件中，然后将文件的扩展名后缀修改为 csv，即可完成 CSV 文件的创建。

下面介绍读/写数据的方法。

（1）读取 CSV 文件

read_csv()方法表示从 CSV 文件中读取数据，并创建 DataFrame 对象。

语法格式如下：

```
pd.read_csv(filepath, sep=',', header='infer')
```

read_csv 方法的参数多达 49 个，我们只介绍常用的几个参数：

filepath：有效的文件路径。

sep：用来指定数据中列之间的分隔符的，接收一个 str 对象。默认分隔符为逗号。

header：如果数据中包含表头，或者说列名，这个参数用来指定表头在数据中的行号。接收一个 int 对象或者由 int 构成的列表对象。默认值是 infer。如果没有指定 names 参数，infer 就等价于 header=0。

【例 14-41】从 CSV 文件中读取数据。

程序代码如下：

```
import pandas as pd
#仅仅一行代码就完成了数据读取，但是注意文件路径不要写错
df=pd.read csv('C:/Users/Administrator/Desktop/hrd.csv')
print(df)
```

程序运行结果如下：

```
        Name Hire Date  Salary  Leaves Remaining
0      John Idle  08/15/14  50000.0                10
1  Smith Gilliam  04/07/15  65000.0                 6
2  Parker Chapman 02/21/14  45000.0                 7
3    Jones Palin  10/14/14  70000.0                 3
4  Terry Gilliam  07/22/14  48000.0                 9
5  Michael Palin  06/28/14  66000.0                 8
```

（2）写入 CSV 文件

pandas 提供的 to_csv()方法用于将 DataFrame 转换为 CSV 数据。

语法格式如下：

```
dt.to_csv( filepath, sep=',', na_rep='NA', columns, header=0, index=0)
```

参数说明：

filepath：有效的文件路径。

sep：用来指定数据中列之间的分隔符的。

na_rep：替换空值为 NA，默认为空。

columns：需要保存的列的列表。

header：是否保留列名，值为 0，不保存。

index：是否保存行索引，值为 0，不保存。

如果想要把 CSV 数据写入文件，只需向函数传递一个文件对象即可。否则 CSV 数据将以字符串格式返回。

【例 14-42】向 CSV 文件中写入数据。

程序代码如下：

```
import pandas as pd
data={'Name': ['Smith', 'Parker'], 'ID': [101, 102], 'Language': ['Python',
'JavaScript']}
info=pd.DataFrame(data)
print('DataFrame Values:\n', info)
```

```
#转换为 csv 数据
csv_data=info.to_csv("C:/Users/Administrator/Desktop/hrd1.csv")
```

2. Excel 文件读/写

Excel 对于数据的处理、分析、可视化有其独特的优势，可以显著提升我们的工作效率。但是，当数据量非常大时，Excel 的劣势就暴露出来了，比如，操作重复、数据分析难等问题。pandas 提供了操作 Excel 文件的函数，可以很方便地处理 Excel 表格。

（1）读取 Excel 表格中的数据

读取 Excel 表格中的数据，可以使用 read_excel 方法，其语法格式如下：

```
pd.read excel(io, sheet name=0, header=0, names=None, index col=None, usecols=
None, squeeze=False,dtype=None, engine=None, converters=None, true values=None,
false values=None, skiprows=None, nrows=None, na values=None, parse dates=False,
date parser=None, thousands=None, comment=None, skipfooter=0, convert float=True,
**kwds)
```

表 14-12 对 read_excel( ) 常用参数做了说明。

表 14-12　read_excel( ) 常用参数说明

参 数 名 称	说　明
io	表示 Excel 文件的存储路径
sheet_name	要读取的工作表名称
header	指定作为列名的行，默认 0，即取第一行的值为列名；若数据不包含列名，则设定 header=None。若将其设置为 header=2，则表示将前两行作为多重索引
names	一般适用于 Excel 缺少列名，或者需要重新定义列名的情况；names 的长度必须等于 Excel 表格列的长度，否则会报错
index_col	用做行索引的列，可以是工作表的列名称，如 index_col='列名'，也可以是整数或者列表
usecols	int 或 list 类型，默认为 None，表示需要读取所有列
squeeze	boolean，默认为 False，如果解析的数据只包含一列，则返回一个 Series
converters	规定每一列的数据类型
skiprows	接受一个列表，表示跳过指定行数的数据，从头部第一行开始
nrows	需要读取的行数
skipfooter	接受一个列表，省略指定行数的数据，从尾部最后一行开始

【例 14-43】 从 Excel 文件中读取数据。

程序代码如下：

```
import pandas as pd
#读取excel数据,"姓名"列为索引列,显示前3行,跳过第2行
df=pd.read excel('C:/Users/Administrator/Desktop/test.xlsx',index col='姓名',
nrows=3,skiprows=[2])
print(df)
```

程序运行结果如下：

```
姓名      班（年级）     考试成绩        平时          总评
邓千里    会计学19-01    86      49.199014   71.279606
卓静      会计学19-01    88      50.000000   72.800000
赵昕      会计学19-01    93      74.175211   85.470085
```

（2）向 Excel 表格中写入数据

通过 to_excel( ) 函数可以将 Dataframe 中的数据写入 Excel 文件。

如果想要把单个对象写入 Excel 文件，那么必须指定目标文件名；如果想要写入多张工

作表中，则需要创建一个带有目标文件名的 ExcelWriter 对象，并通过 sheet_name 参数依次指定工作表的名称。

to_excel( )语法格式如下：

```
DataFrame.to excel(excel writer, sheet name='Sheet1', na rep='', float format=
None, columns=None, header=True, index=True, index label=None, startrow=0, startcol=
0, engine=None, merge cells=True, encoding=None, inf rep='inf', verbose=True,
freeze_panes=None)
```

表 14-13 列出 to_excel( )函数的常用参数项。

表 14-13　to_excel( )常用参数说明

参 数 名 称	描 述 说 明
excel_wirter	文件路径或者 ExcelWrite 对象
sheet_name	指定要写入数据的工作表名称
na_rep	缺失值的表示形式
float_format	它是一个可选参数，用于格式化浮点数字符串
columns	指要写入的列
header	写出每一列的名称，如果给出的是字符串列表，则表示列的别名
index	表示要写入的索引
index_label	引用索引列的列标签。如果未指定，并且 hearder 和 index 均为 True，则使用索引名称。如果 DataFrame 使用 MultiIndex，则需要给出一个序列
startrow	初始写入的行位置，默认值 0。表示引用左上角的行单元格来储存 DataFrame
startcol	初始写入的列位置，默认值 0。表示引用左上角的列单元格来储存 DataFrame
engine	它是一个可选参数，用于指定要使用的引擎，可以是 openpyxl 或 xlsxwriter

【例 14-44】向 Excel 文件中写入数据。

程序代码如下：

```
import pandas as pd
#创建 DataFrame 数据
d={'one' : pd.Series([1, 2, 3], index=['a', 'b', 'c']), 'two' : pd.Series([1,
2, 3, 4], index=['a', 'b', 'c', 'd'])}
df=pd.DataFrame(d)
#创建 ExcelWrite 对象
writer=pd.ExcelWriter('myexcel.xlsx')
df.to excel(writer)
writer.save()
print("输出成功")
```

3. JSON 文件

JSON（JavaScript Object Notation 的缩写，即 JavaScript 对象表示法）是存储和交换文本信息的语法，类似 XML。

JSON 比 XML 更小、更快，更易解析，pandas 可以很方便的处理 JSON 数据。

本文以 sites.json 为例，内容如下：

```
[ { "id": "A001", "name": "郑州轻工业大学", "url": "www.zzuli.edu.cn", "likes":
151 }, { "id": "A002", "name": "郑州大学", "url": "www. zzu.edu.cn ", "likes": 124 },
{ "id": "A003", "name": "河南大学", "url": "www. henu.edu.cn ", "likes": 110 } ]
```

可以通过 read_json( )方法来读取文件。

语法格式如下：

```
pd.read_json(filepath)
```

参数说明：

filepath：json 文件路径。

【例 14-45】从 JSON 文件中读取数据。

程序代码如下：

```
import pandas as pd
data=pd.read_json('C:/Users/Administrator/Desktop/sites.json')
print(data.to_string())
```

程序运行结果如下：

```
     id      name               url  likes
0  A001   郑州轻工业大学   www.zzuli.edu.cn    151
1  A002     郑州大学    www. zzu.edu.cn    124
2  A003     河南大学    www. henu.edu.cn    110
```

to_string( )用于返回 DataFrame 类型的数据。

也可以使用 to_json( )方法把数据写入文件，语法格式如下：

```
df.to_json(filepath)
```

参数说明：

filepath：json 文件路径。

上例中的 DataFrame 对象 data 写入文件 newsites.json 的语句如下：

```
data.to_json('C:/Users/Administrator/Desktop/newsites.json')
```

14.2.3 数据处理

pandas 最为强大的功能是数据处理和分析，可独立完成数据分析前的绝大部分数据预处理需求，简单归纳来看，主要可分为以下几个方面：

1. 数据清洗

数据处理中的清洗工作主要包括对空值、重复值和异常值的处理。

（1）空值处理

判断空值：isna( )方法或 isnull( )方法，两者等价，用于判断一个 Series 或 DataFrame 各元素值是否为空的 bool 结果。需注意对空值的界定：即 None 或 numpy.nan 才算空值，而空字符串、空列表等则不属于空值。类似地，notna( )方法和 notnull( )方法则用于判断是否非空。

填充空值：fillna( )方法，按一定策略对空值进行填充，如常数填充、向前/向后填充等，也可通过 inplace 参数确定是否本地更改。

删除空值：dropna( )方法，删除存在空值的整行或整列，可通过 axis 设置，也包括 inplace 参数。

（2）重复值处理

检测重复值：duplicated( )方法，检测各行是否重复，返回一个行索引的 bool 结果，可通过 keep 参数设置保留第一行/最后一行/无保留，例如 keep=first 意味着在存在重复的多行时，首行被认为是合法的而可以保留。

删除重复值：drop_duplicates( )方法，按行检测并删除重复的记录，也可通过 keep 参数设置保留项。由于该方法默认是按行进行检测，如果存在某个需要按列删除，则可以先转置再执行该方法。

（3）异常值处理

判断异常值的标准依赖具体分析数据，所以这里仅给出两种处理异常值的可选方法。

删除：drop( )方法，接收参数在特定轴线执行删除一条或多条记录，可通过 axis 参数设置是按行删除还是按列删除。

替换：replace( )方法，非常强大的功能，对 Series 或 DataFrame 中每个元素执行按条件替换操作，还可开启正则表达式功能。

本文使用到的测试数据见表 14-14。

表 14-14　测试数据表

PID	ST_NUM	ST_NAME	OWN_O	NUM_BR	NUM_BATH	SQ_FT
100001000	104	PUTNAM	Y	3	1	1000
100002000	197	LEXINGTON	N	3	1.5	--
100003000	--	LEXINGTON	N	n/a	1	850
100004000	201	BERKELEY	12	1	NaN	700
100005000	203	BERKELEY	Y	3	2	1600
100006000	207	BERKELEY	Y	NA	1	800
100007000	NA	WASHINGTON	--	2	HURLEY	950
100008000	214	TREMONT	Y	1	1	--
100009000	215	TREMONT	Y	na	2	1800

表 14-14 中包含四种空数据：

- n/a
- NA
- —
- na

如果我们要删除包含空字段的行，可以使用 dropna( )方法，语法格式如下：

```
DataFrame.dropna(axis=0, how='any', thresh=None, subset=None, inplace=False)
```

参数说明：

axis：默认为 0，表示逢空值剔除整行，如果设置参数 axis＝1 表示逢空值去掉整列。

how：默认为"any"如果一行（或一列）里任何一个数据有出现 NA 就去掉整行，如果设置 how='all'一行（或列）都是 NA 才去掉这整行。

thresh：设置需要多少非空值的数据才可以保留下来的。

subset：设置想要检查的列。如果是多个列，可以使用列名的 list 作为参数。

inplace：如果设置 True，将计算得到的值直接覆盖之前的值并返回 None，修改的是源数据。

【例 14-46】要删除包含空字段的行。

程序代码如下：

```
import pandas as pd
df=pd.read_csv('C:/Users/Administrator/Desktop/property-data.csv')
new_df=df.dropna()
print(new_df.to_string())

#要修改源数据 DataFrame，可以使用 inplace=True 参数
#df.dropna(inplace=True)

#移除指定列有空值的行
```

```
#df.dropna(subset=['ST NUM'], inplace=True)

#以 fillna() 方法来替换一些空字段为 1234
#df.fillna(12345, inplace=True)

#使用 12345 替换 PID 为空数据
#df['PID'].fillna(12345, inplace=True)

#使用 mean() 方法（或 median()方法计算列的中位数，mode()方法计算列的众数）计算列的均值
并替换空单元格
#x = df["ST NUM"].mean()
#df["ST_NUM"].fillna(x, inplace=True)
```

程序运行结果如下：

	PID	ST NUM	ST NAME	OWN O NUM	BR NUM	BATH	SQ FT
0	100001000.0	104.0	PUTNAM	Y 3	1		1000
1	100002000.0	197.0	LEXINGTON	N 3	1.5		--
8	100009000.0	215.0	TREMONT	Y na	2		1800

注意：默认情况下，dropna()方法返回一个新的 DataFrame，不会修改源数据。

如果要修改源数据 DataFrame，可以使用 inplace=True 参数。

【例 14-47】清洗重复数据。

程序代码如下：

```
import pandas as pd
persons={
  "name": ['Google', 'QQ', 'QQ', 'Taobao'],
  "age": [70, 60,60,80]}
df=pd.DataFrame(persons)
df.drop duplicates(inplace=True)
print(df)
```

程序运行结果如下：

```
    name  age
0  Google   70
1     QQ   60
3  Taobao   80
```

【例 14-48】清洗错误数据。

程序代码如下：

```
#本例中 age 值错误，设置条件修改错误值
import pandas as pd
person={ "name": ['林冲', '晁盖' , '宋江'], "age": [50, 200, 12345]}
df=pd.DataFrame(person)
for x in df.index:
  if df.loc[x, "age"] > 100:
    df.loc[x, "age"]=100
print(df.to_string())
```

程序输出结果如下：

```
  name  age
0  林冲   50
1  晁盖  100
2  宋江  100
```

2. 数值计算

由于 pandas 是在 NumPy 的基础上实现的，所以 NumPy 的常用数值计算操作在 pandas 中
也适用。

通用函数 ufunc，即可以像操作标量一样对 Series 或 DataFrame 中的所有元素执行同一操作，这与 NumPy 的特性是一致的，例如前文提到的 replace 函数，本质上可算作是通用函数。

广播机制，即当维度或形状不匹配时，会按一定条件广播后计算。由于 pandas 是带标签的数组，所以在广播过程中会自动按标签匹配进行广播，而非类似 NumPy 那种纯粹按顺序进行广播。例如，下面例 14-49 中执行一个 DataFrame 和 Series 相乘，虽然两者维度不等、大小不等、标签顺序也不一致，但仍能按标签匹配得到预期结果。

【例 14-49】数值计算。

程序代码如下：

```
import pandas as pd
#各班各课程平均分
df=pd.DataFrame(data=[[100, 90, 80], [80, 78, 87]], index=['一班', '二班'],
columns=['数学平均分', '语文平均分', '英语平均分'])
#班级人数
sr=pd.Series(data=[20,10,15],index=['一班','三班','二班'])
#根据各班各课程平均分和班级人数求总分
df1=df.mul(sr,axis=0)
print('*'*30)
print(df)
print('*'*30)
print(sr)
print('*'*30)
print(df1)
```

程序运行结果如下：

```
******************************
     数学平均分   语文平均分   英语平均分
一班      100       90       80
二班       80       78       87
******************************
一班      20
三班      10
二班      15
dtype: int64
******************************
     数学平均分     语文平均分   英语平均分
一班   2000.0    1800.0   1600.0
三班     NaN       NaN      NaN
二班   1200.0    1170.0   1405.0
```

3. 数据转换

在处理特定值时可用 replace( ) 方法对每个元素执行相同的操作，然而 replace( ) 方法一般仅能用于简单的替换操作，所以 pandas 还提供了更为强大的数据转换方法 map( )，适用于 Series 对象，功能与 Python 中的普通 map 函数类似，即对给定序列中的每个值执行相同的映射操作。不同的是 Series 中的 map 接口的映射方式既可以是一个函数，也可以是一个字典。

【例 14-50】数据转换。

程序代码如下：

```
import pandas as pd
df=pd.DataFrame(data=[[100, 90, 80], [80, 78, 87]], index=['一班', '二班'],
columns=['数学平均分', '语文平均分', '英语平均分'])
print(df)
#字典转换
print(df['数学平均分'].map({100:'满分',90:'优秀',80:'良好'}))
```

```
#用函数实现修改一列的值
print(df['语文平均分'].map(lambda x:x+5))
```

程序运行结果如下：

```
      数学平均分  语文平均分  英语平均分
一班      100      90      80
二班       80      78      87
一班      满分
二班      良好
Name: 数学平均分, dtype: object
一班       95
二班       83
Name: 语文平均分, dtype: int64
```

4. 合并与拼接

pandas 中又一个重量级数据处理功能是对多个 DataFrame 进行合并与拼接，对应 SQL 中两个非常重要的操作：union 和 join。pandas 完成这两个功能主要依赖以下方法：

concat( )方法：与 NumPy 中的 concatenate 类似，但功能更为强大，可通过一个 axis 参数设置是横向或者拼接，要求非拼接轴向标签唯一（例如沿着行进行拼接时，要求每个 df 内部列名是唯一的，但两个 df 间可以重复，毕竟有相同列才有拼接的实际意义）。

merge( )方法：完全类似于 SQL 中的 join 语法，仅支持横向拼接，通过设置连接字段，实现对同一记录的不同列信息连接，支持 inner、left、right 和 outer 四种连接方式，但只能实现 SQL 中的等值连接。

join( )方法：语法和功能与 merge( )方法一致，不同的是 merge( )方法既可以用 pandas 接口调用，也可以用 DataFrame 对象接口调用，而 join( )方法则只适用于 DataFrame 对象接口。

append( )方法：concat( )方法执行 axis=0 时的一个简化接口，类似列表的 append 函数。

一样实际上，concat( )方法通过设置 axis=1 也可实现与 merge( )方法类似的效果，两者的区别在于：merge( )方法允许连接字段重复，类似一对多或者多对一连接，此时将产生笛卡尔积结果；而 concat( )方法则不允许重复，仅能一对一拼接。

【例 14-51】合并与拼接。

程序代码如下：

```
import pandas as pd
df1=pd.DataFrame(data=[[100, 90, 80], [80, 78, 87]], index=['一班', '二班'],
columns=['数学平均分', '语文平均分', '英语平均分'])
df2=pd.DataFrame(data=[[70, 80, 90], [60, 88, 95]], index=['三班', '四班'],
columns=['数学平均分', '语文平均分', '英语平均分'])
print(df1)
print(df2)
df3=pd.concat([df1,df2],join='outer',axis=1,sort=True)
df4=pd.merge(df1,df2,how='outer',left index=True,right index=True,sort=True)
print(df3)
print('*'*30)
print(df4)
```

程序运行结果如下：

```
      数学平均分  语文平均分  英语平均分
一班      100      90      80
二班       80      78      87
      数学平均分  语文平均分  英语平均分
三班       70      80      90
四班       60      88      95
      数学平均分  语文平均分  英语平均分  数学平均分  语文平均分  英语平均分
```

一班	100.0	90.0	80.0	NaN	NaN	NaN
三班	NaN	NaN	NaN	70.0	80.0	90.0
二班	80.0	78.0	87.0	NaN	NaN	NaN
四班	NaN	NaN	NaN	60.0	88.0	95.0

```
************************************
```

	数学平均分 x	语文平均分 x	英语平均分 x	数学平均分 y	语文平均分 y	英语平均分 y
一班	100.0	90.0	80.0	NaN	NaN	NaN
三班	NaN	NaN	NaN	70.0	80.0	90.0
二班	80.0	78.0	87.0	NaN	NaN	NaN
四班	NaN	NaN	NaN	60.0	88.0	95.0

通过设置参数，concat 和 merge 实现相同效果

14.2.4　数据分析

pandas 通过丰富的接口，可实现大量的统计需求，包括 Excel 和 SQL 中的大部分分析过程，在 pandas 中均可实现。

1. 基本统计量

pandas 内置了丰富的统计接口，同时又包括一些常用统计信息的集成接口。

info( )方法：展示行标签、列标签以及各列基本信息，包括元素个数和非空个数及数据类型等。

head( )/tail( )方法：从头/尾抽样指定条数记录。

describe( )方法：展示数据的基本统计指标，包括计数、均值、方差、四分位数等，还可接收一个百分位参数列表展示更多信息。

count( )方法、value_counts( )方法：前者既适用于 Series 也适用于 DataFrame，用于按列统计个数，实现忽略空值后的计数；而 value_counts( )方法则仅适用于 Series，执行分组统计，并默认按频数高低执行降序排列，在统计分析中很有用。

unique( )方法、nunique( )方法：也是仅适用于 Series 对象，统计唯一值信息，前者返回唯一值结果列表，后者返回唯一值个数（numberofunique）。

程序代码如下：

```
>>> sr=pd.Series(['A','A','B'])
>>> sr.unique()
array(['A', 'B'], dtype=object)
>>> sr.nunique()
2
```

sort_index( )方法、sort_values( )方法：既适用于 Series 也适用于 DataFrame。sort_index( )方法是对标签列执行排序，如果是 DataFrame 可通过 axis 参数设置是对行标签还是列标签执行排序；sort_values( )方法是按值排序，如果是 DataFrame 对象，也可通过 axis 参数设置排序方向是行还是列，同时根据 by 参数传入指定的行或者列，可传入多行或多列并分别设置升序降序参数，非常灵活。另外，在标签列已经命名的情况下，sort_values( )方法可通过 by 标签名实现与 sort_index( )方法相同的效果。

【例 14-52】DataFrame 对象基本统计。

程序代码如下：

```
import pandas as pd
df=pd.DataFrame(data=[['张宇','一班',100,90,80],['刘焕','二班',80,78,87],['
张威','一班',83, 86, 67],['冯雷','二班',81, 84, 77]], columns=['姓名','班级','高数
', '计算机', '英语'])
print(df.describe()) #数据的基本统计指标
```

```
print(df.sort_values(by='英语',ascending=False))   #按照英语列的降序排序
```

程序运行结果如下：

```
              高数    计算机    英语
count     4.000000    4.0    4.000000
mean     86.000000   84.5   77.750000
std       9.416298    5.0    8.301606
min      80.000000   78.0   67.000000
25%      80.750000   82.5   74.500000
50%      82.000000   85.0   78.500000
75%      87.250000   87.0   81.750000
max     100.000000   90.0   87.000000

   姓名   班级    高数   计算机   英语
1  刘焕   二班    80     78    87
0  张宇   一班   100     90    80
3  冯雷   二班    81     84    77
2  张威   一班    83     86    67
```

2. 分组聚合

pandas 的另一个强大的数据分析功能是分组聚合以及数据透视表，前者堪比 SQL 中的 groupby，后者媲美 Excel 中的数据透视表。

groupby( )方法

类比 SQL 中的 groupby 功能，即按某一列或多列执行分组。一般而言，分组的目的是为了后续的聚合统计。所有 groupby 函数一般不单独使用，而需要级联其他聚合函数共同完成特定需求，例如分组求和、分组求均值等。级联其他聚合函数的方式一般有两种：单一的聚合需求用 groupby+聚合函数即可；复杂的大量聚合则可借用 agg( )函数。agg( )函数接收多种参数形式作为聚合函数，功能更为强大。

【例 14-53】DataFrame 对象分组统计。

程序代码如下：

```
import pandas as pd
df=pd.DataFrame(data=[['张宇','一班',100, 90, 80], ['刘焕','二班',80, 78, 87],
['张威','一班',83, 86, 67],['冯雷','二班',81, 84, 77]], columns=['姓名','班级','高
数', '计算机', '英语'])
df1=df.groupby('班级').agg({'高数':'sum','计算机':'count','英语':'mean'})
print(df1)
```

程序运行结果如下：

```
      高数   计算机    英语
班级
一班   183     2    73.5
二班   161     2    82.0
```

14.2.5 数据可视化

pandas 集成了 matplotlib 中的常用可视化图形接口，可通过 Series 和 DataFrame 两种数据结构面向对象的接口方式简单调用。

两种数据结构作图，区别仅在于 Series 是绘制单个图形，而 DataFrame 则是绘制一组图形，且在 DataFrame 绘图结果中以列名为标签自动添加 legend。另外，均支持两种形式的绘图接口。

① plot 属性+相应绘图接口，如 plot.bar( )用于绘制条形图。

② plot( )方法并通过传入 kind 参数选择相应绘图类型，如 plot(kind='bar')。

【例 14-54】DataFrame 对象的数据可视化。

程序代码如下：

```
import pandas as pd
import matplotlib.pyplot as plt
plt.rcParams["font.sans-serif"]=["SimHei"] #设置字体
df=pd.DataFrame(data=[['张宇','一班',100, 90, 80], ['刘焕','二班',80, 78, 87],
['张威','一班',83, 86, 67],['冯雷','二班',81, 84, 77]], columns=['姓名','班级','高
数', '计算机', '英语'])
df.set index('姓名',inplace=True)# 建立索引并生效
df.plot(kind='bar') #输出柱状图
plt.show()
df['计算机'].plot() #输出折线图
plt.show()
```

输出结果如图 14-3 和图 14-4 所示。

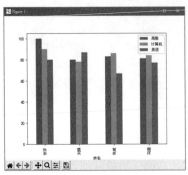

图 14-3　各科成绩柱状图

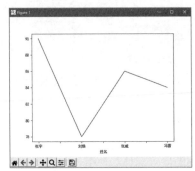

图 14-4　计算机成绩折线图

不过，pandas 绘图中仅集成了常用的图表接口，更多复杂的绘图需求往往还需依赖
matplotlib 或者其他可视化库。

 习　　题

程序设计题

1. 创建一个从 11 到 45 的数组，然后反转数组。

2. 一个维度为(5,5,3)的数组，如何将其与维度为(5,5)的数组相乘？（Broadcasting 规则，参考如下代码）

```
import numpy as np
x=np.random.randint(0,10,(5,5,3))
y=np.random.randint(0,10,(5,5))
y=y.reshape(5,5,1)
print(x*y)
```

3. 请利用 pandas 来生成一个三行一列的列向量（series），列向量的行标是 a,b,c，每列的值是 1,2,3。

4. 请利用 pandas 来把两个三行一列的列向量合并成一个六行一列的列向量。

5. 请利用 pandas 生成一个三行三列的单位矩阵（DataFrame），矩阵的行标是 a,b,c，矩阵的列标是 e,f,g。

6. 从网址 https://www.gairuo.com/file/data/dataset/team.xlsx 下载数据集 team.xlsx，从该 Excel 文件中读取数据到 DataFrame 对象中，尝试对 DataFrame 对象进行数据统计和分析，并进行可视化。

数据可视化 matplotlib ‹‹‹

第 15 章

matplotlib 是 Python 中最受欢迎的数据可视化软件包之一，支持跨平台运行，它是 Python 常用的 2D 绘图库，同时它也提供了一部分 3D 绘图接口。matplotlib 通常与 NumPy、pandas 一起使用，是数据分析与数据可视化中不可或缺的重要工具之一。

【本章知识点】

- 设置图表属性
- 绘制多子图
- 绘制图表

15.1 绘图入门

matplotlib 是 Python 中类似 MATLAB 的绘图工具，由子库 Pyplot 提供了一套面向对象绘图的 API，它可以轻松地配合 Python GUI 工具包（比如 PyQt、WxPython、Tkinter）在应用程序中嵌入图形。与此同时，它也支持以脚本的形式在 Python、IPython Shell、Jupyter Notebook 以及 Web 应用的服务器中使用。

1. Pyplot 子库

Pyplot 包含一系列绘图函数的相关函数，每个函数会对当前的图像进行一些修改，例如，给图像加上标记，生新的图像，在图像中产生新的绘图区域等。

使用的时候，可以使用 import 导入 Pyplot 库，并设置一个别名 plt，格式如下：

```
import matplotlib.pyplot as plt
```

这样就可以使用 plt 来引用 Pyplot 子库的方法。

（1）调用 figure( )创建一个绘图对象

```
plt.figure(figsize=(9,5))
```

调用 figure( )可以创建一个绘图对象，也可以不创建绘图对象直接调用 plot( )方法绘图，matplotlib 会自动创建一个绘图对象。

figsize 参数指定绘图对象的宽度和高度，为每英寸多少像素，默认值为 100。本章所创建的图表窗口的宽度为 900 像素，高度为 500 像素。

（2）通过调用 plot( )方法在当前的绘图对象中进行绘图

【例 15-1】通过两个坐标(0,0)到(6,50)来绘制一条线。

程序代码如下：

```
import matplotlib.pyplot as plt
import numpy as np
plt.figure(figsize=(9,5))
xpoints=np.array([0, 6])
```

```
ypoints=np.array([0, 50])
plt.plot(xpoints, ypoints)
plt.show()
```

输出结果如图 15-1 所示。

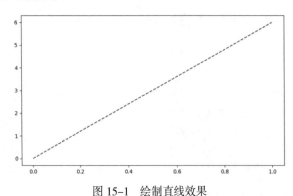

图 15-1　绘制直线效果

以上实例中我们使用了 Pyplot 的 plot( )函数，plot( )函数是绘制二维图形的最基本函数。plot( )用于画图它可以绘制点和线，语法格式如下：

```
# 画单条线
plot([x], y, [fmt], *, data=None, **kwargs)
# 画多条线
plot([x], y, [fmt], [x2], y2, [fmt2],..., **kwargs)
```

参数说明：

x, y：点或线的节点，x 为 x 轴数据，y 为 y 轴数据，数据可以列表或数组。

fmt：可选，定义基本格式（如颜色、标记和线条样式）。

**kwargs：可选，用在二维平面图上，设置指定属性，如标签、线的宽度等。

```
>>> plot(x, y)          #创建 y 中数据与 x 中对应值的二维线图，使用默认样式
>>> plot(x, y, 'b--')   #创建 y 中数据与 x 中对应值的二维线图，使用蓝色虚线绘制
```

颜色字符："b"代表蓝色，"m"代表洋红色，"g"代表绿色，"y"代表黄色，"r"代表红色，"k"代表黑色，"w"代表白色，"c"代表青绿色，"#008000"是 RGB 颜色符串。多条曲线不指定颜色时，会自动选择不同颜色。

线型参数："-"代表实线，"--"代表破折线，"-."代表点划线，":"代表虚线。

标记字符："."代表点标记，","代表像素标记（极小点），"o"代表实心圈标记，"v"代表倒三角标记，"^"代表上三角标记，">"代表右三角标记，"<"代表左三角标记，等等。

如果我们只想绘制两个坐标点，而不是一条线，可以使用 o 参数，表示一个实心圈的标记：我们也可以绘制任意数量的点，只需确保两个轴上的点数相同即可。

绘制一条不规则线，坐标为(1,4)、(4,8)、(6,1)、(5,10)，对应的两个数组为：[1, 4, 6, 5] 与 [4, 8, 1, 10]。

【例 15-2】绘制一条不规则线。

程序代码如下：

```
import matplotlib.pyplot as plt
import numpy as np
xpoints=np.array([1, 4, 6, 5])
```

```
ypoints=np.array([4, 8, 1, 10])
plt.plot(xpoints, ypoints)
plt.show()
```

输出结果如图 15-2 所示。

2. 绘图标记

绘图过程如果我们想要给坐标自定义一些不一样的标记，就可以使用 plot( )方法的 marker 参数来定义。

以下实例定义了实心圆标记。

【例 15-3】添加绘图标记。

程序代码如下：

```
import matplotlib.pyplot as plt
import numpy as np
ypoints=np.array([1,3,2,7,9,6,1,3,4,5,3,4])
plt.plot(ypoints, marker='o')
plt.show()
```

输出结果如图 15-3 所示。

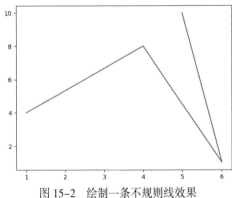

图 15-2 绘制一条不规则线效果

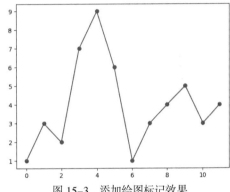

图 15-3 添加绘图标记效果

marker 可以定义的符号如："*" "." "x" "+" "-" 等。

fmt 参数定义了基本格式，如标记、线条样式和颜色。

```
fmt='[marker][line][color]'
```

例如 o:r，o 表示实心圆标记，:表示虚线，r 表示颜色为红色。

【例 15-4】fmt 参数应用。

程序代码如下：

```
import matplotlib.pyplot as plt
import numpy as np
ypoints=np.array([3, 2, 16, 12])
plt.plot(ypoints, 'o:r',ms=15)
plt.show()
```

输出结果如图 15-4 所示。

我们可以自定义标记的大小与颜色，使用的参数分别是：

● markersize，简写为 ms：定义标记的大小。

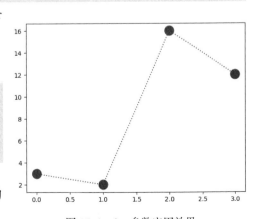

图 15-4 fmt 参数应用效果

- markerfacecolor，简写为 mfc：定义标记内部的颜色。
- markeredgecolor，简写为 mec：定义标记边框的颜色。

3．绘图线

绘图过程中可以自定义线的样式，包括线的类型、颜色和大小等。线的类型可以使用 linestyle 参数来定义，简写为 ls。线的类型如表 15-1 所示。

表 15-1　线的类型

类　　型	简　　写	说　　明
solid (默认)	'-'	实线
dotted	':'	点虚线
dashed	'--'	破折线
dashdot	'-.'	点划线
None	'' 或 ' '	不画线

线的颜色可以使用 color 参数来定义，简写为 c，颜色类型可以是"r""g""b"等

线的宽度可以使用 linewidth 参数来定义，简写为 lw，值可以是浮点数，如：1、3.0、4.69 等。

【例 15-5】自定义线的样式。

程序代码如下：

```
import matplotlib.pyplot as plt
import numpy as np
ypoints=np.array([5, 8, 15, 9])
plt.plot(ypoints, linestyle='dotted',c='g',lw=4)
plt.show()
```

输出结果如图 15-5 所示。

4．轴标签和标题

在图例中可以使用 xlabel( )和 ylabel( )方法来设置 x 轴和 y 轴的标签，使用 title( )方法来设置标题。把上例的图例加上轴标签和标题的方法如下：

【例 15-6】图例加轴标签和标题。

程序代码如下：

```
import matplotlib.pyplot as plt
import numpy as np
ypoints=np.array([5, 8, 15, 9])
plt.plot(ypoints, linestyle='dotted',c='g',lw=4)
plt.xlabel("x-label")
plt.ylabel("y-label")
plt.title("Line Style set")
plt.show()
```

输出结果如图 15-6 所示。

matplotlib 默认情况不支持中文，我们可以通过临时重写配置文件的方法，可以解决 matplotlib 显示中文乱码的问题，代码如下：

```
import matplotlib.pyplot as plt
plt.rcParams["font.sans-serif"]=["SimHei"]  #设置字体
plt.rcParams["axes.unicode_minus"]=False  #该语句解决图像中的"-"负号的乱码问题
```

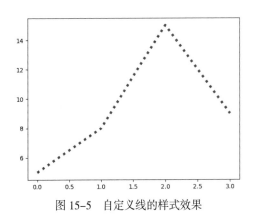

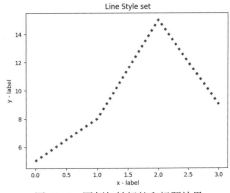

| 图 15-5 | 自定义线的样式效果 | 图 15-6 | 图例加轴标签和标题效果 |

标题与标签的定位：

title( )方法提供了 loc 参数来设置标题显示的位置，可以设置为"left""right""center"，默认值为"center"。

xlabel( )方法提供了 loc 参数来设置 x 轴显示的位置，可以设置为"left""right""center"，默认值为"center"。

ylabel( )方法提供了 loc 参数来设置 y 轴显示的位置，可以设置为"bottom""top""center"，默认值为"center"。

5. 网格线

可以使用 Pyplot 中的 grid( )方法来设置图表中的网格线。

grid( )方法语法格式如下：

```
matplotlib.pyplot.grid(b=None, which='major', axis='both',)
```

参数说明：

b：可选，默认为 None，可以设置布尔值，True 为显示网格线，False 为不显示，如果设置**kwargs 参数，则值为 True。

which：可选，可选值有"major""minor""both"，默认为"major"，表示应用更改的网格线。

axis：可选，设置显示哪个方向的网格线，可以是取"both"（默认），"x"或"y"，分别表示两个方向，x 轴方向或 y 轴方向。

**kwargs：可选，设置网格样式，可以是 color='r'，linestyle='-'和 linewidth=2，分别表示网格线的颜色、样式和宽度。

【例 15-7】添加一个简单的网格线，参数使用默认值。

程序代码如下：

```
import matplotlib.pyplot as plt
import numpy as np
plt.rcParams["font.sans-serif"]=["SimHei"] #设置字体
ypoints=np.array([5, 8, 15, 9])
plt.plot(ypoints, linestyle='dotted',c='g',lw=4)
plt.xlabel("x - label")
plt.ylabel("y - label")
plt.title("线型设置")
plt.grid()
plt.show()
```

输出结果如图 15-7 所示。

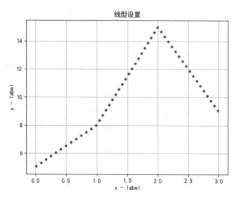

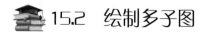

图 15-7　添加简单的网格线效果

15.2　绘制多子图

在 Pyplot 中可以使用 subplot( )和 subplots( )方法来绘制多个子图。

1. subplot( )

subpot( )方法在绘图时需要指定位置。subplots( )方法可以一次生成多个，在调用时只需要调用生成对象的 ax 即可。

subplot( )方法语法如下：

```
subplot(nrows, ncols, index, **kwargs)
subplot(pos, **kwargs)
subplot(**kwargs)
subplot(ax)
```

以上函数将整个绘图区域分成 nrows 行和 ncols 列，然后从左到右、从上到下的顺序对每个子区域进行编号 1...N，左上的子区域的编号为 1、右下的区域编号为 N，编号可以通过参数 index 来设置。

设置 numRows＝1，numCols＝2，就是将图表绘制成 1×2 的图片区域，对应的坐标为：

$(1, 1), (1, 2)$

plotNum＝1，表示的坐标为$(1, 1)$，即第一行第一列的子图。

plotNum＝2，表示的坐标为$(1, 2)$，即第一行第二列的子图。

【例 15-8】绘制多子图一。

程序代码如下：

```
import matplotlib.pyplot as plt
import numpy as np
#plot 1:
xpoints=np.array([0, 6])
ypoints=np.array([0, 50])
plt.subplot(1, 2, 1)
plt.plot(xpoints,ypoints)
plt.title("plot 1")
#plot 2:
x=np.array([1, 3, 5, 4])
y=np.array([1, 4, 8, 12])
plt.subplot(1, 2, 2)
plt.plot(x,y)
plt.title("plot 2")
plt.suptitle("Subplot Test")
```

```
plt.show()
```

输出结果如图 15-8 所示。

设置 numRows＝2，numCols＝2，就是将图表绘制成 2×2 的图片区域，对应的坐标为：

(1, 1), (1, 2)

(2, 1), (2, 2)

plotNum＝1，表示的坐标为(1, 1)，即第一行第一列的子图。

plotNum＝2，表示的坐标为(1, 2)，即第一行第二列的子图。

plotNum＝3，表示的坐标为(2, 1)，即第二行第一列的子图。

plotNum＝4，表示的坐标为(2, 2)，即第二行第二列的子图。

【例 15-9】绘制多子图二。

程序代码如下：

```
import matplotlib.pyplot as plt
import numpy as np
#plot 1:
xpoints=np.array([0, 6])
ypoints=np.array([0, 50])
plt.subplot(2, 2, 1)
plt.plot(xpoints,ypoints)
plt.title("plot 1")
#plot 2:
x=np.array([1, 3, 5, 4])
y=np.array([1, 4, 8, 12])
plt.subplot(2, 2, 2)
plt.plot(x,y)
plt.title("plot 2")
#plot 3:
x=np.array([1, 3, 7, 4])
y=np.array([3, 5, 6, 9])
plt.subplot(2, 2, 3)
plt.plot(x,y)
plt.title("plot 3")
#plot 4:
x=np.array([1, 2, 3, 4])
y=np.array([5, 7, 9, 11])
plt.subplot(2, 2, 4)
plt.plot(x,y)
plt.title("plot 4")
plt.suptitle("Subplot Test")
plt.show()
```

输出结果如图 15-9 所示。

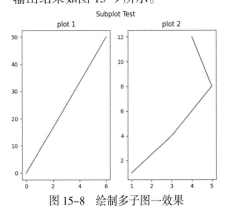

图 15-8 绘制多子图一效果

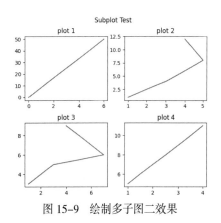

图 15-9 绘制多子图二效果

2．subplots( )

subplots( )方法语法格式如下：

```
pyplot.subplots(nrows=1, ncols=1, *, sharex=False, sharey=False, squeeze=True,
subplot_kw=None, gridspec_kw=None, **fig_kw)
```

参数说明：

nrows：默认为 1，设置图表的行数。

ncols：默认为 1，设置图表的列数。

sharex、sharey：设置 x、y 轴是否共享属性，默认为 False，可设置为"none"、"all"、"row"或"col"。False 或"none"：每个子图的 x 轴或 y 轴都是独立的；True 或"all"：所有子图共享 x 轴或 y 轴；"row"：设置每个子图行共享一个 x 轴或 y 轴；"col"：设置每个子图列共享一个 x 轴或 y 轴。

squeeze：布尔值，默认为 True，表示额外的维度从返回的 Axes（轴）对象中挤出，对于 N*1 或 1*N 个子图，返回一个一维数组，对于 N*M、N>1 和 M>1 返回一个二维数组。如果设置为 False，则不进行挤压操作，返回一个元素为 Axes 实例的二维数组，即使它最终是 1×1。

subplot_kw：可选，字典类型。把字典的关键字传递给 add_subplot( )来创建每个了图。

gridspec_kw：可选，字典类型。把字典的关键字传递给 GridSpec 构造函数创建子图放在网格里（grid）。

**fig_kw：把详细的关键字参数传给 figure( )函数。

【例 15-10】绘制多图表。

程序代码如下：

```
import numpy as np
#创建一些测试数据——图1
x=np.linspace(0, 2*np.pi, 400)
y=np.sin(x**2)
#创建一个画像和子图——图2
fig, ax=plt.subplots()
ax.plot(x, y)
ax.set title('Simple plot')
# 创建两个子图——图3
f, (ax1, ax2)=plt.subplots(1, 2, sharey=True)
ax1.plot(x, y)
ax1.set title('Sharing Y axis')
ax2.scatter(x, y)
plt.show()
```

输出结果如图 15-10 所示。

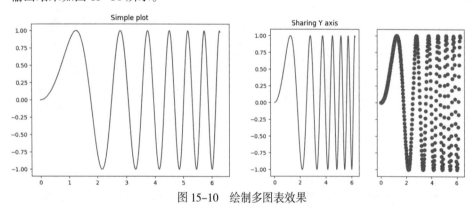

图 15-10　绘制多图表效果

15.3　绘制散点图

matplotlib 散点图可以使用 Pyplot 中的 scatter( )方法来绘制。scatter( )方法语法格式如下：

```
matplotlib.pyplot.scatter(x, y, s=None, c=None, marker=None, cmap=None,
norm=None, vmin=None, vmax=None, alpha=None, linewidths=None, *, edgecolors=None,
plotnonfinite=False, data=None, **kwargs)
```

参数说明：

x，y：长度相同的数组，也就是我们即将绘制散点图的数据点，输入数据。

s：点的大小，默认 20，也可以是个数组，数组每个参数为对应点的大小。

c：点的颜色，默认蓝色"b"，也可以是个 RGB 或 RGBA 二维行数组。

marker：点的样式，默认小圆圈"o"。

cmap：Colormap，默认 None，标量或者是一个 colormap 的名字，只有 c 是一个浮点数数组时才使用。如果没有申明就是 image.cmap。

norm：Normalize，默认 None，数据亮度在 0 ~ 1 之间，只有 c 是一个浮点数的数组时才使用。

vmin，vmax：亮度设置，在 norm 参数存在时会忽略。

alpha：透明度设置，0 ~ 1 之间，默认 None，即不透明。

linewidths：标记点的长度。

edgecolors：颜色或颜色序列，默认为"face"，可选值有"face"、"none"、None。

plotnonfinite：布尔值，设置是否使用非限定的 c(inf、–inf 或 nan)绘制点。

**kwargs：其他参数。

以下实例 scatter( )函数接收长度相同的数组参数，一个用于 x 轴的值，另一个用于 y 轴上的值。

【例 15-11】绘制散点图。

程序代码如下：

```
import matplotlib.pyplot as plt
import numpy as np
x=np.array([1, 2, 3, 4, 5, 6, 7])
y=np.array([1, 4, 9, 16, 7, 11, 18])
plt.scatter(x, y)
plt.show()
```

输出结果如图 15-11 所示。

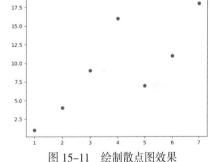

图 15-11　绘制散点图效果

15.4　绘制饼状图

绘制饼图可以使用 Pyplot 中的 pie( )方法。

pie( )方法语法格式如下：

```
matplotlib.pyplot.pie(x, explode=None, labels=None, colors=None, autopct=
None, pctdistance=0.6, shadow=False, labeldistance=1.1, startangle=0, radius=1,
counterclock=True, wedgeprops=None, textprops=None, center=0, 0, frame=False,
rotatelabels=False, *, normalize=None, data=None)[source]
```

参数说明：

x：浮点型数组，表示每个扇形的面积。

explode：数组，表示各个扇形之间的间隔，默认值为 0。

labels：列表，各个扇形的标签，默认值为 None。

colors：数组，表示各个扇形的颜色，默认值为 None。

autopct：设置饼图内各个扇形百分比显示格式，%d%%整数百分比，%0.1f 一位小数，%0.1f%%一位小数百分比，%0.2f%%两位小数百分比。

labeldistance：标签标记的绘制位置，相对于半径的比例，默认值为 1.1，如<1 则绘制在饼图内侧。

pctdistance：类似于 labeldistance，指定 autopct 的位置刻度，默认值为 0.6。

shadow：布尔值 True 或 False，设置饼图的阴影，默认为 False，不设置阴影。

radius：设置饼图的半径，默认为 1。

startangle：起始绘制饼图的角度，默认为从 x 轴正方向逆时针画起，如设定=90 则从 y 轴正方向画起。

counterclock：布尔值，设置指针方向，默认为 True，即逆时针，False 为顺时针。

wedgeprops：字典类型，默认值 None。参数字典传递给 wedge 对象用来画一个饼图。例如，wedgeprops={'linewidth':5}设置 wedge 线宽为 5。

textprops：字典类型，默认值为：None。传递给 text 对象的字典参数，用于设置标签（labels）和比例文字的格式。

center：浮点类型的列表，默认值为(0,0)。用于设置图标中心位置。

frame：布尔类型，默认值为 False。如果是 True，绘制带有表的轴框架。

rotatelabels：布尔类型，默认值为 False。如果为 True，旋转每个 label 到指定的角度。

以下实例我们使用 pie( )来创建一个饼图。

【例 15-12】绘制饼图。

程序代码如下：

```python
import matplotlib.pyplot as plt
import numpy as np
plt.rcParams["font.sans-serif"]=["SimHei"]#设置字体
y=np.array([45, 25, 15, 15])
plt.title("绘制饼图")
plt.pie(y,
        labels=['A','B','C','D'],    #设置饼图标签
        colors=["#d5695d", "#5d8ca8", "#65a479",
"#a564c9"],
                #设置饼图颜色
        explode=(0, 0.2,0,0),#第二部分突出显示，值
越大，距离中心越远
        autopct='%.2f%%',     #格式化输出百分比
        )
plt.show()
```

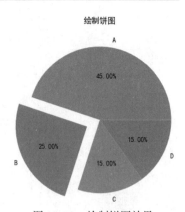

图 15-12　绘制饼图效果

输出结果如图 15-12 所示。

15.5 绘制柱状图

绘制柱形图的方法可以使用 Pyplot 中的 bar( )来实现。

bar( )方法语法格式如下：

```
matplotlib.pyplot.bar(x, height, width=0.8, bottom=None, *, align='center',
data=None, **kwargs)
```

参数说明：

x：浮点型数组，柱形图的 x 轴数据。

height：浮点型数组，柱形图的高度。

width：浮点型数组，柱形图的宽度。

bottom：浮点型数组，底座的 y 坐标，默认 0。

align：柱形图与 x 坐标的对齐方式。"center"指以 x 位置为中心，这是默认值。"edge"指将柱形图的左边缘与 x 位置对齐。要对齐右边缘的条形，可以传递负数的宽度值及 align='edge'。

**kwargs：其他参数。

以下实例我们简单实用 bar( )来创建一个柱形图。

【例 15-13】绘制柱状图。

程序代码如下：

```
import matplotlib.pyplot as plt
import numpy as np
plt.rcParams["font.sans-serif"]=["Sim
Hei"] #设置字体
x=np.array(['数学平均分', '语文平均分', '
英语平均分'])
y=np.array([100, 90, 80])
plt.title("绘制柱状图")
plt.bar(x,y)
plt.show()
```

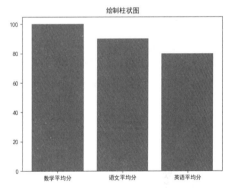

图 15-13 绘制柱状图效果

输出结果如图 15-13 所示。

垂直方向的柱形图可以使用 barh( )方法来设置。

15.6 绘制三维图形

最初开发的 matplotlib 仅支持绘制 2D 图形。后来随着版本的不断更新，matplotlib 在二维绘图的基础上，构建了一部分较为实用 3D 绘图程序包，比如 mpl_toolkits.mplot3d，通过调用该程序包一些接口可以绘制 3D 散点图、3D 曲面图、3D 线框图等。mpl_toolkits 是 matplotlib 的绘图工具包。

下面编写第一个三维绘图程序。

首先创建一个三维绘图区域，plt.axes( )方法提供了一个参数 projection，将其参数值设置为"3d"。

【例 15-14】绘制三维柱线图。

程序代码如下：

```
from mpl_toolkits import mplot3d
import numpy as np
import matplotlib.pyplot as plt
fig=plt.figure()
#创建3D绘图区域
ax=plt.axes(projection='3D')
#从三个维度构建
z=np.linspace(0, 1, 100)
x=z * np.sin(20 * z)
y=z * np.cos(20 * z)
#调用 ax.plot3D创建三维线图
ax.plot3D(x, y, z, 'gray')
ax.set_title('3D line plot')
plt.show()
```

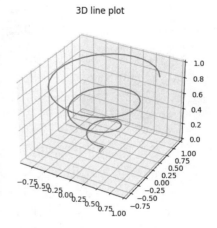

图 15-14　绘制三维线图

输出结果如图 15-14 所示。

上述代码中的 ax.plot3D( )方法可以绘制各种三维图形，这些三维图都要根据(x,y,z)三元组类来创建。

习　题

程序设计题

1. 请利用 matplotlib 编写一个程序，显示 $y=x^2+15$ 这条抛物线。

2. 请利用 matplotlib 编写一个程序，除了显示 $y=x^2+15$ 这条抛物线外，还要给图表和坐标轴加上标题（标题名字可以自己起）。

3. 请利用 matplotlib 编写一个程序，该程序能在一行中并列显示两个子图，一个子图是 $y=x×x$，另一个子图是 $y=x/2$。

参考文献

[1] 教育部高等学校大学计算机课程教学指导委员会. 高等学校计算机基础核心课程教学实施方案[M]. 北京：高等教育出版社，2011.

[2] 教育部高等学校大学计算机课程教学指导委员会. 大学计算机基础课程教学基本要求[M]. 北京：高等教育出版社，2016.

[3] 大学计算机基础教育改革理论研究与课程方案项目课题组. 大学计算机基础教育改革理论研究与课程方案[M]. 北京：中国铁道出版社，2014.

[4] 嵩天，礼欣，黄天羽. Python 语言程序设计基础[M]. 北京：高等教育出版社，2014.

[5] 陈明. Python 程序设计[M]. 北京：中国铁道出版社有限公司，2021.

[6] 张俊红. Python 数据分析[M]. 北京：电子工业出版社，2019.

[7] 嵩天. 全国计算机等级考试二级教程：Python 程序设计[M]. 北京：高等教育出版社，2020.

[8] 刘宇宙. Python 3.5 从零开始学[M]. 北京：清华大学出版社，2017.

[9] 亚历克斯，路易斯. Python 深度学习应用[M]. 高凯，吴林芳，李娇娥，等译. 北京：清华大学出版社，2020.

[10] 斯维加特. Python 编程快速上手：让繁琐工作自动化[M]. 王海鹏，译. 北京：人民邮电出版社，2021.

[11] 马瑟斯. Python 编程从入门到实践[M]. 袁国忠，译. 北京：人民邮电出版社，2021.

[12] 董付国. Python 程序设计基础与应用[M]. 北京：机械工业出版社，2019.

[13] 乔海燕，周晓聪. Python 程序设计基础：程序设计三步法[M]. 北京：清华大学出版社，2021.

[14] 陈秀玲，田荣明，冉涌，等. Python 边做边学：微课视频版[M]. 北京：清华大学出版社，2021.

[15] 中国工程教育专业认证协会秘书处. 工程教育认证工作指南[Z]. 中国工程教育专业认证协会秘书处，2015.